黄土高原产沙情势变化

刘晓燕 高云飞 党素珍 等 著

科学出版社

北京

内 容 简 介

黄河以水少沙多著称于世，天然时期多年平均输沙量 16 亿 t/a（陕县水文站，1919～1959 年）。但是，2000～2020 年，黄河实测输沙量只有2.45 亿 t/a，其减少程度远超过 20 世纪的任何时期。在此背景下，由于黄河输沙量受河（沟）道工程拦沙影响，而工程拦沙属不可持续减沙，黄土高原的实际产沙情况及其变化趋势成为黄河水安全保障规划、重大工程布局与设计等高度关注的重大科学问题。本书采用遥感调查、实测数据分析和实地查勘等多种途径，对 1919 年以来降雨、植被和梯田等可能影响流域产沙能力变化的因素进行了全面调查和分析，揭示了过去百年黄土高原产沙环境的变化过程、变化特点；采用归因分析、数值模拟和科学试验等多种手段，诠释了植被、梯田和降雨变化对流域产沙的影响规律，构建了大时空尺度的流域产沙情势评价方法，基本阐明了黄土高原入黄沙量变化原因和现状产沙情势，并初步预测了未来产沙变化趋势。

本书可供从事黄河流域相关领域研究、规划和管理的专业技术人员及师生阅读与参考。

图书在版编目（CIP）数据

黄土高原产沙情势变化 / 刘晓燕等著. —北京：科学出版社，2021.7
ISBN 978-7-03-067599-6

Ⅰ. ①黄…　Ⅱ. ①刘…　Ⅲ. ①黄河-含沙水流-研究　Ⅳ. ①TV152

中国版本图书馆 CIP 数据核字（2021）第 001477 号

责任编辑：范运年　崔元春 / 责任校对：王萌萌
责任印制：师艳茹 / 封面设计：蓝正设计

科 学 出 版 社 出版
北京东黄城根北街 16 号
邮政编码：100717
http://www.sciencep.com

北京九天鸿程印刷有限责任公司 印刷
科学出版社发行　各地新华书店经销
*
2021 年 7 月第 一 版　开本：720×1000 1/16
2021 年 7 月第一次印刷　印张：19 1/4
字数：388 000

定价：268.00 元
（如有印装质量问题，我社负责调换）

序

时隔 4 年，非常高兴再次读到刘晓燕的新作。

水少沙多，是黄河最突出的自然特点，也是黄河复杂难治的症结，因此，黄河的水沙情势是决定未来治黄方略的首要问题。进入 21 世纪，黄河水沙情势发生了巨大变化，来沙量由 16 亿 t/a 减至 2 亿～3 亿 t/a，黄土高原各支流入黄水量也减少近 50%。因此如何客观认识沙量过去减少的原因、科学评价沙量未来变化的趋势，成为黄河流域生态保护与高质量发展面临的重大科学问题。

2011 年，刘晓燕团队启动了黄河水沙变化研究，迄今已走过了整整 10 年。作为咨询专家，我们参与了该项目组织的多次野外考察和成果咨询，见证了项目的进步和突破，也见证了团队的执着和严谨。

该成果的可贵，首先源自其基础数据扎实、可靠、科学。为了阐明近年降雨的丰枯程度，刘晓燕团队采集了黄土高原 763 个雨量站设站至 2019 年的逐日降雨数据，并把对比时段扩展到 300 年以上；为了克服黄土高原统计数据的弊端、真正摸清近 40 多年的下垫面变化，他们利用中高分辨率遥感影像，加之大量样方核验，在黄土高原 39 万 km^2 的范围内解释了 20 世纪 70 年代以来不同时期的土地利用、林草植被盖度、林草地面积和梯田面积等信息；为了摸清黄土高原近年的实际产沙量，他们几乎走访了黄土高原的每座大中型水库，采集了每个县(区)在不同时期的淤地坝信息，获得了最完整可靠的坝库拦沙量数据；为了摸清各地的地形、土壤、植被和社会特点，他们组织了五十余次野外考察，几乎走遍了水土流失区的每个县(区)，并在高分辨率遥感影像的支持下复核了各类型区的边界。这种对基础数据的严谨和认真的态度，当今已不多见。

该成果的可贵，更源自研究方法的创新。采用遥感数据描述黄土高原的下垫面变化，已是目前广泛接受的方法。但是，基于遥感提取的信息，如何从流域层面上描述植被和梯田变化对流域产沙的影响规律，仍未见其他研究者的相关成果。通过大量野外观察并借鉴前人在小区尺度上创造的"植被盖度-侵蚀量"分析方法，刘晓燕团队引入了基于遥感的易侵蚀区面积、林草有效覆盖率、梯田覆盖率和产沙指数等新概念及其计算方法，使更真实反映实际覆盖状况的遥感信息与流域实测产沙量直接挂钩成为可能，不同流域的产沙数据得以融合利用，从而在较大流域尺度上定量诠释了植被梯田变化对流域产沙的影响规律，发现了可基本遏制流域产沙的林草有效覆盖率阈值和梯田覆盖率阈值，进而创建了林草和梯田共存情况下流域产沙计算模型，提出了更符合黄土高原产沙特点的植被梯田减沙计算方法，基本解决了困扰研究者多年的林草梯田减沙计算的难题。此外，他们还对现有的水文法进行了梳理，从而使计算结果更加可信。

　　研究黄河水沙变化更重要的目的是客观预测未来水沙情势，而未来水沙情势显然取决于未来的降雨、植被、梯田和坝库情景。然而，限于研究方法和对下垫面信息的把握程度，不少研究者给出的结论往往过于单一，且缺乏对降雨和下垫面条件的界定。我们看到，通过对未来气候和下垫面发展趋势的综合研判，刘晓燕团队给出了未来 31 种可能情景的黄河沙量预测结果及推荐意见；他们不仅考虑了下垫面正向演变的黄河可能沙量，还客观分析了植被退化风险和坝库拦沙能力变化。显然，基于这种冷静和辩证思维得到的黄河沙量预测结果，对黄河重大问题的决策具有更大的参考价值，也让人更踏实。

　　历经 10 年，刘晓燕团队给出了他们对黄河水沙情势的研究答卷。他们认为，20 世纪黄河沙量减少主要靠坝库工程拦截，但近十几年黄河沙量减少主要靠林草梯田，其中东部主要靠植被、西部主要靠梯田；未来，随着坝库逐渐淤损，黄河沙量必将反弹，只是或早或晚；万一自然修复形成的草灌植被发生退化，则沙量反弹更多、更早。未来理想情况下，预计 60 年后黄河五站多年平均沙量将反弹至 4 亿 t/a 左右，但 25 年内可能不超过 3 亿 t/a；若植被恶化，沙量可能反弹至 6 亿 t/a 以上，但最多不超过 8 亿 t/a；若重现"连续 11 年干旱+1933 年的极端暴雨"情景，黄河沙量仍将达 14 亿～18 亿 t。综合考虑基础数据扎实可靠、计算方法科学合理和考虑因素全面系统等因素，我们认为，这个结论基本可信。可以不夸张地说，在黄河水沙变化研究领域，这是迄今最系统、最深入、最可信的成果。

中国科学院院士　*刘昌明　王光谦*

2020 年 12 月

前　言

1919～1959 年，黄河陕县水文站多年平均输沙量 16 亿 t/a，年最大输沙量 39.1 亿 t（1933 年）。然而，2000～2020 年黄河年均输沙量只有 2.45 亿 t/a，减幅 85%。近年出现的沙量减少是周期性变化还是趋势性变化？未来的黄河还会有多少泥沙？这些问题直接影响黄河重点河段的治理方向、水沙调控工程的布局和运用、黄河水资源配置和调度策略。

近 20 年黄河沙量锐减现象引起了人们的广泛、高度关注。2011 年以来，黄河水沙变化问题先后被列入"十二五"国家科技支撑计划和"十三五"国家重点研发计划；同时，黄河水利委员会也给予了资助。本书是该项研究成果的总结。

本书由刘晓燕主笔和统稿，高云飞和党素珍参与撰写，并负责梯田及淤地坝数据采集、下垫面和降雨数据的整理和统计、基于 GIS 的下垫面和降雨图件制作、梯田和降雨对流域产沙的影响规律、产沙模数计算软件开发等工作。

在开展研究的 10 年间，先后有黄河水利科学研究院、黄河上中游管理局、北京师范大学、黄河水文水资源科学研究院、黄河勘测规划设计研究院有限公司等单位的 50 多位科研人员和研究生参加了研究。其中，北京师范大学杨胜天教授和赵长森教授及其率领的罗娅、管亚兵、周旭、白娟等博士不仅负责研究区在不同时期的土地利用和林草植被盖度数据的提取工作，而且在林草梯田耦合作用机制和流域产沙规律分析等方面做出了重要贡献；黄河水利科学研究院的夏润亮、孙一、李小平、董国涛、田勇、丰青、王方圆、马思远、刘启兴和马静等不仅在高含沙洪水形成机制、林草植被减沙机制、林草植被发展驱动力调查和趋势分析方面取得了重要研究成果，而且在基础数据采集与整理、野外考察组织和项目管理等方面做出了重要贡献；黄河上中游管理局的王富贵、马红斌、郭玉涛、韩向楠和岳本江等参与了书中梯田章节的编写、下垫面数据采集和数十次野外调查组织；黄河水文水资源科学研究院的李晓宇、李焯、张萍、金双彦、高亚军等，以及黄河勘测规划设计研究院有限公司的李超群、陈松伟和王鹏等，提出了基于"水文法"的流域减沙或输沙计算成果，并在雨强与流域产沙的关系、降雨系列代表性等方面做出了重要贡献。在此，对研究团队各位成员的辛勤努力和智慧奉献深表感谢。

作　者

2020 年 12 月 31 日

目 录

第1章 总 论

1.1 研究背景

黄河是中华民族的母亲河，全长约 5464km，流域总面积约 79.5 万 km²（含内流区面积 4.2 万 km²），流经青海、四川、甘肃、宁夏、内蒙古、陕西、山西、河南和山东九省（自治区），在山东省东营市垦利区注入渤海。

黄河流域地跨青藏高原、黄土高原和黄淮海平原三个台阶。兰州以上地区多属青藏高原，局部属黄土高原，年均降雨量 490mm，是黄河径流的主要来源区，年均贡献约 57%的径流，取用水量仅占全河的 7%。流域中部是群山、平原和沙漠环绕的黄土高原，年均降雨量 440mm，是黄河泥沙和污染物的主要来源地。黄河下游是地上悬河，汇入水沙和废污水很少，为黄淮海平原的生产生活用水提供了便利。

黄河以"水少沙多"著称于世。1919～1959 年，黄河陕县水文站实测输沙量 16 亿 t/a（该站输沙量占全河的 98%以上）、实测径流量 426 亿 m³/a、7～9 月汛期含沙量 59.7kg/m³、最大含沙量 716kg/m³，含沙量居世界大江大河之首。巨量的泥沙不仅是下游河床淤积抬高、防洪形势严峻的症结，也给黄河水资源开发利用带来很大困难。因此，黄河泥沙问题研究历来受到高度关注。

20 世纪 80 年代以来，黄河来沙持续减少，见图 1.1。统计表明，1980～2020 年潼关年均来沙 5.15 亿 t，其中 2000～2020 年年均来沙 2.45 亿 t、7～9 月汛期平

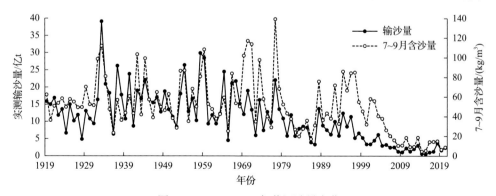

图 1.1 1919～2020 年黄河沙量变化

1919～1959 年为陕县水文站数据；因三门峡水库修建，陕县水文站 1960 年撤销，
之后被位于其上游约 100km 的潼关水文站取代，故 1960～2019 年为潼关数据

均含沙量 20.6kg/m^3、最大沙峰含沙量 431kg/m^3。

黄河中游的河口镇至龙门区间(以下简称河龙区间)、渭河咸阳以上、泾河张家山以上、北洛河㳇头以上和汾河河津以上不仅是黄河泥沙的主要来源区,也是对黄河下游危害最大的产沙区。1980 年以来,该区来沙同样持续减少,其中 7~9 月汛期含沙量在 2003 年后大幅降低,见图 1.2。

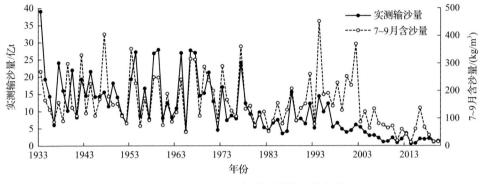

图 1.2   1933~2020 年黄河中游沙量变化

20 世纪 80 年代以来黄河来沙的大幅减少,尤其是 2000 年以来的锐减现象,引起人们广泛关注,其核心关切点是,黄河来沙大幅减少的原因是什么?黄河水沙变化的未来趋势如何?

2011 年以来,在"十二五"国家科技支撑计划、"十三五"国家重点研发计划和水利部黄河水利委员会若干专项研究经费的支持下,我们以潼关以上黄土高原为研究对象,采用实地调查、遥感调查、实测数据分析和数字试验等研究手段,分析了 1919 年以来的降雨和下垫面变化、植被和梯田对流域产沙的影响规律、过去百年和未来不同水平年的流域产沙情势,旨在为客观评价黄河水沙情势提供决策支持,本书即为该项研究成果的总结。

1.2   研 究 范 围

众所周知,黄河泥沙主要来自黄土高原,这里是我国乃至世界上水土流失最严重的地区。黄土高原地跨青海、甘肃、宁夏、内蒙古、陕西、山西和河南等省(自治区),涉及黄河流域大部和海河流域局部,是世界上最大的黄土堆积区,也是世界上黄土覆盖面积最大的高原。

有关黄土高原的范围和面积,曾经出现过几个不同的数据:据《黄土高原现代侵蚀与治理》(陈永宗,1988)和《中国大百科全书》(中国大百科全书编写组,2002),黄土高原包括青海日月山以东、太行山以西、秦岭以北、长城以南的广大地区，面积 62 万 km^2；而据《黄土高原水土保持》(孟庆枚, 1996) 和《中国江河 1000 问》(董哲仁, 2001)，黄土高原西起日月山，东至太行山，南抵秦岭、伏牛山，北达阴山，面积 64 万 km^2。

本书关注黄土高原，旨在分析其产沙情势变化，以阐明黄河近几十年来沙减少的原因和未来情势，而黄河泥沙的标志断面是潼关(陕县)断面。鉴于此，本书所称的黄土高原，是指黄河循化—青铜峡区间的黄土丘陵沟壑区(以下简称黄土丘陵区或黄丘区)(年均降雨量≥200mm)、内蒙古十大孔兑流域上中游、黄河河龙区间、汾河流域、渭河咸阳以上、泾河张家山以上和北洛河㳇头以上地区。该区不仅包括了长城以南的黄土高原，也涉及黄河内蒙古段与长城区间的黄河流域，总面积约 39 万 km^2，见图 1.3，图中的"多沙区"是 20 世纪 80 年代界定的黄河泥沙主要来源区范围(黄河上中游管理局, 2012)。

在图 1.3 所示范围内，不仅有水土流失严重的黄土丘陵沟壑区和黄土高塬沟壑区(以下简称黄土塬区)，还有水土流失轻微的土石山区、关中平原、汾河平原区、黄土丘陵林区(包括子午岭林区和黄龙山林区)、干旱草原区和风沙区。因此，为进一步聚焦研究对象，我们将"黄河循化—兰州区间黄土丘陵区(不含庄浪河，以下简称兰循区间)、祖厉河流域、清水河流域、十大孔兑上中游、河龙区间(不含土石山区和风沙区，以下简称河龙区间黄丘区)、汾河兰村以上(不含土石山区，以下简称汾河上游)、北洛河刘家河以上(以下简称北洛河上游)、泾河景村以上(不含土石山区，以下简称泾河上中游)、渭河元龙以上(不含土石山区，以下简称渭河上游)"作为重点研究范围，即图 1.3 中的黄色区域，面积 21.5 万 km^2。若包括区内的土石山区和风沙区，该区面积为 26.4 万 km^2。据 1950~1969 年实测数据推算，该范围流域产沙量为 17.4 亿 t/a，占潼关以上黄土高原产沙量的 94%。

1.3 研究现状

黄河来沙减少问题早已引起人们的关注，早在 20 世纪 80 年代末就开始了研究工作，并延续至今。90 年代和近几年是两个突出的研究高潮期，其中，90 年代的研究者主要来自水利部黄河水利委员会及相关省(自治区)水保部门，近几年则吸引了国内外众多学者加入了研究队伍。

回顾过去 30 年的研究结果，已经达成的共识是，黄土高原入黄沙量的减少是降雨和下垫面共同作用的结果。不过，由于各年降雨丰枯变化较大，若选择的"现状年"和"基准年"时段不同，降雨和下垫面的减沙贡献有所不同。例如，在 1980~2009 年，黄河主要产沙区几乎一直处于降雨偏枯的时期，因此降雨一直是人们心中的减沙因素。但在汛期降雨大幅偏丰、暴雨明显偏多的 2010~2019 年，显然不

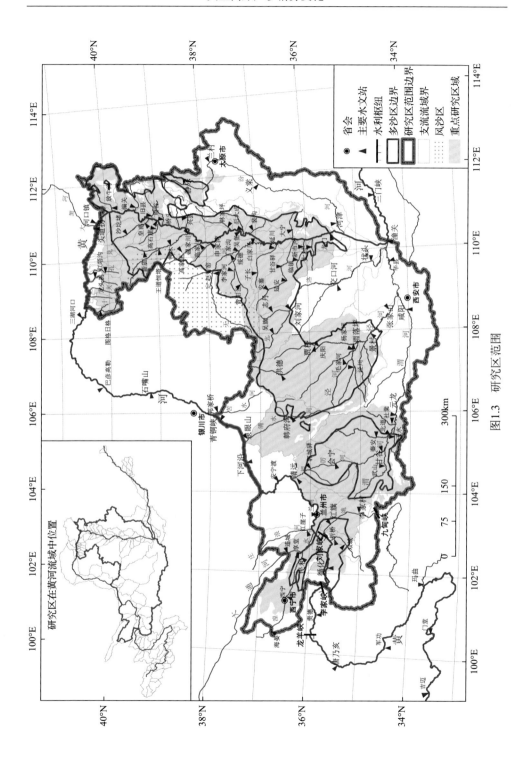

图1.3　研究区范围

能再将降雨视为减沙因素。可这样的结论会对有些人的思维定式造成"冲击"。未来，只要汛期降雨再度转枯，降雨必将再次成为减沙因素。由此可见，如何讲好黄河水沙变化的"故事"，是每个研究者需要考虑的问题。

在减沙原因辨析方面，人们似乎更愿意划分成"气候变化"和"人类活动"两方面，但这几乎是一个不可能完成的任务。近几十年黄土高原输沙量大幅减少，既有植树造林、种草封禁、梯田建设、坝库拦截和引水引沙等人类活动的贡献，也有农牧民"自愿"进城务工、经商或陪子女读书等使大量耕地撂荒、"荒草"丛生等人类"不活动"的贡献，还有降雨增加、气温升高、风力减小、CO_2 和 N_2 浓度增加等有利于植被生长的气候条件贡献。降雨不仅是产水产沙的动力，也是植被生长的动力；气温变化对植被生长有重要影响，也会影响冻融侵蚀强度；CO_2 和 N_2 等因素变化则对植被生长有显著影响。基于目前的科学认知水平，仍难以准确剥离降雨因素、其他气候因素、人类活动和人类"不活动"等对林草植被恢复的贡献率，将它们笼统划分为降雨因素和下垫面因素两大类因素，可能是更现实的选择，其中下垫面是气候变化、人类活动和人类"不活动"的总效应。

剥离淤地坝、水库、梯田和林草植被的减沙贡献也一直是黄河水沙变化研究的重点，同时也是难点。一方面，面对潼关以上 39 万 km^2 的黄土高原，甚或 21.5 万 km^2 的黄河主要产沙区，如何科学、准确地掌握这些因素的真实情况，包括 5 万余座淤地坝和水库在不同时段的实际拦沙量、能够发挥减沙作用的梯田面积变化及其空间分布、能够客观反映对地表土壤保护程度的不同时期林草植被覆盖状况，是研究者面临的首要困难。其原因在于管理部门的统计数据往往与科研需求相差甚远，科学且高精度的全面调查又投资巨大、耗时费力。另一方面，面对地形和土壤类型复杂多样的广大黄土高原，如何在流域尺度上定量刻画出梯田和林草植被变化对流域产沙的影响规律，也是研究者面临的突出难题。无论是常用的"水保法"，还是用于描述坡面土壤侵蚀的国外模型改进版，或存在空间尺度的转换问题，或需要解决从"土壤侵蚀"到"流域产沙"的过渡问题，否则均难以全面反映地表要素变化所引发的"本地+异地"减沙作用。

即使说清了过去某时段的来沙减少原因，仍然不一定能回答现状下垫面在长系列降雨情况下的产沙量。众所周知，常被人们视为黄河天然时期输沙量的"16 亿 t/a"，指的是 1919～1959 年下垫面在此 40 年长系列降雨情况下的年均输沙量。显然，如果降雨条件与此不同，即使仍然基于 1919～1959 年的下垫面，黄河沙量也不可能是 16 亿 t/a，降雨越丰、沙量越大。因此，采用现有的研究方法或模型，即使能回答近 20 年或近 10 年的降雨、植被、梯田和坝库的减沙量，也不一定能回答该下垫面在 1919～1959 年降雨条件下的可能产沙量、可持续和暂时的减沙量，故不易实现研究成果与用户需求之间的"无缝衔接"。

预测未来不同水平年黄土高原的产沙情势和入黄沙量,是黄河水沙变化研究最重要的目标。为此,人们一方面要准确阐明未来的气候尤其是降雨的情景,另一方面还要科学且定量地阐明未来下垫面的发展情景,尤其是植被发展情景。对于未来的降雨情景,目前可接受的处理方式是"设定一个或几个可能的降雨情景"。对于未来下垫面的植被情景,不少生产单位或管理部门似乎更倾向于采用规划的植树造林和封禁退耕规模,但受气候和社会条件制约,规划数据很难与实际的林草植被覆盖程度挂钩。当然,除基础数据外,科学的计算方法仍然是预测未来产沙情势面临的难题。笔者自 2011 年投身黄河水沙变化研究,并在 2016 年提出了阶段性研究成果(刘晓燕等,2016)。虽兢兢业业、不敢懈怠,但限于个人学识和能力禀赋,加之研究时间限制,早期阶段对以上问题的解决仍不能令人满意。

2016 年以来,笔者一方面继续高度重视基础数据的采集与处理,另一方面加强了流域产沙变化规律的研究力度,希望通过基本规律和基础数据的双轮驱动,使研究成果更可信可靠。

本书侧重服务于黄河治理与开发重大工程布局及其运用原则、水资源配置和黄土高原水土流失治理对策等重大问题的宏观决策者和规划制定者,而非场次暴雨的洪水泥沙实时预报,故偏重在较大的时空尺度上开展工作。土壤侵蚀是流域产沙的前提,但侵蚀产物不一定都能输送到流域出口,本书重点关注流域产沙量,即无坝库拦截情况下能够输送至出口断面的沙量。

1.4 成果与创新

2011 年以来,研究团队利用中高分辨率遥感影像,解译了林草植被变化和梯田面积信息,结合大量实地查勘和文献查询,揭示了黄土高原产沙环境演变过程与趋势;通过对基础数据的科学定义和处理,发现了林草植被和梯田变化对流域产沙的影响规律;多方法协同,科学诠释了黄土高原产沙变化的原因和趋势。

(1)提出了更能科学反映黄土高原产沙环境状况的林草植被、梯田和降雨数据的采集和处理方法,形成了长时间序列的产沙驱动力因子数据集,揭示了黄土高原产沙环境演变过程与趋势。

高度重视基础数据采集与处理、广泛开展野外查勘,是本书的突出特点。基于空间分辨率为 30~56m 的 1978 年、1998 年、2010 年、2013 年、2016 年和 2018 年等典型年份的遥感影像,提取了黄土高原各支流的林草地面积和林草植被盖度、旱耕地面积等信息;基于空间分辨率为 250m、1km 和 8km 的遥感影像,提取了 1982~2020 年逐年植被盖度。基于空间分辨率为 2.1m 的遥感影像,提取了 2012

年和 2017 年各支流梯田面积；收集了各省市 1990 年以来调查统计的梯田数据。因为研究范围大、遥感影像空间分辨率高，且需大量野外样方与室内提取成果的比对、信息处理方法需与产沙规律研究相匹配，我们为此前后耗时 4 年多，投入 30 余人，因此该套数据的质量和丰富度广受好评。

采集了黄土高原 763 个雨量站自设站至 2019 年的逐年逐日降雨数据，以尽可能掌握降雨实况；采集了 145 个水文站自设站至 2019 年的逐年逐月水沙数据。

科学定义植被、梯田、降雨和产沙等因子的内涵及其表征指标，是在流域尺度上认识黄土高原植被梯田对流域产沙的驱动机制与效应的关键环节。众所周知，植被变化和梯田建设会引起流域产沙变化，但如果该变化发生在城镇、河川地、平原和石质山区，显然对产沙影响极小，不包括此类区域的流域其他区才是最需聚焦的研究区域，故将其定义为流域的易侵蚀区。将遥感提取的易侵蚀区林草地面积 A_v 占易侵蚀区面积 A_e 的比例与林草植被盖度的乘积，定义为易侵蚀区林草植被有效覆盖率 V_e，简称林草有效覆盖率，其物理意义是易侵蚀区林草叶茎的正投影面积占易侵蚀区面积的比例。将梯田面积占易侵蚀区面积的比例定义为梯田覆盖率 T_e。将 V_e 与 T_e 之和称为林草梯田有效覆盖率 V_{et}。以上对植被梯田表征指标的创新，不仅可以更科学地反映流域易侵蚀区的真实覆盖程度，而且与生产单位水土流失动态监测采用的数据源更匹配。

研究表明，在过去 100 年间，黄土高原下垫面产沙环境在前 60 年不断恶化、后 40 年不断改善。20 世纪 70 年代是黄土高原林草植被最差的时期，2000 年以来是黄土高原林草梯田覆盖状况改善最快的时期，其中 2017 年以来林草梯田覆盖状况渐趋稳定。在黄河主要产沙区，从 1978 年到 2018 年的 40 年间，虽然各地林草植被盖度大幅提高(图 1.4)，但林草地面积仅增加 3211km^2，林草地面积增加主要发生在河龙区间和北洛河上游，而泾河、渭河、祖厉河和兰州以上等中西部地区主要表现为减少(图 1.5)，因此林草有效覆盖程度的改善主要发生在河龙区间、北

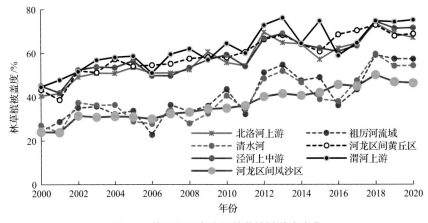

图 1.4　黄河主要产沙区林草植被盖度变化

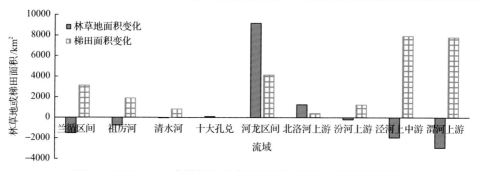

图 1.5　1978～2018 年黄河主要产沙区林草地面积和梯田面积变化

洛河上游和十大孔兑等东部地区(图 1.6)。过去 40 年，黄土高原梯田和坝地面积分别增加 27064km², 641km², 分别达 36300km², 1016km²；林草梯田有效覆盖率由 1978 年前后的 22%增加到 2018 年的 60%(图 1.7)。

气候和人类干预是黄土高原植被变化的主要驱动力，其中，20 世纪 90 年代中期以前，降雨对植被的促生作用基本上被人类活动抵消；2006 年以来，因大部分农民离开农村，气候成为影响林草植被盖度的关键因素，见图 1.8。此外，对安塞、固原和神木等地样区的跟踪观测数据表明，植被封育 16～18 年即可达到其林草植被盖度峰值，但植被结构仍将继续演替。因此，基于其气候和下垫面条件，

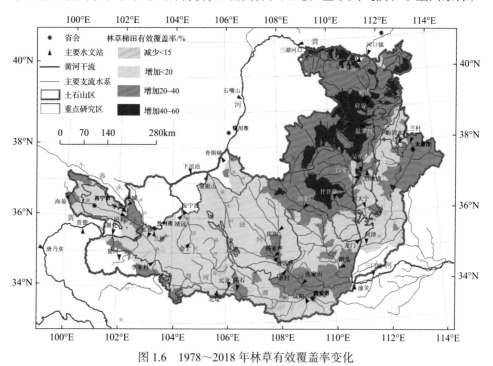

图 1.6　1978～2018 年林草有效覆盖率变化

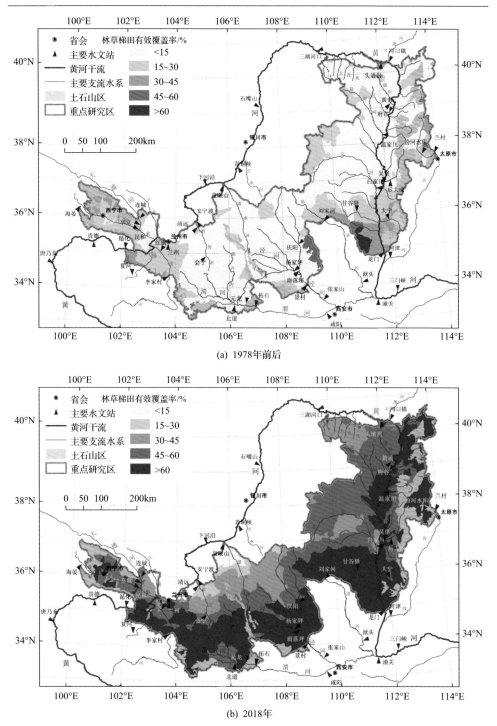

(a) 1978年前后

(b) 2018年

图 1.7 黄河主要产沙区林草梯田有效覆盖率变化

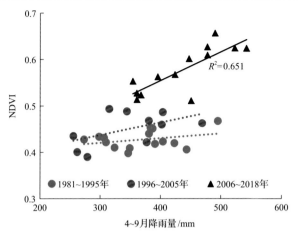

图 1.8 黄土高原降雨与 NDVI 的关系

NDVI-归一化植被指数

黄土高原大部分地区的林草植被盖度已达到其峰值(图 1.4);限于农村劳动力和耕作条件,黄河主要产沙区梯田面积的增加潜力仅约 10%,预计"十四五"期间将实现一半。

如果黄河主要产沙区气候维持 2010 年以来的水平且社会经济环境基本稳定,未来其林草梯田有效覆盖率还有 1~2 个百分点的增长潜力,主要集中在清水河、马莲河上游、祖历河中游和河龙区间中部。基于近几年降雨量-林草植被盖度关系,未来林草植被盖度年际波动±(3%~5%)是正常的。若再遭遇 20 世纪 90 年代的气候条件,自然修复形成的草灌植被存在退化风险,可能会使盖度降低 11%~16%。

在 1919~2019 年的 100 年间,黄土高原汛期降雨经历了枯—丰—平—枯—丰的周期变化,其中 1919~1932 年和 1982~2000 年有效降雨明显偏枯,1933~1967年和 2010~2019 年有效降雨明显偏丰,见图 1.9。2010~2019 年,有效降雨偏丰现象主要发生在河龙区间中西部和泾河流域西南部,六盘山以西地区总体偏枯,见图 1.10。分析河龙区间西北部诸支流 1970 年以来的雨强数据表明,2012 年以来,该区最大 1h 降雨量明显偏大。

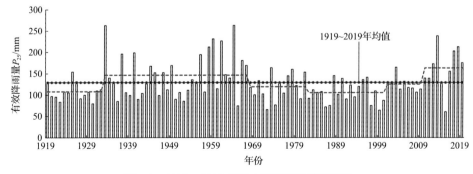

图 1.9 1919~2019 年黄土高原有效降雨变化

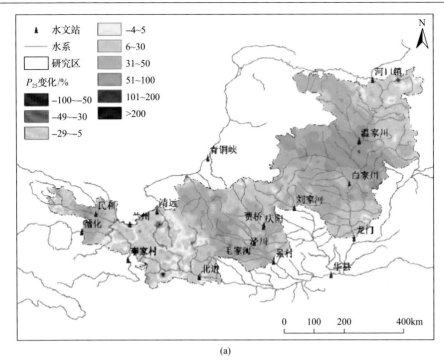

(a)

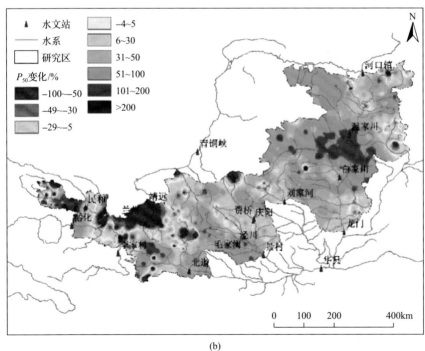

(b)

图 1.10 2010~2019 年各地区有效降雨丰枯状况

　　降雨、植被、地形和土壤是决定流域产沙的四大关键因素，故以上反演的黄土高原近百年降雨、植被和梯田变化，可定性诠释过去几十年黄河沙量减少的原因。

　　(2)首次在流域尺度上揭示了梯田覆盖率变化对流域产沙的影响规律及驱动机制，发现了可基本遏制流域产沙的梯田覆盖率阈值，以及水毁风险小且拦沙效益高的梯田覆盖率阈值。

　　定性上，无论黄土丘陵区的产沙模数背景如何，只要梯田的面积及其布局相同，梯田对流域的减沙幅度必然相同。基于此，直接利用流域实测的降雨、产沙和梯田数据构建了梯田覆盖率与流域减沙幅度的关系，并利用 LCM-MUSLE 模型同步开展了数字试验，得到以下认识：①梯田对流域产沙的消减范围不仅发生在梯田所在坡面(本地减沙)，而且可拦截上方坡面水沙，并通过减少径流下沟而减少梯田下方坡沟产沙(异地减沙)，见图 1.11。因此，只要不水毁，由梯田引起的流域减沙幅度总体上大于相应的梯田覆盖率，见图 1.12(a)。②梯田覆盖率 T_e 与流域减沙幅度 ΔW_s 的响应关系为：$\Delta W_s = 93 - \dfrac{93}{1 + 0.00155 T_e^{2.45}}$。③梯田覆盖率大于 40%后，流域减沙幅度基本稳定，因此可将流域“梯田覆盖率 40%”作为可基本遏制黄土丘陵沟壑区流域产沙的临界梯田规模。继续增加梯田，其效益将主要体现在农业增收。④若梯田覆盖率较小，布置在坡面下部的梯田易发生水毁，故相同梯田覆盖率的流域减沙幅度差异较大；梯田覆盖率大于 12%后，流域减沙幅度与梯田覆盖率的比值才能稳定大于 1[图 1.12(b)]，梯田才可稳定发挥其异地减沙作用；梯田覆盖率大于 30%后，单位面积梯田的减沙作用逐渐减少。因此，梯田覆盖率 12%～30%是水毁风险较小、拦沙效益较大的梯田规模。

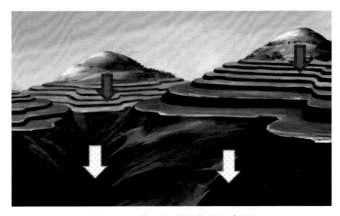

图 1.11　梯田的减沙范围示意图

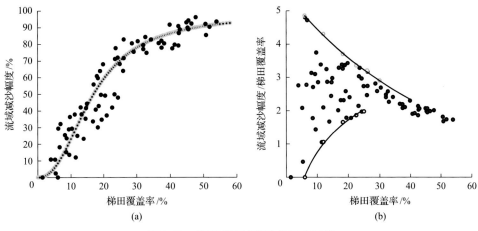

图 1.12　梯田对流域产沙的影响规律

以上认识不仅是评价梯田减沙作用的基础理论，也对未来梯田规划和空间布局具有很大的指导意义。

（3）引入了产沙指数和林草有效覆盖率等新概念，使更真实反映植被覆盖状况的遥感信息与流域实测产沙量直接挂钩成为可能，不同流域的产沙数据得以融合利用，从而在流域尺度上定量诠释了林草植被有效覆盖率变化对流域产洪产沙的影响规律，发现了可基本遏制流域产沙的林草有效覆盖率阈值。

为定量刻画植被变化与流域产沙的响应关系，引入了产沙指数 S_i 概念，它指在流域易侵蚀区内单位有效降雨 P_{25} 在单位面积上的产沙量 W_s，即 "$S_i = \dfrac{W_s}{A_e} \times \dfrac{1}{P_{25}}$"，单位为 $t/(mm \cdot km^2)$。

采集了黄土高原 48 条中小流域的 740 对实测产沙指数和同期林草有效覆盖率，分类型区、分雨强构建了流域林草有效覆盖率与产沙指数的关系，并开展了 162 组水槽试验、48 组野外小区试验和理论分析，结果表明（图 1.13）：无论地表土壤类型、地形和雨强如何，流域产沙指数 S_i 均随林草有效覆盖率 V_e 的增大而减小，二者呈显著的指数关系，即 $S_i = a \times e^{-b \times V_e}$，$a$、$b$ 为与雨强、土壤、地形有关的参数。当林草有效覆盖率 $\leqslant 40\% \sim 45\%$ 时，产沙指数随林草有效覆盖率增大而迅速降低，之后产沙指数递减的速率越来越慢。

与对产沙指数的影响规律相似，流域产洪能力亦随林草植被改善而呈指数降低，见图 1.14。此外，随着林草植被盖度的增大，流域洪水的峰值含沙量直线降低（图 1.15），坡面流阻力（地表糙率）不断增大（图 1.16）。植被改善正是通过流域产洪量和含沙量的共同减少及地表阻力的增大，实现了对流域产沙的削减；削减洪水和增大坡面流阻力均将降低水蚀动力，而含沙量降低则是地表物质补给困难的直接反映。

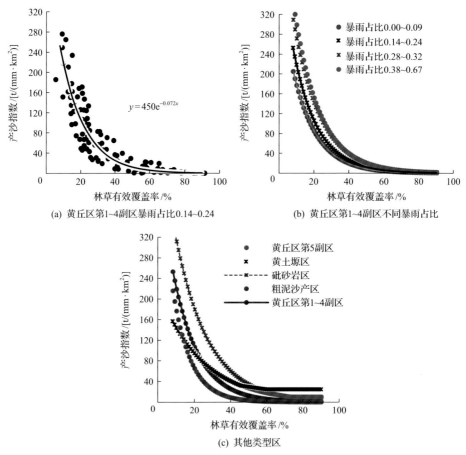

(a) 黄丘区第1~4副区暴雨占比0.14~0.24

(b) 黄丘区第1~4副区不同暴雨占比

(c) 其他类型区

图 1.13　林草植被变化对流域产沙的影响

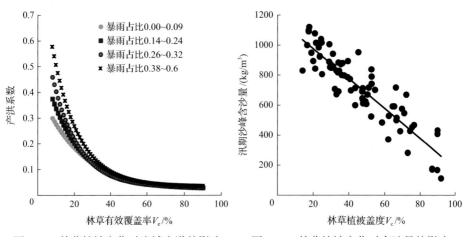

图 1.14　林草植被变化对流域产洪的影响　　图 1.15　林草植被变化对含沙量的影响

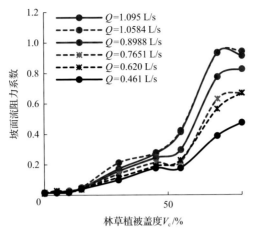

图 1.16 林草植被盖度对地表阻力的影响

Q-流量

分析表明,在相同地形和林草植被盖度情况下,草灌植被比乔木更有利于遏制流域产沙,见图 1.17。由此可见,对于半干旱干湿润的黄土高原严重水土流失区,自然修复是更科学合理的植被改善措施。

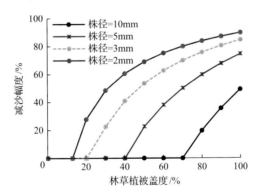

图 1.17 植被株径对流域产沙的影响(固定土壤粒径)

V_e 大于 60%后,流域的产沙指数、产洪系数和坡面流阻力均趋于稳定。不过,产沙指数的稳定值与所在区域的地表土壤粒径、土壤黏性矿物含量和地形特点有关:①对于黄土丘陵沟壑区第 1~4 副区,要实现流域产沙模数≤1000t/(km²·a)的目标[相应的产沙指数约 7t/(mm·km²)],V_e 需达 55%~65%以上(西低东高)。②对于黏性矿物含量极低的风沙和砂砾石分布区,流域实测数据和理论分析均表明[分别见图 1.13(c)和图 1.18],粗泥沙输移对水流速度变化更敏感,故植被改善对减少此类粗沙产区的产沙量更有效,V_e 达到 45%以上即可基本遏制流域产沙。③因富含黏性更强的蒙脱石且遇水即散,故砒砂岩区极易形成高含沙洪水,因此,相同林草覆盖率下的产沙指数大于黄土丘陵区第 1~4 副区。对于典型砒砂岩区,可基本遏制流域产沙的 V_e 阈值约为80%，见图1.13。④黄土塬区和黄土丘陵区第5副区是黄土高原沟壑产沙占比最高的类型区。塬面径流集中下沟是黄土塬区流域产沙的主要驱动力，尤以集中下沟的硬化地面径流为甚，因此流域 V_{et} 大于60%后 S_i 仍高居不下。黄土丘陵区第5副区泥沙多产自流域中部盆地的沟岸，周边坡面汇入的径流是主要产沙动力，流域越大、产沙模数越高，V_{et} 大于60%后其 S_i 介于丘1~4副区和黄土塬区之间。在黄土丘陵区第5副区和黄土塬区，仅靠植被改善难以遏制硬化地面或周边坡面的径流下沟，故即使 V_e 大于60%，也很难实现产沙模数≤1000t/(km²·a)的目标。

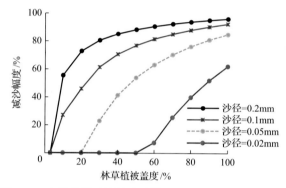

图1.18   土壤粒径对植被减沙效果的影响（固定植被株径）

本团队前期研究表明，在半湿润、半干旱区的黄土高原，植被改善将使河川径流减少、基流略有增加。而从图1.14判断，当林草有效覆盖率大于60%后，由于流域产洪系数趋于平稳，故径流系数也将基本稳定。

（4）创建了林草和梯田耦合情况下流域产沙计算模型，改进了适于下垫面总减沙量计算的水文法，提出了更科学合理的下垫面诸要素减沙贡献分割方法，基本解决了困扰多年的林草梯田减沙量计算难题。

无论是林草植被改善还是梯田运用，其减沙作用均包括本地和异地两部分，因此梯田覆盖率-减沙幅度、林草有效覆盖率-产沙指数的关系均为曲线，而非直线。在林草明显改善与大量梯田共存的情况下，由于各自的"异地减沙"作用很难得到充分发挥，流域减沙量小于林草和梯田的减沙量之和，梯田越多，差异越大。

实测数据表明，流域的林草梯田有效覆盖率 V_{et} 与产沙指数 S_i 之间仍然遵循图1.13所示的指数关系，即 $S_i = a \times e^{-b \times V_{et}}$，其中 a 和 b 为与地形、土壤和雨强有关的参数（表1.1）；不过，由于单位面积梯田的减沙作用大于林草地，相同覆盖率情况下梯田占比较大地区的产沙指数略小（图1.19）。基于此，创建了林草梯田共存情况下的流域产沙情势评价模型，即遥感水文统计模型：对于任意流域，利用遥感影像提取其林草梯田有效覆盖率 V_{et}；采用公式"$S_i = a \times e^{-b \times V_{et}}$"，选用适宜的参数(表 1.1)，计算产沙指数 S_i；代入设定的有效降雨量(P_{25})和易侵蚀区面积 A_e，即可得到流域产沙量 W_s，即"$W_s = S_i \times P_{25} \times A_e$"；不同时期的流域产沙量的差值，即为植被梯田变化引起的减沙量。

表 1.1　流域产沙指数公式 $S_i = a \times e^{-b \times V_{et}}$ 的参数取值

地貌类型区	高雨强情景		中雨强情景		低雨强情景	
	a	b	a	b	a	b
黄土丘陵沟壑区第 1～4 副区	520	0.065	450	0.072	420	0.073
黄土丘陵沟壑区第 5 副区	220	0.042	220	0.042	190	0.044
黄土丘陵盖沙区、砾质丘陵区	480	0.1	480	0.1	—	—
裸露砒砂岩区	504	0.048	540	0.055	—	—

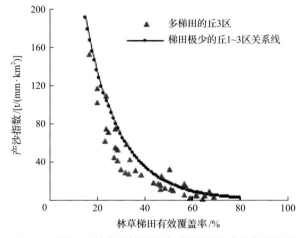

图 1.19　梯田对林草有效覆盖率-产沙指数关系线的影响

为方便模型应用，我们开发了基于 GIS 的产沙计算软件；通过五十余次野外考察，加之中高空间分辨率遥感调查，复核了黄土高原各地貌类型区的边界、地形和土壤特点，结果见图 1.20。对于塬面面积不大的残塬区，可先采用黄土丘陵区公式计算，然后利用其塬面破碎度 Meff 修正，即"$W_{s-塬} = (96 - 0.2866 \times Meff) \times W_s$"。

基于不同时期降雨-产沙关系对比的"水文法"，是计算流域下垫面总减沙量的常用方法，概念清晰。本节对其降雨指标选择和模型构建等进行了大量改进，提高了计算结果的可靠度。

研究提出的过去某时段下垫面减沙计算方法是：①采用改进的"水文法"计算下垫面总减沙量；②获取水库和淤地坝等工程的拦(引)沙量；③用下垫面总减

沙量减去坝库拦(引)沙量，得到植被梯田减沙量；④基于遥感获取的基准年和现状年林草梯田数据，分别计算林草梯田有效覆盖率、林草有效覆盖率和梯田覆盖率较基准年的增量，然后等比例分割，得到现状林草和梯田的减沙量。

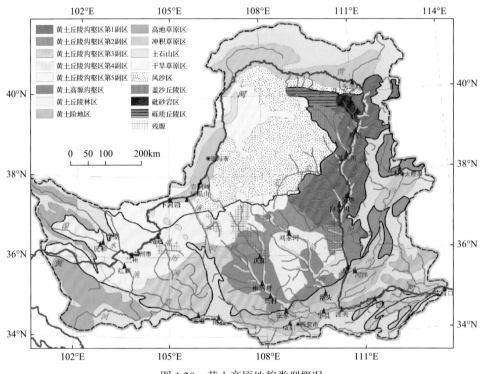

图 1.20　黄土高原地貌类型概况

采用遥感水文统计模型，分别计算流域基准年和现状年在某降雨条件下的产沙量，并计算现状年林草梯田有效覆盖率、林草有效覆盖率和梯田覆盖率较天然时期的增量，然后等比例分割，也可得到该降雨条件下现状林草和梯田的减沙量。

(5)在流域尺度上诠释了林草梯田覆盖程度变化对流域临界产沙降雨条件的影响规律，发现了可致流域产沙的雨量和雨强阈值，揭示了植被变化对洪水含沙量的影响规律，发现了黄土丘陵沟壑区可诱发高含沙洪水的雨强阈值。

分别将场次降雨的流域产沙强度≥500t/km²和≥2500t/km²作为流域产沙和明显产沙的标准，以场次降雨量-流域产沙量关系的外包线为原则，研究了不同林草梯田有效覆盖率情况下的降雨-产沙关系变化规律，结果表明：①随着林草梯田覆盖程度的增大，可致流域产沙的降雨阈值均明显增加，二者呈指数关系(图 1.21)。基于图 1.21，对于林草梯田有效覆盖率为20%和60%的黄土丘陵区，可致流域明显产沙的次雨量和雨强阈值分别为 18mm 和 15mm/h、85mm 和 43mm/h。②在同样的林草梯田有效覆盖率情况下，黄土丘陵区第1～3副区的降雨阈值差别极小，但砒砂岩区、黄土残塬区和黄丘区第 5 副区的降雨阈值明显偏低，即更易产沙。

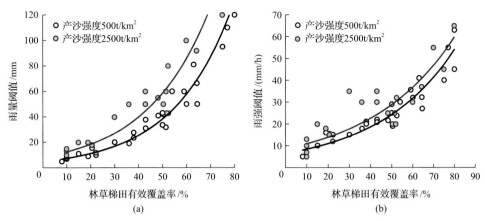

图 1.21　林草梯田覆盖程度变化对可致流域产沙的降雨阈值影响规律

　　黄土高原入黄泥沙主要来自高含沙洪水，形成高含沙洪水的关键物质是地表土壤中的蒙脱石和伊利石等黏土矿物；黏性矿物（尤其是蒙脱石）含量越大，含沙水流的黏滞系数越大，挟沙能力也越强。

　　在黄土丘陵区第 1～3 副区，在林草植被盖度一定情况下，雨强对含沙量的影响存在明显的阈值现象，雨强超过该值后，含沙量不再随雨强增大而增大；随着林草植被盖度增大，不仅极限含沙量的量级直线降低（图 1.13），可诱发极限含沙量的临界雨强也不断增大（图 1.22）。基于图 1.22，对于林草植被盖度为 20% 左右的流域，其临界雨强约 15mm/h——这是黄土高原的常见雨强，因此产生 20 世纪各支流的沙峰含沙量年际变化很小的现象。目前，黄土丘陵区第 1～3 副区林草植被盖度大部分已达 60%～75%，相应的临界雨强至少为 40mm/h、极限含沙量为

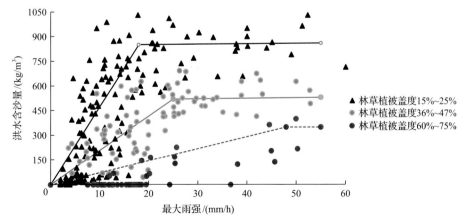

图 1.22　雨强对黄土丘陵区小流域含沙量的影响

$500 \sim 600 kg/m^3$，而"含沙量$\geq 500 \sim 600 kg/m^3$"正是黄土区水流由牛顿流体变成宾厄姆流体的临界值(图 1.23)。该规律的发现，可较好地解释近年黄土丘陵区高含沙洪水发生频率大幅减少的原因。

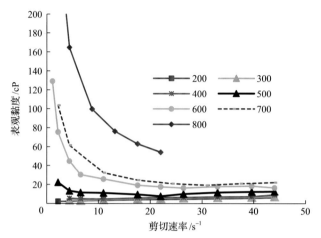

图 1.23　流体的表观黏度与剪切速率的关系

$1cP=10^{-3} Pa \cdot s$

由于梯田几乎可以把自身及其上方坡面的地表径流全部拦截，可以出沟的地表径流几乎均来自无梯田的坡面和沟谷，故梯田对流域洪水的含沙量影响很小。

(6)多方法协同配合，揭示了 20 世纪 70 年代以来黄土高原入黄沙量减少的原因及植被梯田的减沙贡献、黄土丘陵沟壑区沙峰含沙量变化原因，诠释了未来下垫面在长系列降雨情况下的可能产沙量和输沙量。

基于丰富、科学和可靠的基础数据及实地调查成果，并借助以上发现的流域产沙变化规律、创建的计算模型或方法，对 20 世纪 70 年代以来黄河沙量减少原因、现状和未来产沙情势等进行了分析，得到以下认识。

(Ⅰ)20 世纪 70 年代以来，因降雨条件、坝库数量及其运用年限、林草梯田覆盖程度不同，各因素在不同时段的减沙贡献差别很大。利用水文法，并结合其他项目对流域坝库工程拦(引)沙量的研究成果，得到不同时期植被梯田的减沙作用(含坝地减蚀)，结果表明(图 1.24)：20 世纪中后期，坝库拦截是引起减沙的主要下垫面因素；进入 21 世纪，减沙主要靠植被和梯田，坝库拦截次之。

降雨是否为减沙因素主要取决于有效降雨的丰枯，有效降雨偏枯时的减沙贡献为正值(如 1980 ~ 2009 年)、偏丰时为负值(如 2010 ~ 2019 年)。未来，一旦降雨再次转枯，降雨仍将成为减沙因素。

因现状年降雨情况与"黄河沙量 16 亿 t/a"对应的降雨条件不同，加之库容有限导致坝库在不同时段的拦沙量差别很大，故图 1.24 重点用于解释过去来沙偏少的原因，不宜直接用于预测未来。

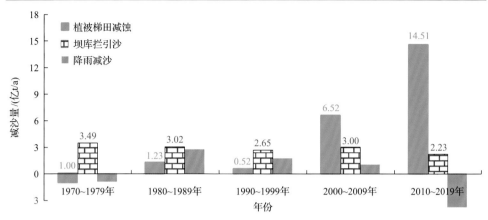

图 1.24　黄河主要产沙区下垫面在不同时期的减沙作用

（Ⅱ）针对 2010～2019 年黄土高原下垫面和实际降雨条件，利用遥感水文统计模型，并结合坝库拦沙分析成果，计算了林草植被、梯田、淤地坝和水库减沙对下垫面减沙量的贡献占下垫面总减沙量的贡献的比例，分别为 50.1%、34.1%、8.8% 和 7.0%（含灌溉引沙和河道采砂等）。各地区减沙的主要驱动力明显不同：在北洛河上游、河龙区间和十大孔兑，减沙主要靠林草植被改善，贡献率为 60%～75%；渭河上游、祖厉河和泾河流域减沙主要靠梯田，贡献率为 71%～82%，详见图 1.25。在林草减沙量中，90% 得益于林草植被盖度提高、10% 来自林草地面积增加。

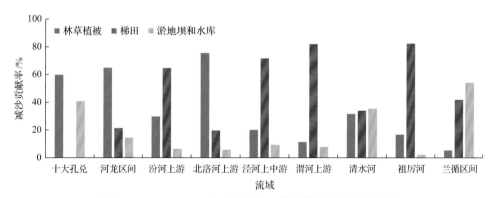

图 1.25　2010～2019 年林草植被、梯田和坝库的减沙贡献

针对与"黄河沙量 16 亿 t/a"对应的 1919～1959 年降雨条件，计算了 2010～2019 年林草植被、梯田和坝地情况下黄土高原的可能产沙量，结果表明，在此降雨和下垫面情况下，黄土高原产沙量约 5.0 亿 t，较天然时期减沙 70%，其中河龙区间、泾河和宁夏清水河产沙量分别为 2.5 亿 t、1.1 亿 t 和 0.35 亿 t，减沙幅度分别为 70.6%、59.0%、25.5%。图 1.26 是黄河主要产沙区现状下垫面在偏丰降雨系列下的产沙模数格局。

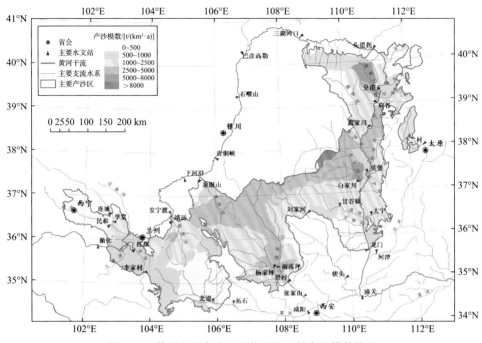

图 1.26　黄河主要产沙区现状下垫面的产沙模数格局

（Ⅲ）随着下垫面改善，黄河主要产沙区的洪量和含沙量也大幅降低，但其减幅小于沙量减幅。在不包括马莲河流域、北洛河源头区和无定河源头区的黄河中游地区，如果现状林草植被盖度不降低，未来可导致高含沙洪水的临界雨强一般在 35mm/h 以上，流域产沙强度≥2500t/km² 所需的次雨量一般将大于 80mm、雨强为 40mm/h。但因地处黄土丘陵区第 5 副区或黄土高塬沟壑区，马莲河等支流高含沙洪水的发生概率和含沙量仍较 20 世纪变化不大。

（Ⅳ）为预测黄土高原未来产沙情势，设计了 1933～1967 年、1919～1959 年和 1966～2019 年 3 种降雨情景，其汛期降雨量分别较 1919～2019 年均值偏丰12.5%、10% 和 0。同时，设计了 10 种下垫面水平，其中理想情景是植被和梯田均实现其修复或建设潜力，最差情景近 20 年草灌植被自然修复的成果基本清零、梯田仅实现其一半的建设潜力。计算表明：在偏丰降雨条件和未来 7 种下垫面情景下，黄土高原多年平均产沙量变化在 3.88 亿～8.85 亿 t/a，较天然时期减少 51%～79%；若降雨为 1966～2019 年的平枯条件，因中东部现状植被难以维持，故多年平均产沙量也将达 3.81 亿～5.12 亿 t/a。

不过，因河道工程拦(引)沙、河道冲淤和采砂等，实际入黄沙量往往小于产沙量。2010～2019 年，因流域坝库拦(引)沙 2.73 亿 t/a，故龙门、咸阳、张家山、河津、洑头等五站沙量仅 2.08 亿 t/a。未来，随着现状坝库渐次淤满，支流入黄沙量必然逐渐增加，只是或早或晚而已，见图 1.27；若遭遇不利的社会和气候条件导致草灌植被盖度降低，入黄沙量增加现象将出现得更早且增沙更多。考虑黄土高原已建和在建坝库将在 60 年后基本失去拦沙能力、青藏高原坝库仍可继续拦沙，在不考虑新增水库或淤地坝的前提下，测算了 60 年后黄河龙门等五站的输沙量，见图 1.28。

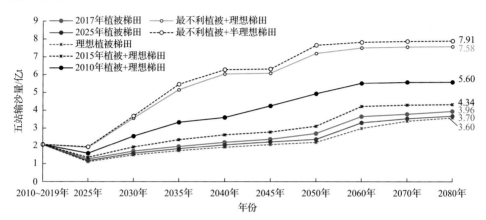

图 1.27　典型下垫面情景黄河四站多年平均沙量变化趋势（1933～1967 年降雨条件）

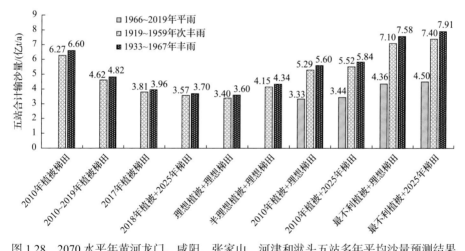

图 1.28　2070 水平年黄河龙门、咸阳、张家山、河津和洑头五站多年平均沙量预测结果

河龙区间和北洛河上游是淤地坝（尤其是老旧淤地坝）集中分布地区，因此是未来入黄沙量最早出现增加的区域。以天然时期年均产沙量 8.5 亿～9.0 亿 t/a 的河龙区间为例，若无新建坝库，随着现状坝库拦沙库容的不断损失，即使草灌植被盖度基本不降低，未来 15 年后的入黄沙量将由 2010～2019 年的 0.69 亿 t/a，增加至 1.40 亿 t/a 以上，最终稳定在 1.76 亿～2.52 亿 t/a。

目前，大部分地区林草梯田有效覆盖率已达到或接近相应的"阈值"，故未来流域产沙能力进一步降低的潜力有限。但因地形或地表土壤特殊、梯田需求小，黄土丘陵区第 5 副区和砒砂岩区仍然产沙剧烈，仅靠植被改善和梯田很难有效控制流域产沙。

总体上，如果植被梯田基本保持正向发展，未来 25～30 年，黄河四站多年平均沙量可能不会超过 3 亿 t/a，2080 水平年的多年平均沙量可大体控制在 4 亿 t/a 左右——该沙量是黄河下游及河口冲淤平衡沙量(2.5 亿 t/a 左右)的 1.4～1.8 倍。若遭遇连续干旱或经济波动，自然修复形成的草灌植被存在盖度降低风险、进而会使流域产沙增加，但因梯田、乔木林和坝地仍可稳定减沙，故预计 2070 水平年黄河沙量仍不会超过 8 亿 t/a。由此可见，要控制黄河龙门等四站沙量不超过 2.5 亿～3.0 亿 t/a，还需在黄河干支流适时新建拦沙工程，或在产沙依然剧烈地区建设坡面洪水利用工程。

连续十年的研究，基本阐明了黄土高原植被梯田演变过程与趋势，在流域尺度上揭示了植被梯田变化对流域产沙的驱动机制和效应。不过，由于难以准确预测未来连续干旱或极端暴雨的发生频率和量级，加之社会经济发展难免波动、对自然规律的认识仍有不足，仍难以准确把握未来草灌植被盖度降低的风险。在此情况下，无论是作为千年大计的黄河水沙调控工程和河道防洪工程，还是黄河水资源分配，都应在沙量设计时留有余地；控制草灌植被不恶化，应成为未来水土流失管控的首要任务。

基于十年研究实践和体会，未来的黄河水沙变化研究一方面应高度关注林草梯田变化对流域产洪的影响，另一方面要关注社会经济和气候变化及其对林草植被的影响、汛期暴雨发生频率及量级变化趋势，以客观认识未来产沙环境的演变趋势。另外，本书创建的遥感水文统计模型主要用于流域产沙情势的宏观评价，可回答流域在多年平均降雨情况下的产沙量，故其服务对象是流域规划层面。未来，还要进一步创新方法，研发场次暴雨条件下的支流入黄洪水和沙量预报模型，为黄河防洪减淤调度提供技术支撑。

第2章 数据采集与处理

2.1 土地利用

土地利用是指人类对土地自然属性的利用方式。土地利用在给人类带来社会经济效益的同时,也会对地表土壤、地形和植被的原始状态产生不同程度的干扰,进而加剧或减缓水土流失。本书依据《土地利用现状分类》(GB/T 21010—2017),进行研究区的土地利用类型划分和面积统计,该标准将土地利用类型分为六大类,见表2.1。

表 2.1 土地利用分类体系

大类	亚类
耕地	平原区旱地、山地旱地、水田
林地	有林地(指郁闭度大于 30%的乔木林)、灌木林地(指郁闭度大于 40%的矮林地和灌丛林地)、疏林地(指郁闭度为 10%~30%的林地)、其他林地(指未成林造林地、苗圃及各类园地)
草地	高覆盖草地(指盖度>50%的天然草地、改良草地和割草地)、中覆盖草地(指盖度在 20%~50%的天然草地和改良草地)、低覆盖草地(指盖度在 5%~20%的天然草地)
水域	河渠、水库、湖泊、滩地、永久性冰川雪地
建设用地	城镇建设用地、农村居民点用地、工矿和交通建设用地
未利用土地	植被盖度在 5%以下的沙地、戈壁、盐碱地、裸土地、裸岩石砾地

土地利用分析采用的基础信息均取自卫星遥感影像,主要有 5 个时段:20 世纪 70 年代末[陆地卫星多光谱扫描仪(Landsat MSS),空间分辨率为 56m,主要为 1977 年和 1978 年影像,个别为 1979 年和 1980 年影像]、1990 年和 2000 年[陆地卫星专题制图仪(Landsat TM),空间分辨率为 30m,主要为 1998 年影像,个别为 1997 年或 1999 年影像]、2010 年和 2016 年[资源卫星电荷耦合器件(CCD)影像,空间分辨率为 30m],影像时相为植被生长茂盛季节——6~9 月。

除以上遥感影像外,为辅助土地利用分析,还收集了 20 世纪 60 年代的航空遥感影像(空间分辨率为 10m 和 2.5m),1998 年 SPOT4 卫星遥感影像(空间分辨率为 10m),2000 年 1:10 万土地利用图、1:100 万土壤图、1:50 万地貌类型图、1:250 万水土保持分区图,第一次全国水利普查公报等,详见表 2.2。

表 2.2 采集到的基础数据信息

序号	数据名称	数据特征	主要用途
1	Landsat MSS	1977～1979 年 7～9 月获取的 56m 空间分辨率数据，有一定时相差异	1978 年前后土地利用解译和植被盖度反演
2	KH 航空遥感影像	1968 年获取的 10m 和 2.5m 空间分辨率数据，单色谱	1978 年前后土地利用解译的验证
3	Landsat TM	1997 年和 1998 年 7～9 月获取的 30m 空间分辨率数据，有一定时相差异	1998 年前后土地利用解译和植被盖度反演
4	2000 年 1：10 万土地利用图	中国科学院地理科学与资源研究所解译的 1：10 万土地利用矢量数据	两期土地利用解译工作底图
5	ASTER GDEM	美国国家航空航天局(NASA)制作的 30m 空间分辨率数字高程模型(DEM)	提取坡度、坡向和流域边界
6	资源卫星 CCD 影像	空间分辨率 30m；7～9 月获取	2010 年、2016 年土地利用解译和植被盖度反演
7	1：100 万土壤图	中国科学院南京土壤研究所编制的 1：100 万土壤图	植被盖度遥感反演参考
8	SPOT4 卫星遥感影像	1998 年 7～9 月，空间分辨率 10m	1998 年土地利用、植被盖度和梯田面积获取数据精度检验
9	1：50 万地貌类型图	1986 年张宗祜编制的 1：50 万黄土高原地貌类型图	流域地貌背景分析
10	1：250 万水土保持分区图	2001 年黄河上中游管理局编制的 1：100 万黄河流域黄土高原水土保持分区图	水土保持措施变化综合聚类参考

用人机交互式解译方法，以 2000 年 1：10 万土地利用矢量数据为工作底图，叠加显示遥感影像和坡度、坡向等，分别解译出空间分辨率为 56m 的 1978 年前后，以及空间分辨率为 30m 的 1998 年前后、2010 年和 2016 年的土地利用变化图，建立空间拓扑关系，生成四个相应年份的土地利用数据库和属性数据库。

为确保成果质量，采用多种途径对解译成果进行了抽样验证。其中，对于 1978 年的遥感影像，利用空间分辨率为 10m 或 2.5m 的 20 世纪 60 年代末航空遥感影像进行比对验证，400 个样点的验证精度达到 86.9%；对于 1998 年的土地利用数据，一方面利用空间分辨率为 10m 的法国地球观测卫星(SPOT)影像进行抽样验证，同时综合多源信息和多学科知识的方法，通过查阅历史文档和地图资料、访谈当地居民并帮助他们回忆当年的土地利用信息，获取相应的验证信息，其中，利用 SPOT 卫星影像抽样验证了 400 个样本点、精度为 91.5%。为进行 2010 年和 2016 年的土地利用数据验证，作者团队组织了 4 次野外验证，累积行程达 14 万 km 以上，累积调查面积大于 8 万 km^2，采集了 129 个 GPS 点，解译精度为 93.8%。土地利用分析是本书耗时最长、费力最多的工作内容，历时 6 年完成。

2.2　易 侵 蚀 区

据《中国大百科全书(水利卷)》(中国大百科全书水利卷编委会，1992)，水土流失是指土壤在水或风的浸润和冲击作用下，结构发生破碎和松散，随水流动而散失的现象。在黄土高原，"水土流失面积"通常是指区域或流域内水土流失强度$\geqslant 1000t/(km^2 \cdot a)$的土地面积。由此可见，任何地区或区域的水土流失面积均$\leqslant$相应区域的总土地面积。

由于植被变化、梯田建设和城镇化发展等，流域的水土流失面积实际上是动态变化的：如果该流域几十年前均为茂密的森林，之后被砍伐破坏，则其水土流失面积必将增加；如果该流域从前以坡耕地或低盖度林草地为主，现在几乎被水平梯田或高盖度林草地所覆盖，则其水土流失面积必将减少。事实上，除水土流失面积外，流域的水土流失程度也是动态变化的。正是水土流失面积和程度的变化，导致流域水沙变化。

水土流失面积及其程度的动态变化，给流域水沙变化研究的模型构建带来一定困难。为了满足本书的需要，结合遥感技术应用情况，我们引入了"易侵蚀区"的概念。

众所周知，林草地的面积、植被盖度和植被类型，以及流域梯田化程度，是决定流域产沙强度的关键因素。任何改变植被的面积、盖度和类型的活动，以及梯田(含水平阶或水平沟等改变流域微地形的人类活动)建设，都可能导致流域水土流失加剧或减缓。不过，如果林草植被或梯田面积的变化发生在流域内的城镇用地、石山区、平缓的河川地和平原(塬面)，显然对流域产沙影响甚微。因此，剔除此类地块后的流域内其他地块才是流域尺度上研究黄河水沙变化最值得关注的区域，本书将其称为"易侵蚀区"。

对照《土地利用现状分类》(GB/T 21010—2017)(表 2.1)，易侵蚀区的土地利用类型主要包括林地、草地、耕地、未利用土地和水域五种。不过，从遥感调查数据看，研究区的未利用土地和水域的面积占比一般不足 1%，因此易侵蚀区实际上主要包括林地、草地、耕地三种土地利用类型，以下将林地和草地合称为林草地。在降雨和土壤条件一定的情况下，易侵蚀区的产沙强度显然取决于林草植被覆盖状况和坡耕地的梯田化程度。

以湫水河和云岩河为例，进一步说明易侵蚀区的内涵。湫水河流域上游为吕梁山区、地表为土石山区，沿河道分布有临县县城和村镇，因此该流域的易侵蚀区不包括图中的河川地、土石山区及遥感可识别的村镇，见图 2.1。云岩河上中游位于黄龙林区，天然植被茂密，但这些地区仍然属易侵蚀区，见图 2.2。

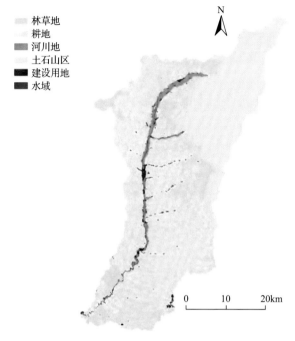

图 2.1　涨水河流域土地利用状况

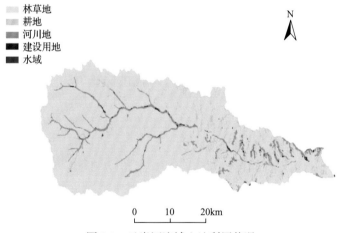

图 2.2　云岩河流域土地利用状况

　　基于空间分辨率为 30m 的遥感影像，表 2.3 给出了黄河主要产沙区内各子区的易侵蚀区面积，以及其占区域总土地面积的比例。由表 2.3 可见，由于河川地、建设用地、土石山区和平原的面积占比不同，各地易侵蚀区面积占比为 75%～99%，平均为 80%。图 2.3 是典型区域的易侵蚀区面积占比。

表 2.3　黄河主要产沙区的易侵蚀区面积　　　　（单位：km²）

区域	循化—青铜峡黄土区	十大孔兑上游	河龙区间	北洛河上游	泾河中上游	渭河上游	汾河上游	合计
总土地面积①	37725	5511	89077	7309	40332	27600	7717	215271
易侵蚀区面积②	32030	4821	67611	7211	33355	22713	4521	172262
②占①的比例/%	84.9	87.5	75.9	98.7	82.7	82.3	58.6	80.0

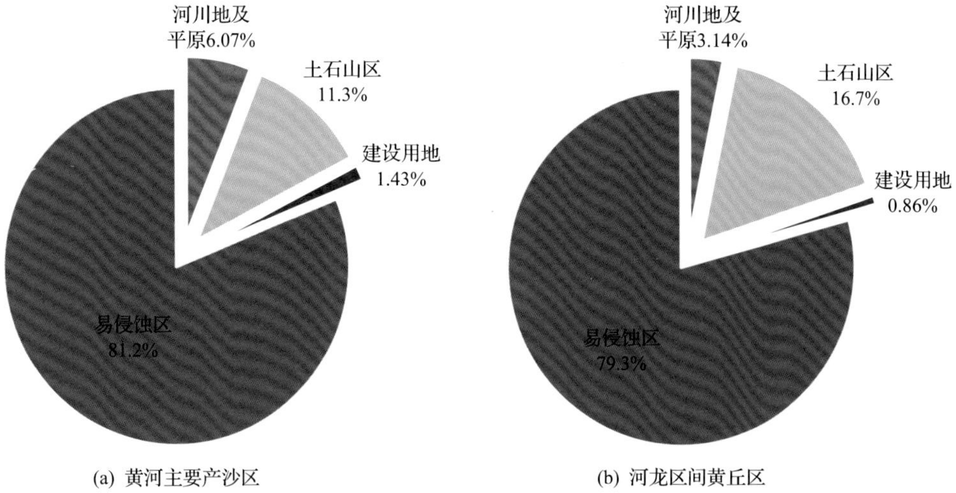

(a) 黄河主要产沙区　　　　　　　　(b) 河龙区间黄丘区

图 2.3　黄河主要产沙区易侵蚀区面积占比

2.3　林草植被

2.3.1　数据来源

　　林草植被是草、灌、乔木的统称。从遏制水土流失角度看，林草植被应具有一定的覆盖度和枯落物，能够有效保护地表土壤，且根系发达、能够提高土壤的抗侵蚀能力。林草植被能否发挥减沙作用，核心在于其面积和盖度，尤其是贴地面覆盖程度(王晗生和刘国彬, 2000)是否较"天然时期"有实质性的增加或改善。

　　然而，包括第一次全国水利普查在内的传统统计渠道获取的林草面积数据往往只是人工助力的"措施"面积，包括乔木林、灌木林、经济林和人工草被的面积，近年将"封禁治理面积"也纳入了统计。但是，统计数据没有植被盖度信息，也不包括自然修复的林草植被信息。而据近年实地调查，在统计数据给出的乔木林和经济林区，很多地区仍无地被物覆盖[图 2.4(a)～(d)]；有些地区并无水平阶或水平沟，其水土保持功能相当有限；部分被纳入统计的水土保持林地和经济林地实际上生长在梯田上[图 2.4(c)]，即林地面积与梯田面积存在重复；在西北部的森林草原区和典型草原区，不少地区虽种植了油松，但真正起到水土保持作用的地被物主要为"自然成长"的草灌植被[图 2.4(e)(f)]。

(a)　　　　　　　　　　　　　　　(b)

(c)　　　　　　　　　　　　　　　(d)

(e)　　　　　　　　　　　　　　　(f)

图 2.4　植树造林后的植被景观
(a)人工杨树，靖边；(b)枣树林，延川；(c)梯田苹果林，静宁；(d)人工造林，绥德；
(e)和(f)人工油松林，东胜和准格尔旗

事实上，植树种草、主动或被动封禁、气温升高和降雨增多等都可以改变植被状况，2000 年以来黄土高原严重水土流失区增加的林草主要为"自然成长"的草灌植被。统计渠道获取的林草地数据可以在一定程度上反映植树种草的"工作

成绩"，但极难反映黄土高原近 20 多年自然修复的成果。在大空间范围上，卫星遥感是目前准确获取黄土高原植被变化信息的最佳途径。

自从 1972 年 7 月 23 日美国发射陆地卫星 Landsat-1 后，卫星遥感数据便迅速成为地球资源调查和生态环境监测的重要数据源。特别是近年来，Landsat 卫星系列数据、我国 CBERS 卫星数据和资源卫星数据等已可从许多国内外镜像网站上免费下载，更方便了科学研究和非营利性公共服务。

基于卫星遥感影像获取的 NDVI 数据，2000 年以来已有不少文献对黄土高原的植被变化进行了研究(李忠峰和蔡运龙，2006；信忠保和许炯心，2007；莫宏伟和任志远，2009)。然而，现有应用遥感技术提取的植被盖度成果均没有剔除耕地上的农作物植被，而且不能得到林草地的面积信息。在大空间尺度上分析黄土高原植被变化时，采用的遥感影像空间分辨率大多偏低。

分析不同时期的土地利用状况变化，也是获知林草变化的重要途径，包括不同盖度等级的林地和草地的面积。不过，土地利用分析产品的植被盖度一般只有高、中、低等几个等级，盖度档次过于粗放，因此也难以满足黄河水沙变化分析的需要。

本书采用的林草植被信息全部通过卫星遥感影像获取，并采取了土地利用分析和植被盖度分析相结合的技术路线，提取了不同时期的林草地面积和植被盖度等信息。

2.3.2　指标及计算方法

1. 林草地面积

本书采用的林草地面积，是易侵蚀区内的林地和草地的面积之和，而林地面积和草地面积可通过土地利用分析获取。显然，本书"林草地面积"与水土保持部门统计的林草地面积区别很大：前者是依照我国《土地利用现状分类》(GB/T 21010—2017)提取得到的，是土地利用六大类型区中的两个类型，其林草植被不仅包括人工栽种的林草植被，也包括自然生长的林草植被；后者是水保或林业等部门投资栽种或封育的人工植被面积，其结果往往远小于土地利用分析的结果。

2. 林草植被盖度

林草植被盖度(V_c，%)是流域易侵蚀区林草叶茎的正投影面积(A_{ls})占易侵蚀区林草地面积(A_v)的比例，简称林草盖度，即

$$V_c = \frac{A_{ls}}{A_v} \tag{2.1}$$

在大空间尺度上，采用遥感影像提取 NDVI，可计算出林草植被盖度，计算

公式为

$$\begin{cases} V_{c} = (NDVI - NDVI_{soil})/(NDVI_{veg} - NDVI_{soil}) \\ NDVI = (NIR - R)/(NIR + R) \end{cases} \tag{2.2}$$

式中，$NDVI_{soil}$ 为裸土或无植被覆盖区的 NDVI；$NDVI_{veg}$ 为植被完全覆盖区的 NDVI；NIR 为近红外波段；R 为红光波段。基于土地利用分析成果提供的林草地位置信息，利用遥感影像提供其 NDVI 信息，即可得到林草植被盖度。

为保证多时相遥感数据的 NDVI 有可比性，原始数据经辐射定标、简单大气校正和几何精校正后，用相邻图幅递进回归分析法消除 NDVI 时相差异，见式(2.3)：

$$\mathbf{Image}'_i = k_{i-1} \times \mathbf{Image}_i + q_{i-1}, \qquad i = 2,3,4,\cdots,n \tag{2.3}$$

式中，$\mathbf{Image}'_i$ 为校正后影像数据矩阵；$\mathbf{Image}_i$ 为原始影像数据矩阵；k_{i-1} 和 q_{i-1} 分别为影像数据矩阵 $\mathbf{OL} = \mathbf{Image}'_{i-1} \cap \mathbf{Image}_i$ 的回归分析斜率与截距；n 为总的影像图幅数。裸土或无植被覆盖区的 $NDVI_{soil}$ 理论上应接近 0，但由于受大气效应和地表水分等影响，其值一般在 0.1～0.2；由于受植被类型影响，$NDVI_{veg}$ 也会随时间和空间而改变。因此，用土壤类型图分图斑统计 NDVI 的累积频率，选取土种单元内累积频率为 5%的 NDVI 作 $NDVI_{soil}$，用土地利用图分类型统计 NDVI 的累积频率，选取林地和草地累积频率为 95%的 NDVI 作相应图斑的 $NDVI_{veg}$。

植被盖度信息提取采用的遥感影像空间分辨率有四种：①空间分辨率为 30m 的遥感影像，时相为 1978 年、1998 年、2010 年、2013 年、2018 年，涉及范围为黄河主要产沙区。②空间分辨率为 250m 的中分辨率成像光谱仪(MODIS)影像，时相为 2000～2019 年，涉及范围为黄土高原全境。③空间分辨率分别为 1km 和 5km 的影像，时相分别为 1998～2019 年和 1981～1997 年，涉及范围为黄土高原全境。用于植被盖度分析的遥感影像时相为 6～9 月，个别为 10 月，该时段是黄土高原的植被生长期，也是产沙期。

遥感影像空间分辨率是需要高度关注的问题。研究时发现，基于空间分辨率 250m 或 8km 的遥感影像得到的植被盖度，往往与地面实测的植被盖度存在一定差别，尤其是低盖度和高盖度情景；遥感影像的分辨率越低，误差越大。因此，本书基于 250m、1km 和 8km 的空间分辨率提取的植被盖度仅用于分析林草植被盖度的变化过程；对于林草变化与流域产沙的响应规律分析、流域林草植被减沙计算、流域产沙量及产沙模数计算等重要研究任务，均采用从空间分辨率为 30m 的遥感影像提取的林草植被盖度。同时，为尽可能减少误差，在黄土高原各地选择了 300 余个地面样本点，采用近地照相法获取植被的"真实"盖度，并与基于空间分辨率为 30m 的卫星遥感影像解译的林草植被盖度进行比对；进而，针对不同植被类型,构建了植被盖度样本库。

3. 林草有效覆盖率

林草盖度能够反映林草地自身的植被盖度,但不能反映林草植被对全流域易侵蚀区土地的保护程度。为此,引入"易侵蚀区林草植被有效覆盖率"(V_e, %)的概念,它是指流域易侵蚀区林草叶茎的正投影面积 A_{ls} 占流域易侵蚀区面积 A_e 的比例,简称"林草有效覆盖率",计算公式为

$$V_e = \frac{A_{ls}}{A_e} = \frac{A_{ls}}{A_v} \times \frac{A_v}{A_e} = V_c \times \frac{A_v}{A_e} \tag{2.4}$$

式中,V_c 为林草植被盖度,可采用式(2.1)计算得到。基于遥感影像,通过土地利用分析,可得到易侵蚀区林草地面积 A_v 和易侵蚀区面积 A_e。

对比可见,林草植被盖度和林草有效覆盖率的核心区别在于林草植被保护对象的空间尺度:前者为坡面尺度,是人眼能直观感受的信息;后者为流域尺度,需利用遥感影像通过计算才能准确认识到。在流域的易侵蚀区内,如果没有耕地等其他类型用地,二者数值相等。

现场考察看到,在易侵蚀区内,有的山上分布有少量油松、杨树和枣树等人工乔木。不过,若非盖度较大或栽种在鱼鳞坑或梯条田上,它们对地表土壤的保护作用不大,2000 年以前更是如此。鉴于此,对于 2000 年以后的林草地,利用遥感提取的土地利用分析和梯田分析结果,将与梯田重复的地块均计入梯田,并把盖度小于 30%的乔木地块植被盖度记为 0(即忽略其水保作用)。

2.4 梯 田 数 据

传统概念中,梯田统计数据是相对可靠的水土保持统计数据。不过,通过近年的实地调查了解到,由于统计口径不一,目前的梯田统计数据与实际规模可能存在很大差异。一方面,第一次全国水利普查尽管对梯田的统计口径进行了规范,但实际上各省区统计口径仍有所区别,有的不包括田面宽度不足 8m 的梯田,有的不包括田面宽度 2~3m 的条田或水平阶。另一方面,有的县区同时有多套数据,以应对不同的需求。

鉴于各地梯田质量差别很大、梯田面积的统计数据难以满足水沙变化分析的要求,为准确掌握黄土高原水平梯田现状,本节利用 2012 年和 2017 年高分辨率卫星遥感影像,采用统一的尺寸、位置和坡度标准,对重点研究区的梯田面积进行了解译。

针对梯田纹理特征,经信息源比选,选择资源三号卫星影像为信息源,通过全

色(空间分辨率 2.1m)和多光谱(空间分辨率 5.8m)融合，空间分辨率达到 2.1m；影像的时相主要为 2012 年 1~6 月，部分为 10~12 月，以避开植被生长旺盛期对梯田识别的影响。

梯田信息提取是基于 ArcGIS 软件环境，参考解译标志，采用人机交互方式勾绘梯田边界。水平梯田提取的基本原则是"遥感影像上梯田纹理可识别的台阶化土地"，故实际解译的对象为田面宽度 5m 以上，且具有一定水土保持效益的台阶化土地。

为保证梯田面积解译成果的可靠性，并尽可能排除将坡式梯田误判成水平梯田的可能性，我们对解译成果的质量检查采取了室内三级检查和野外一级校核的模式，即室内自查、互查、专查和野外校核。室内查错修改先对解译完的分幅成果进行 100%的交叉自查，图斑正确率达到 95%；对于拼接好的成果按照 10%图斑进行随机抽验检查，抽检合格率达到 95.1%。在室内查错校核后的二次结果上进行野外校核，野外调查线路包围面积为 8.45 万 km²，占影像解译范围面积的51.2%。野外勾绘校核调查样地 134 处，总体判对率为 90.5%。

为了提高解译精度，又对调查结果按不同水土流失类型区分别统计计算了判对率，对判对率较低的类型区进行重点检查，并按照解译标志和该区的梯田分布特征查错纠正。由有经验的专业技术人员进行全面检查，形成最终成果，最终解译精度超过 95%。最后，以"遥感影像可识别"为基本原则，提取了 2012 年和2017 年的水平梯田面积，建立了梯田数据库。同期其他区的梯田面积数据为全国水土流失动态监测项目遥感获取的梯田面积，影像源和提取方法同上，但样方调查相对粗放。

此外，还采集了各县 20 世纪 70 年代以来的逐年梯田面积数据，根据各水文控制区轻度以上水蚀面积及其在相关县(市、区)的分布，按面积占比法，推算出各水文控制区的逐年梯田面积。然后，参考实地调查成果和 2012 年遥感获取的梯田面积，对推算结果进行了修正。

为科学描述各地区的梯田规模，引入"梯田覆盖率(T_e)"的概念，它是指流域梯田面积占流域易侵蚀区面积的比例，计算公式为

$$T_e = 100 A_t / A_e \qquad (2.5)$$

式中，A_t 为梯田面积；A_e 为易侵蚀区面积。

在黄土高原的绝大部分流域内，往往是既有林草地，又有梯田，即林草地与梯田共存，而梯田对遏制地表侵蚀产沙的作用相当于植被盖度为 100%的林草地。因此，为科学描述林草地和梯田对流域土壤的保护作用，引入林草梯田有效覆盖

率(V_{et}, %)的概念，它是流域林草有效覆盖率(V_{e}, %)与梯田覆盖率之和，V_{et}计算公式为

$$V_{\text{et}} = V_{\text{e}} + T_{\text{e}} \tag{2.6}$$

2.5　降　雨　数　据

2.5.1　雨量站选择

研究区虽然早在 1916 年就在太原设立雨量站，但 1949 年以前黄河主要产沙区雨量站仍不足 20 个。1949 年以后，黄土高原主要产沙支流开始布设降雨观测站(陈先德, 1996)。之后，在 1966 年和 1977 年，黄河流域曾两次大规模增加雨量站数量(分别称为"66 站网"和"77 站网")，图 2.5 是典型地区历年雨量站变化。由图 2.5 可见，1965 年以前，该区雨量站数量只有 1966～1976 年的 60%、1977～2014 年的 30%。其中，河龙区间 1965 年以前的雨量站数量只有 1966～1976 年的 50%、1977～2014 年的 25%。

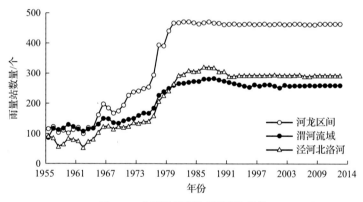

图 2.5　典型地区历年雨量站变化

为充分掌握黄河主要产沙区多年平均降雨情况及其特点，我们不仅采集了水文部门"66 站网"的全部雨量站数据，还采集了气象部门在 20 世纪 60 年代及其以前的雨量站数据，合计 423 个。基于 423 个雨量站 1966～2019 年的实测降雨数据，制作了基于 GIS 的黄河主要产沙区降雨等值线图。

1977 年，黄土高原雨量站大幅增加。研究期间，我们采集了黄河主要产沙区范围内水文部门 728 个雨量站和气象部门 35 个气象站的降雨数据(图 2.6)，其中黄土丘陵区和黄土塬区的雨量站密度一般达 3 个/1000km^2(但祖厉河流域不足 2 个/1000km^2)，可基本满足研究需要。

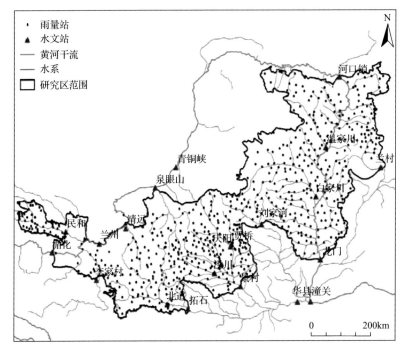

图 2.6　黄河主要产沙区现状雨量站和水文站分布

2.5.2　降雨指标

大量实测数据表明，黄土高原大多数降雨并不产生径流和泥沙。据天水水土保持站 1945～1975 年的观测资料，31 年内共降雨 1226 次，但产流降雨只有 82 次，平均每年有 6.3 次降雨有产流。绥德韭园沟 1954～1979 年的 22 年中(不包括 1970～1973 年)共降雨 1713 次，其中，产流降雨仅 119 次，产流降雨的雨量占总降雨量的 45%。因此，为满足土壤侵蚀的研究需要，前人提出了 5～1440min 等不同降雨历时的临界雨量标准(方正三，1957；张汉雄和王万忠，1982；刘尔铭，1982；王万忠，1983，1984a；周佩华和王占礼，1987，1992)，并将其作为土壤侵蚀暴雨标准，其中 1h、6h 和 24h 降雨的暴雨标准分别为 10.5～13.4mm、25.0～31.6mm 和 50～60.5mm，并发现绝大多数侵蚀性降雨的场次历时为 1～6h。不过，土壤侵蚀暴雨与我国气象部门颁布的《降水量等级》(GB/T 28592—2012)中的"暴雨"内涵不同，后者将连续 24h 降雨量为 50～99.9mm 的降雨称为暴雨、降雨量为 10.0～24.9mm 和 25.0～49.9mm 的降雨分别称为中雨和大雨。

另外，在 20 世纪 80 年代以前，研究区大多采用雨量筒测雨，80%以上的雨量站委托群众观测，故降雨计量很难准确做到逐小时观测和上报。

王万忠(1983)统计发现，黄土地区可引起侵蚀的日降雨量标准在坡耕地、人工草地和林地分别为 8.1mm、10.9mm 和 14.6mm，进而提出将 10mm 作为临界雨量标准，这与美国提出的 12.7mm 和日本提出的 13.0mm 接近；当日降雨达到 25mm 时，土壤侵蚀达到"强度"标准。刘尔铭(1982)分析了延安、绥德、子洲等地引起土壤侵蚀的 210 场暴雨，发现较严重的土壤侵蚀一般是由日降雨 40～60mm 的降雨引起的。

综合以上因素，并考虑 20 世纪 70 年代以前黄土高原降雨观测实际，本书除关注年降雨量 $P_{年}$、汛期降雨量 $P_{6\sim9}$ 和主汛期降雨量 $P_{7\sim8}$ 外，还重点关注了各雨量站日降雨大于 10mm、25mm、50mm 和 100mm 的年降雨总量，统称为量级降雨，分别用 P_{10}、P_{25}、P_{50} 和 P_{100} 表示，单位为 mm。显然，P_{10}、P_{25}、P_{50} 和 P_{100} 不仅体现了雨量因素，也在一定程度上反映了雨强因素。

"降雨量/小时或分"是表征雨强 I 的科学因子，但在 20 世纪 90 年代前的黄土高原，只有少数雨量站可做到逐小时记录降雨量。为此，考虑到可致流域明显产沙的降雨均发生在汛期，在大空间尺度上做分析时，采用 P_{50}/P_{10} 表征流域汛期降雨的集中程度，简称暴雨占比(P_i)。统计表明，研究区的中东部和北部多年平均暴雨占比(P_{50}/P_{10})一般在 0.11～0.16、偶见 0.4～0.5，六盘山以西的渭河上游、祖厉河、洮河下游和清水河流域一般在 0.05～0.08，最西部的湟水流域只有 0.02～0.03。

此外，还采用 I_{10}、I_{25} 和 I_{50} 等表示降雨的集中程度，它是 P_{10}、P_{25} 或 P_{50} 与相应的降雨历时的比值。

逐年统计各雨量站的 P_{10} 和 P_{25} 等，然后根据雨量站控制面积进行加权平均，即得到各水文分区的平均降雨量，计算公式如下(以 P_{50} 为例)：

$$P_{50} = \frac{\sum_{1}^{n} P_{50i} \cdot f_i}{A}, \qquad i = 1, 2, \cdots, n \tag{2.7}$$

式中，A 为水文站集水面积；P_{50i} 为单个雨量站日降雨大于 50mm 的年降雨总量，mm；f_i 为单个雨量站的控制面积；i 为雨量站编号；n 为区内的雨量站个数。

不过，当研究对象为小流域甚或微型流域时，采用的雨强指标为每小时的降雨量，单位为 mm/h。查阅数据采集时段的降雨量摘录表发现，除黄河流域子洲径流实验站水文实测资料外，在流域尺度上，场次降雨的最小测记步长参差不齐，大多为小时。鉴于此，本书选择"最大 1h 降雨量"作为最大雨强的特征指标，处理方法是：①凡降雨历时超过 1h，且可直接得到该场降雨的最大 1h 降雨量者，取沙峰出现前或可覆盖沙峰发生时刻的最大 1h 降雨量作为该场降雨的最大雨强。②凡降雨历时小于 45min 者，为避免洪水演进中沟床对含沙量和沙量的干扰，该场降雨不入选。③凡 45min≤降雨历时＜1h 者，将实测的雨强同比例放大，推算出小时雨强(mm/h)作为该场降雨的点最大雨强。④对于流域面积不足 10km² 、拥有多个雨量站的微型流域，其最大雨强是区内各雨量站的最大雨强均值。

2.5.3 数据系列代表性

利用"66 站网"和"77 站网"采集的逐日降雨数据，可以生成各支流(子区)1966～2019 年降雨系列，进而描述该时段有效降雨的时空分布及其变化。

1919～1965 年，研究区雨量站极少。通过对少量实测降雨数据的均一化检验和修正，李庆祥等(2012)构建了我国各地区 1900～2009 年网格化气候数据集，其中涉及黄河流域的网格分布见图 2.7。选定可基本覆盖研究区的两个网格(即图中的黑实线范围)，提取其 1919～2009 年 6～9 月降雨量，得到两网格的平均降雨量。然后，利用该区 1966～2019 年实测降雨数据，对 2010～2019 年网格化降雨数据进行了插补延长，进而生成了两网格区 1919～2019 年逐年汛期降雨量。

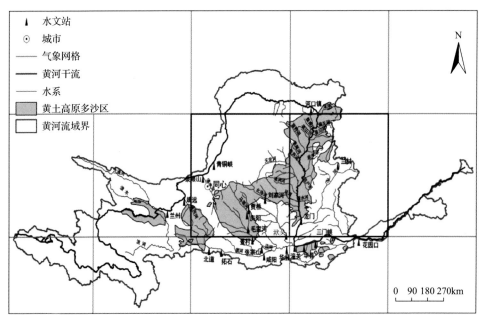

图 2.7　网格化降雨数据的范围示意图

黄河陕县水文站设于 1919 年，故 1919～2019 年降雨系列可与实测水沙系列呼应。但是，从该百年降雨系列很难得到对产沙更敏感的有效降雨情况，以下以河龙区间为重点区，采用实测降雨数据与《中国近 500 年来旱涝分布图集》(以下简称《图集》)(中国气象局气象科学研究院，1981)数据相融合的方法，论证"1966～2019 年降雨系列"的代表性。该《图集》资料始于 1470 年，它将旱涝等级分为 1、2、3、4、5 五个等级，分别对应涝、偏涝、正常、偏旱、旱。选取河龙区间 1960～2019 年有连续降雨数据且空间代表性较好的 23 个雨量站作为代表雨量站(图 2.8)，以旱涝等级为指标，构建长系列数据。对于代表雨量站在 1470～1959 年的旱涝等级数据，基于《图集》、利用反距离权重法进行插补。对于代表雨量站在 1960～2019 年的旱涝等级数据，按照《图集》的降雨量分级表达式，由实测降雨量进行转换，采用泰森多边形法计算其逐年的旱涝等级。图 2.9 是最终构建出的河龙区间 1470～2019 年的旱涝等级系列。

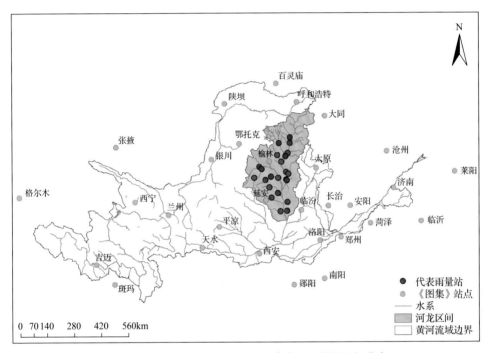

图 2.8　《图集》站点和河龙区间代表雨量站的空间分布

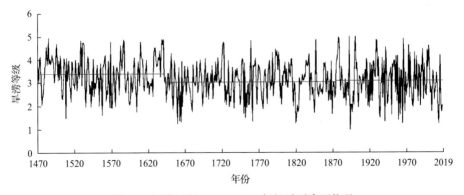

图 2.9　河龙区间 1470～2019 年长系列降雨状况

分析图 2.9 可见，1470 年以来的降雨情况有两个明显的台阶，其中，1470～1640 年河龙区间年均旱涝等级为 3.4，即降雨总体偏少；1641～2019 年 378 年旱涝等级平均为 3.06，较前期明显偏丰。

进一步统计了 1641～2019 年、1919～2019 年、1966～2019 年的平均旱涝等级，以及图 2.7 中两网格范围内的汛期降雨量，结果见表 2.4。由表可见，与 1641～2019 年长系列相比，1919～2019 年平均气候条件与过去 378 年平均情况相近；1966～2019 年旱涝等级较 1919～2019 年和 1641～2019 年均偏小 2.3%左右，即气候偏湿润，但汛期降雨量偏枯约 1%。

表 2.4 不同时期旱涝等级和汛期降雨量比较

时期	河龙区间旱涝等级均值	网格区 6～9 月降雨量/mm
1641～2019 年	3.06	312（估算值）
1919～2019 年	3.07	312
1966～2019 年	2.99	309

鉴于早期降雨观测站严重偏少，综合考虑河龙区间旱涝等级和网格区汛期降雨量等因素，认为 1966～2019 年降雨系列大体代表 1641～2019 年 378 年的平均降雨水平，该系列降雨量数据可作为降雨丰枯比较和产沙计算的基准系列；与1966～2019 年降雨系列相比，1919～2019 年降雨系列更能反映过去 378 年的降雨水平。

2.6 水沙数据

采用的各水文站实测输沙量、年最大含沙量、泥沙粒径、实测径流量和流量等实测水沙数据来自四个数据源：①黄河水利委员会黄河上中游管理局刊印的"1980～2010 年黄河中游水土保持径流泥沙测验资料"（绥德水土保持科学试验站）；②黄河流域水土保持生态环境监测中心刊印的"全国水土流失动态监测与公告项目黄河流域成果汇编"（2013～2019 年）；③《中华人民共和国水文年鉴》（黄河流域卷）；④水利电力部黄河水利委员会革命委员会刊印的"黄河流域子洲径流实验站水文实测资料"（1959～1969 年）。

对于把口水文站设站时间较晚的河龙区间县川河和屈产河、渭河北道等少数支流，利用邻近水文站实测水沙数据和相应年份汛期降雨量等信息进行了插补延长。

对于设站时间为 1952 年和 1940 年的河口镇水文站和青铜峡水文站，黄河水利委员会水文局利用上游的包头及兰州水文站实测水沙数据进行了延长，本书采用该成果，加之各站实测数据，可得到黄河干流兰州、青铜峡、河口镇、龙门以及支流渭河咸阳、渭河林家村、泾河张家山、渭河华县、北洛河洑头和汾河河津

10 座重要水文站 1933～2019 年实测水沙数据。

由于黄河干流水库拦沙和河道冲淤、晋陕峡谷切割岩溶水地层等因素的影响，将黄河龙门断面与河口镇断面的实测水沙相减，得出河龙区间的实测水沙量，其与实际情况存在很大偏差。以人类活动相对较少的 1938 年和 1946 年为例，采用中游龙门断面减上游河口镇断面得到的河龙区间汛期洪量分别为–21.5 亿 m³ 和 –33.4 亿 m³。为此，本书采用的河龙区间入黄沙量或汛期洪量为该区 20 条有控支流（即有把口水文站的支流）与无控区沙量（洪量）之和，其中无控区沙量（洪量）参考周边支流按面积估算；鉴于河龙区间支流水文站多设于 1959 年之后，对于 1934～1958 年河龙区间的汛期洪量，采用人类活动相对较少的 1959～1970 年汛期洪量与沙量的关系进行推算。

渭河上游甘陕交界的元龙水文站控制区，是本书界定的黄河主要产沙区的重要组成部分，但该站 2013 年才设站。为此，我们采用南河川、北道、天水和社棠水文站实测数据，对元龙水文站控制区的输沙量和汛期洪量进行了推算。

为深入研究水沙变化特点、分析水沙变化原因，计算了各主要水文站的逐年汛期洪量和年基流量。其中，由于 95%以上的黄河泥沙产自汛期（指 6～9 月，下同），本书采纳的"汛期洪量"为"6～9 月径流量 – 年内最枯月径流量×4"，其中兰州以上为"7～9 月径流量 – 年内最枯月径流量×3"。各支流的基流量等于"年径流量 – 汛期洪量"。

借鉴"径流系数"的内涵和计算方法，引入了"产沙指数 (S_i)"的概念，以表征流域的产沙能力。产沙指数是指流域易侵蚀区内单位有效降雨在单位面积上的产沙量，其中降雨指标采用对流域产沙更敏感的 P_{25}，即

$$S_i = \frac{W_s}{A_e} \times \frac{1}{P_{25}} \tag{2.8}$$

式中，A_e 为易侵蚀区面积，km^2；W_s 为流域产沙量，是把口断面实测输沙量、淤地坝和水库的拦沙量、灌溉引沙量的总和。若把产沙量的单位由重量(t)改为体积 (m^3)，产沙指数可以成为无量纲指标。不过，从物理意义角度，更倾向于采用 "$t/(mm·km^2)$" 作为产沙指数的量纲。在产沙剧烈的黄河多沙粗沙区，20 世纪 70 年代以前的产沙指数 S_i 一般达 150～250t/(mm·km²)；即使在水土流失较轻的渭河上游和祖厉河，S_i 也达 100～150t/(mm·km²)。

为分析黄河主要来沙区输沙量变化，参照"产沙指数"，引入了"归一化输沙量"的概念，以表达单位降雨在单位面积上产生的输沙量，计算公式为

$$WS_i = \frac{W_{sy}}{A} \times \frac{1}{P_{25}} \tag{2.9}$$

式中，WS_i 为归一化输沙量；A 为水文站集水面积；W_{sy} 为流域把口断面实测输沙量。考虑到黄土高原的产洪产沙降雨基本上是日雨量大于 25mm 的降雨，故采用的降雨指标为 P_{25}。对比可见，归一化输沙量与产沙指数的区别只有一点，即归一化输沙量采用的沙量为"输沙量"，而产沙指数采用的是"产沙量"。

为分析黄河主要来沙区产洪能力变化，引入了"产洪系数"的概念，以表达单位降雨在单位面积上产生的洪量，计算公式为

$$FL_i = \frac{W_f}{A} \times \frac{1}{P_{25}} \tag{2.10}$$

式中，FL_i 为产洪系数，无量纲；W_f 为 6～9 月洪量。采用水文站集水面积 A（而非易侵蚀区面积 A_e）计算产洪系数，主要考虑流域洪水不仅来自易侵蚀区，也来自流域内的其他区（如硬化地面的产洪能力更高），而洪水是泥沙输送的动力。

为便于对比流域间的降雨-产沙关系，本书采用"产沙强度"表示场次降雨在单位面积上的产沙量，单位为 t/km^2；采用"产沙模数"表示多年平均意义的单位面积产沙量，单位为 $t/(km^2 \cdot a)$。

2.7　坝库拦沙数据

为还原流域产沙量，并满足产沙指数计算的需要，还需掌握样本支流淤地坝和水库不同时期的拦沙量。

20 世纪 90 年代以来，有关方面曾对黄土高原地区淤地坝进行过多次较大规模的普查。本书在黄河上中游管理局、相关省（自治区）市水保主管部门和黄河水利委员会水土保持局的大力支持下，收集和整理了以下淤地坝数据。

（1）陕西水保部门组织完成的淤地坝普查数据。从 1989 年开始，陕西水保部门对榆林和延安两市 25 个县区的淤地坝进行了全面摸底调查，获取了十分宝贵的普查数据，撰写了"陕北地区淤地坝普查技术总结报告"等系列技术报告。

（2）黄河上中游管理局实施的水保措施调查成果。该统计截至 1999 年，数据包括流域内各县（区、旗）的骨干工程的数量、控制面积、总库容和已淤库容，以及淤地坝的数量、已淤面积和已拦泥等信息，成果见"黄河流域水土保持基本资料"。

（3）水利部组织实施的淤地坝安全大检查成果。为保障淤地坝防洪安全，2009 年水利部组织黄河流域各省区对淤地坝进行了普查，该套数据记载了每个县（区、旗）大中型淤地坝的地理位置、行政归属、建成时间、控制面积、坝高、总库容、设计淤积库容、已淤积库容、剩余库容和蓄水运用情况等信息，以及小型淤地坝的数量及其流域归属，基准年为 2008 年。

(4) 第一次全国水利普查数据。该项工作由国务院水利普查办公室领导，信息包括每座骨干坝的地理位置、行政归属、建成时间、控制面积、坝高、总库容、已淤积库容等，基准年为 2011 年。

(5) 宁夏、内蒙古鄂尔多斯、陕西省延安等组织完成的淤地坝普查数据。为深入掌握辖区内的淤地坝信息，在 2016 年汛后或 2017 年汛前，以上 3 个行政体均组织对辖区内的淤地坝进行了普查，采集了每座淤地坝的地理位置、行政归属、建成时间、控制面积、坝高、总库容、已淤积库容、坝地面积等数据，基准年为 2016 年。

(6) 1990 年以来黄土高原各县淤地坝建设的统计数据。

在认真整理甄别以上数据的基础上，2011 年以来，刘晓燕和高云飞(2020)分析了潼关以上黄土高原各支流(区域)淤地坝在不同时期的拦沙量。本书将直接采用该分析成果，以满足流域产沙量还原和产沙指数计算的需要。

因为黄土高原水库主要分布在水土流失轻微的土石山区、风沙区或盖沙丘陵区，严重水土流失区的水库数量不多，所以，与淤地坝拦沙量数据相比，水库拦沙量数据采集相对简单。其中，大中型淤地坝拦沙量数据可直接采用水库管理部门的实测数据和前人调查数据(冉大川等, 2000; 汪岗和范昭, 2002)；对于缺乏实测数据的小型水库，可将其视为骨干坝，大体推算其拦沙量。

第3章 产沙环境及产沙特点

3.1 降雨特点

黄土高原的年降雨量从西北向东南递增，其值在 250~800mm 变化，其中 700mm 以上的降雨量主要分布在秦岭北麓；而水面蒸发量则从西北向东南递减，其值在 1400~600mm 变化，其中 700mm 以下的水面蒸发量主要分布在秦岭北麓。在黄河主要产沙区内，干旱指数基本在 2~5 变化，由西北向南和东南递减。

为深入认识黄河主要产沙区的降雨特点，考虑降雨系列的长度、观测数据的丰富性和可靠性等因素，基于 1966~2019 年实测降雨数据，制作了该区基于 GIS 的汛期降雨量、P_{25}、P_{50} 和 P_{100} 的等值线图，结果见图 3.1。基于图 3.1，可以概括出该区降雨具有如下特点：

(1)研究区 6~9 月汛期降雨量表现为由西北向东南逐渐增大。在降雨最枯的祖厉河、清水河上中游和十大孔兑，其降雨量只有泾河流域的 70%~75%；在河龙区间，风沙区降雨量也只有黄土丘陵区的 85% 左右。

(2)河龙区间西北部的 P_{25} 和 P_{50} 明显偏高。

日降雨大于 25mm 的大雨和日降雨大于 50mm 的暴雨高发区主要集中在河龙区间西北部，以及河龙区间西南部、泾河流域、汾河水库以上和渭河上游东部等年降雨量为 450~600mm 的地区。

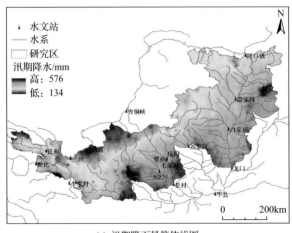

(a) 汛期降雨量等值线图

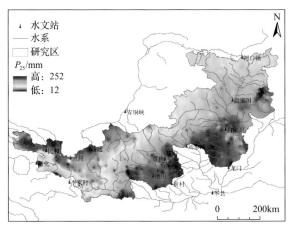

(b) P_{25} 等值线图

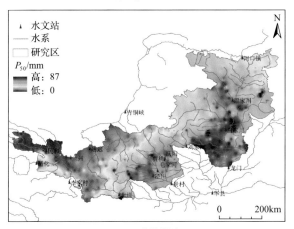

(c) P_{50} 等值线图

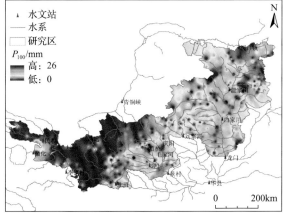

(d) P_{100} 等值线图

图 3.1　研究区 1966～2019 年降雨等值线图

河龙区间西北部主要涉及窟野河、秃尾河、佳芦河、孤山川和皇甫川，这里是黄河粗泥沙的主要来源区，也是我国神府—东胜煤田所在地，天然时期输沙模数为 10000～25000t/(km²·a)。

日降雨大于 10mm 的场次降雨 80%～95% 发生在 6～9 月，少数发生在 5 月和 10 月；日降雨大于 25mm 和 50mm 的降雨事件则几乎发生在 6～9 月。黄土高原 6～9 月的降雨多表现为短历时、高雨强的特点。

统计表明(表 3.1)，各区 P_{50} 占年降雨量的比例很小，其中，河龙区间黄丘区、十大孔兑上中游、泾河上中游、北洛河上游和汾河上游(汾河水库以上)为 7.8%～9.3%，而渭河上游、祖厉河流域和清水河上中游仅为年降雨量的 2.8%～5.3%。不过，各区 P_{10} 占年降雨总量的比例相差不大，一般在 51%～67%。

表 3.1　黄河主要来沙区年内降雨分布(1966～2019 年均值)

区域	降雨量/mm						量级降雨占年降雨量的比例/%			
	年降雨量	6～9月降雨量	P_{10}	P_{25}	P_{50}	P_{100}	P_{10}	P_{25}	P_{50}	P_{100}
十大孔兑(西柳沟)	269.1	208.5	167.9	78.4	24.8	16.5	62.4	29.1	9.2	6.1
河龙区间黄丘区	456.7	337.5	265.3	135.9	42.3	5.4	58.1	29.8	9.3	1.2
河龙区间西北片	394.2	302.0	230.8	118.8	43.2	7.0	58.5	30.1	11.0	1.8
无定河中下游黄丘区	435.8	322.6	252.7	132.7	39.9	6.0	58.0	30.4	9.2	1.4
清涧河流域	490.8	359.2	288.7	155.7	47.9	5.41	58.8	31.7	9.8	1.1
延河甘谷驿以上	513.1	369.7	302.0	156.3	49.1	5.47	58.9	30.5	9.6	1.1
北洛河上游	428.3	312.5	242.0	113.8	34.9	4.90	56.5	26.6	8.1	1.1
泾河上中游	513.9	355.0	327.2	142.2	40.2	4.40	63.7	27.7	7.8	0.9
泾河庆阳以上	410.7	291.8	253.3	105.5	27.4	2.10	61.7	25.7	6.7	0.5
泾河毛家河以上	490.3	341.0	304.6	133.2	42.5	5.70	62.1	27.2	8.7	1.2
汾河上游(汾河水库以上)	522.0	390.0	350.0	168.2	45.1	3.5	67.0	32.2	8.6	0.7
渭河上游	509.1	334.7	287.7	103.1	24.3	2.20	56.5	20.3	4.8	0.4
祖厉河流域	359.0	241.3	184.9	55.6	9.94	0.84	51.5	15.5	2.8	0.2
清水河上中游	373.3	249.3	227.5	86.7	19.6	0.62	60.9	23.2	5.3	0.2
洮河下游	505.7	336.7	286.6	90.2	14.9	1.03	56.7	17.8	2.9	0.2
湟水西宁—民和区间	447.5	312.8	234.1	61.2	11.4	3.67	52.3	13.7	2.5	0.8

图 3.2 是黄河主要产沙区 1966～2019 年平均暴雨占比的空间格局，由图可见，该区东西部的暴雨占比差别很大，如河龙区间的暴雨占比变化在 0.12～0.22，泾河在 0.08～0.16，兰州以上地区只有 0.04 左右。暴雨占比最大的地区主要分布在

河龙区间黄河干流两侧和窟野河中游，一般达 0.16～0.21。

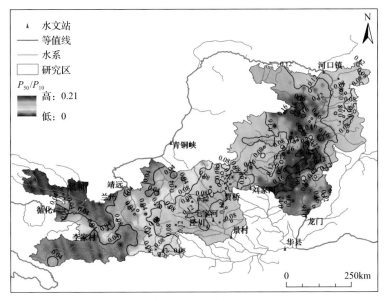

图 3.2　黄河主要产沙区多年平均暴雨占比

进一步对比各区暴雨占比与其 P_{25}（日降雨大于 25mm 的年降雨总量）发现，尽管黄河主要产沙区各地降雨情况不同，西部地区的暴雨占比和雨量明显小于东部，但各地暴雨占比-P_{25} 相关关系的差别很小，见图 3.3。也就是说，大雨雨量（P_{25}）偏多的地方，往往就是高雨强地区。

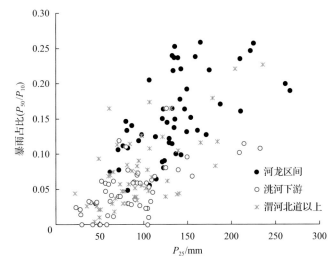

图 3.3　暴雨占比与 P_{25} 的关系

3.2　地 貌 特 点

黄土高原地貌复杂多样，包括黄丘区、黄土塬区、黄土阶地区、黄土丘陵林区和风沙区等9个类型区；因地形、地貌和海拔等差异，黄丘区又被细分成5个副区(以下简称丘X区)。

图 3.4 是著名地理学家黄秉维(1955)提出的黄土高原地貌类型区划分，系本书基于原图重新上色绘制的；表3.2 是黄秉维对各类型区特点的描述。

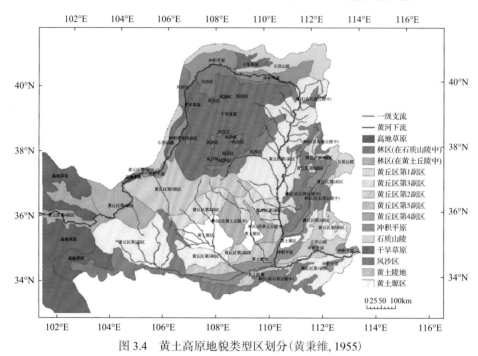

图 3.4　黄土高原地貌类型区划分(黄秉维, 1955)

表 3.2　黄土丘陵沟壑区各副区的侵蚀情况(黄秉维, 1955)

类别		水蚀程度	风蚀程度	侵蚀情况简述
黄丘区 第1副区	(丘1区)	1(异常强烈)	2(甚强烈)	以绥德为代表，平均坡度最大(陡坡地最多)，耕垦指数亦最高。水蚀异常强烈(第1级)，风蚀甚强烈(第2级)
黄丘区 第2副区	(丘2区)	2(甚强烈)	3(强烈)	以延安为代表，比之黄丘区第1副区，平均坡度稍小(陡坡地较少)，耕垦指数较低，坡田有不少是轮荒地，并有一小部分坡式梯田。水蚀甚强烈(第2级)，风蚀强烈(第3级)，可能对农业生产有很大影响
黄丘区 第3副区	(丘3区)	2(甚强烈)	3(强烈)	以天水秦安为代表，与黄丘区第2副区相比，平均坡度较小，陡坡地较少，而耕垦指数较高(介于黄丘区第1副区和黄丘区第2副区之间)，坡田大部分为坡式梯田。水蚀和风蚀程度均大致与黄丘区第2副区相同

续表

类别	水蚀程度	风蚀程度	侵蚀情况简述
黄丘区 第 4 副区　（丘 4 区）	4（中度）	2（甚强烈） ~3（强烈）	降雨量在 300mm 以下，平均坡度（陡坡地占比）与黄丘区第 3 副区相差不远，耕垦指数比以上 3 个副区低很多，坡地多未耕垦，草皮也很少，有一些轮荒地，畜牧比重比以上 3 个副区大。水蚀为中度水蚀（第 4 级），风蚀甚强烈—强烈
黄丘区 第 5 副区　（丘 5 区）	3（强烈） ~4（中度）	2（甚强烈）	地面平均坡度与黄丘区第 3 和第 4 副区相差不远，耕垦指数很低，有一些轮荒地，畜牧有相当比重。大部面积水蚀强烈，西北部为中度水蚀；风蚀甚强烈

在九大类型区中，黄丘区的水土流失最严重，黄土塬区次之，因此黄丘区和黄土塬区是本书重点关注的地区，也是黄河主要产沙区重点涉及的地区。黄丘区和黄土塬区的地表物质均为黄土（黄土的空间分布见图 3.5），二者在地貌上的最大差别在于地形：前者主要由梁峁坡、沟坡和沟（河）床组成，后者主要由平整的塬面和边壁几近垂直的深沟组成。

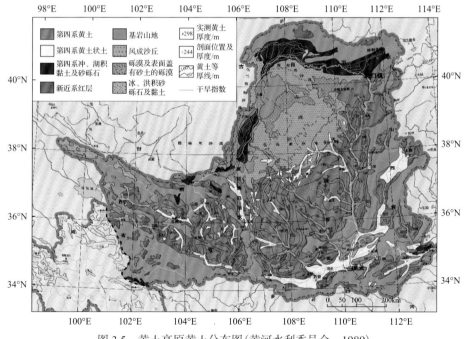

图 3.5　黄土高原黄土分布图（黄河水利委员会，1989）

丘 1~3 区的面积最为广阔。其中，丘 1 区主要分布在河龙区间中北部，丘 2 区主要分布在河龙区间南部、泾河流域北部、北洛河上中游和汾河上中游地区，丘 3 区分布在渭河上游和泾河流域西部。丘 1 区和丘 2 区的梁峁坡度较大、沟谷面积较大，大于 25°的陡坡面积一般可占 30%~50%，见图 3.6 和图 3.7；丘 3 区梁峁坡度较缓、沟谷面积较小，大于 25°的陡坡面积占 15%~20%，见图 3.8。

丘 4 区分布在黄土高原与青藏高原接壤的湟水流域和刘家峡水库以上的沿黄地区。该区地形与丘 3 区差别不大(图 3.9)，但海拔多在 2500m 以上。该区另一个突出特点是暴雨很少，在湟水流域 58 座雨量站 1951 年以来的逐日降雨量数据中，仅 8.5%的雨量站年观测到暴雨，但该比例在河龙区间达 40%~50%。

(a) 绥德(2010年)

(b) 兴县(2017年)

(c) 吴堡(2002年)

图 3.6　丘 1 区的地形

(a) 志丹(孙太罡摄影，1998年)

(b) 安塞(吴宗凯摄影，1998年)

图 3.7　丘 2 区的地形

(a) 静宁

(b) 彭阳

图 3.8　丘 3 区的地形

(a) 互助

(b) 湟中

图 3.9　丘 4 区的地形

毛乌素沙地和库布齐沙漠的边缘，如十大孔兑上游和窟野河上中游等，一直被视为黄土丘陵区。但实地考察看到，这些地区的地表鲜见黄土，而常见粒径为 0.05～0.3mm 的细小砾石或风沙，沟谷有砒砂岩出露，但出露面积不大。与丘 1～3 区相比，该区地形起伏不大，见图 3.10。

(a) 十大孔兑

(b) 窟野河

图 3.10　十大孔兑和窟野河上游的地形与地表土壤

　　同样被一直视为黄土丘陵区的皇甫川西部及其紧邻的特牛川上游等地，面积占比很大的沟坡出露的主要是砒砂岩，其地层呈近水平状；黄土仅分布在峁坡顶部，且厚度一般只有10～15cm，甚至更薄。黄土高原不少地方有砒砂岩地层出露，包括河龙区间北部、十大孔兑、刘家峡—兰州的黄河两侧等，尤以鄂尔多斯市准格尔旗西部最为典型。砒砂岩属三叠系地层，由砂岩、砂页岩和泥岩构成，因成岩程度低，所以抗蚀性差，遇水即成稀泥。其矿物组成包括石英、长石、方解石、蒙脱石和伊利石等，其中蒙脱石和伊利石为黏土矿物、含量20%～30%、遇水易膨胀。方解石的弱胶结作用是导致岩体抗侵蚀能力差的最直接的原因，易于风化的长石和遇水膨胀的蒙脱石、不同的岩性组合和不同的粒度组合对减弱抗蚀能力起了巨大的推动作用（石迎春等，2004；叶浩等，2008）。

　　21世纪初，王愿昌等（2007）对河龙区间北部和十大孔兑的砒砂岩分布情况进行了调查，认为该区砒砂岩分布面积约为1.67万km²，其中裸露砒砂岩区4544km²、盖沙砒砂岩区3709km²、覆土砒砂岩区8442km²。不过，我们在近年数十次实地查勘中注意到，在该范围内，砒砂岩出露面积占比较大的地区，主要在皇甫川流域的纳林川流域和特牛川上游，面积约2500km²，其地貌特征见图3.11。其他地区的沟谷虽有砒砂岩出露，但由于沟谷面积占比较小，砒砂岩的比表面积占比不大。因适宜耕种的黄土层面积小且厚度小，砒砂岩分布区的坡耕地和梯田极少，其农业生产基本集中在河川地。

(a)

(b)

(c)

图3.11　皇甫川流域的砒砂岩地貌

黄土高塬沟壑区面积 3.35 万 km²（含残塬区），主要分布在泾河流域、北洛河中游、河龙区间南部、汾河流域下游和祖厉河下游。位于泾河流域的董志塬是面积最大的完整台塬，地处马莲河中下游和蒲河下游，总面积为 2765.5km²，其中塬面面积为 960km²，输沙模数为 3500～4000t/(km²·a)。平原和深沟是黄土塬区最大的地形特点，见图 3.12。行走在较大的黄土塬区上，在视觉上甚至感觉与关中平原和黄淮海平原无异。

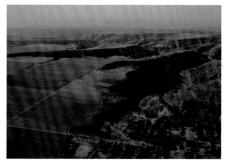

(a) 董志塬的沟头发育
(中国科学院西北水土保持研究所，1986)

(b) 董志塬俯瞰(网络截图)

(c) 黄土塬区的沟壑

图 3.12　黄土塬区的地形(董志塬)

本书采用空间分辨率为 2m 的"高分一号"卫星遥感影像，以"影像上可识别"为原则，调查了黄河主要产沙区内的黄土塬区分布及其面积，结果见图 3.13。统计表明，在此解译范围内，黄土塬区的塬面面积合计 9158.6km²，其中泾河 6124.2km²、北洛河 1606.5km²、河龙区间 756.6km²、祖厉河 400.8km²、清水河 270.5km²。值得注意的是，在黄土丘陵沟壑区第 2、第 3 和第 5 副区内，也散布着一些面积不大的黄土塬区，俗称残塬区。

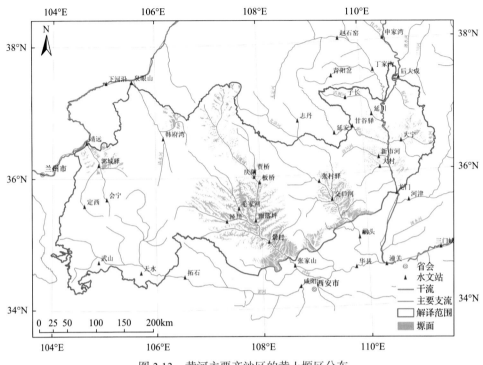

图 3.13 黄河主要产沙区的黄土塬区分布

丘 5 区主要分布在清水河中游、泾河支流马莲河上游、祖厉河流域和兰州周边地区、北洛河和无定河的源头地区，面积 5.3 万 km²，尤以祖厉河—清水河—马莲河上游一带最为典型，该区年均降雨量为 250～400mm，水面蒸发量为 900～1400mm。丘 5 区地表土壤主要为黏性较弱的沙化黄土、灰钙土或灰褐土，河谷中偶见红土。该区土质疏松，黄土厚度为 50～200m，地表风蚀严重，因此该区也被称为风蚀沙化丘陵区。受气候条件和立地条件限制，丘 5 区的林草植被总体较差，植被类型以草本植物为主。2017 年以来，该区林草植被盖度大体稳定在 38%～44%，而同期河龙区间黄土丘陵区已达 55%～90%。因雨水蓄存能力差，丘 5 区的黄土坡面主要有荒草地(偶有零星人工乔木)和梯田两种土地利用类型，坡耕地不多；盆地或阶地是村镇集聚地和主要的农业耕作区。

通过大量观察和比较，认为丘 5 区的地形特点可总结为：周边是地表"光滑"的黄土梁或峁，中部是黄土盆地(或称掌地)或沿河阶地(但各地的盆地面积相差很大)，见图 3.14。因暴雨较少，但风力侵蚀甚强烈，丘 5 区丘陵的侵蚀沟不太发育，地表显得非常"光滑"，这与陕北丘陵的"破碎"形成了鲜明对照。与黄土塬区相似，丘 5 区的黄土盆地(或称掌地)也由平原和深沟组成，其河(沟)床也普遍表现出陡然下切的现象且无基岩出露，但沟壑深度一般不及后者。因此，丘 5 区大体上是黄土丘陵沟壑区和黄土高塬沟壑区的结合产物，拥有山丘坡沟系统和塬区坡沟系统两个子系统，但其山丘坡沟系统的峁边线大多没有丘 1 区和丘 2 区那样明显。

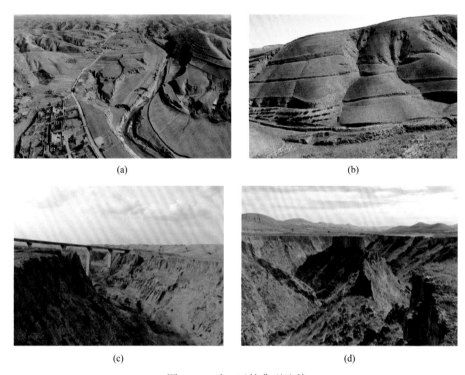

图 3.14　丘 5 区的典型地貌

因降雨、植被和地形等条件不同，黄土丘陵区各地水土流失背景情况相差很大。据水土流失治理和水资源开发活动较少的 1933～1967 年实测数据，黄土高原年均入黄沙量 18.7 亿 t，其中位于丘 1～2 区的河龙区间和北洛河上游约 11 亿 t，而丘 3～4 区的入黄沙量仅 2.5 亿 t，分别占 58.8% 和 13.4%。除兰州以北地区外，丘 5 区水土流失非常严重，其 20 世纪 50～70 年代的侵蚀模数一般在 5000～10000t/(km²·a)，多年平均产沙量占同期黄土高原总产沙量的 14.4%。

为满足研究需要，在图 3.4 和近 10 年 50 余次实地考察的基础上，根据地表土壤的特点，我们对丘 1 区进行了细分，把地表物质主要为风沙、砒砂岩和砂砾石的地区分别称作盖沙丘陵区、砒砂岩区和砾质丘陵区。根据实地查勘的情况，复核了黄土塬区和丘 5 区的范围边界。复核后，重新制作了黄土高原地貌类型区划图，见图 3.15。未来，尚需对兰州以上黄土丘陵区的地表土壤类型和潜水含水层特点进行进一步调查。

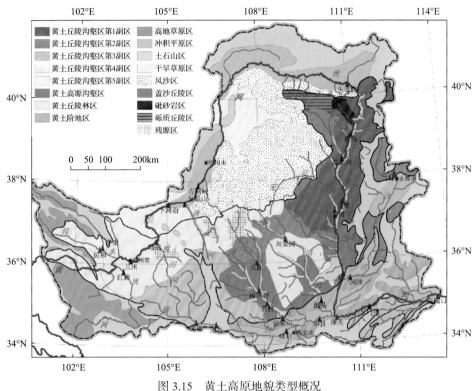

图 3.15　黄土高原地貌类型概况

　　需要指出，尽管认真进行了复核工作，但图 3.15 仍只能展示出黄土高原地貌的宏观概念。现实中，无论从地形角度，还是地表岩土情况，不同类型区之间并无明显的界线。例如，同属丘 5 区，清水河折死沟的地形与祖厉河和无定河上游有明显差别；马莲河中游虽然划为丘 2 区，但区域内有不少残塬分布；在河龙区间的黄河干流两岸十几公里范围内，除山顶由黄土覆盖外，沟谷出露的大多为基岩。因此，若将图 3.15 用于基于场次降雨的产沙模型时，仍需要做更细致的查勘和订正。

3.3　典型类型区产沙特点

3.3.1　黄土高塬沟壑区

　　如前所述，黄土塬区由平坦塬面和陡然下切的深沟组成，塬面地貌与常见的平原地貌无异，塬面上密布着农田和村镇；其沟壑之深、之陡峭，不仅是平原地区所没有的，在黄土丘陵区也极为罕见。

　　通过 60 多年的水土流失治理，目前泾河流域的黄土塬区已基本实现梯田化，梯田覆盖率高达 23%，林草有效覆盖率由 20 世纪 70 年代后期的 32% 提高到 2018

年的 52%;修建了 60 多座骨干坝、4 座水库,淤地坝控制面积约占土地面积的
7.5%。然而,从地处董志塬核心区的马莲河下游(注:指庆阳和贾桥水文站以下
至雨落坪区间,该范围无大中型水库)实测输沙数据看(图 3.16),该区 1954 年以
来的输沙量减少并不如其他区明显,其中 2013 年实测输沙量是 1954 年以来的
第 8 个大沙年。

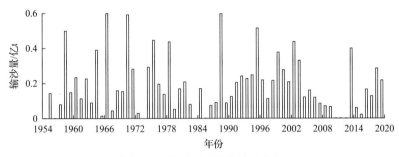

图 3.16 马莲河下游输沙量变化

砚瓦川和南小河沟均位于泾河流域中部、董志塬核心区,两个流域把口水文
站以上的特征值见表 3.3,其中,塬面比指塬面面积占相应流域面积的比例。砚瓦
川流域和南小河沟流域分别于 1976 年和 1954 年设置观测站,至今已持续观测 45
年和 67 年。从两个小流域的汛期降雨量-输沙量关系可见(图 3.17),无论是治理
程度较低的 1969 年以前,还是治理程度较大的 2003 年以后,其汛期降雨量与输
沙量的关系均非常散乱,这与黄土丘陵沟壑区的情况差别很大。

表 3.3 黄土高塬沟壑区典型小流域特征值

流域名称	测站控制面积/km²	塬面面积占比/%	多年平均降雨量/mm
砚瓦川流域	329	60.6	529
南小河沟流域	30.6	65.8	516

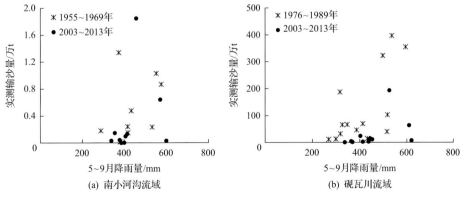

图 3.17 黄土塬区典型流域的汛期降雨量-输沙量关系

产生这种现象的原因与该区产沙特点有关。据南小河沟 1955~1974 年的实测数据(田杏芳等,2008),泻溜和河床冲刷的产沙量分别占流域输沙量的 57.3% 和 25.7%,见表 3.4。泻溜在一年四季均有发生,尤以冬春最为严重,泻溜体大量堆积在沟谷的坡脚,之后靠洪水带出沟道;河床冲刷的动力更是主要依靠洪水。因此,流域沟口的输沙量主要取决于汛期洪量的多少。

表 3.4 南小河沟径流、泥沙的来源(据 1955~1974 年实测数据整理)

部位	土地类型	面积/km²	径流				泥沙			
			模数/[m³/(km²·a)]	数量/m³	比例/%	占总/%	模数/[m³/(km²·a)]	数量/t	比例/%	占总/%
塬面	农地	16.89	1320	22300	12		76	1280	7.8	
	庄院	0.888	89140	79120	42.7		8288	7400	45.1	
	道路	0.928	89020	82610	44.5	67.4	8287	7690	47.1	12.3
	草地	1.009	257	259	0.1		0	0	0	
	其他	0.443	2912	1290	0.7		0	0	0	
	小计	20.16	9206	185579	100		810	16370	100	
坡面	农地	0.2	14200	2840	11.9		1300	260	13.5	
	荒草地	2.505	1146	2870	12.1	8.6	8	20	1	1.4
	其他	0.195	92670	18070	76		8462	1650	85.5	
	小计	2.9	8200	23780	100		666	1930	100	
沟道	农地	0.254	13620	3460	5.2		1299	330	0.3	
	荒草地	5.275	1012	5340	8.1		8	40	0	
	立崖	0.948	5116	4850	7.4	24.0	4198	3980	3.5	86.3
	泻溜	0.898	37100	33320	50.5		85040	76370	66.5	
	沟床冲刷	0.185	102800	19010	28.8		184700	34170	29.7	
	小计	7.56	8716	65980	100		15200	114890	100	
合计		30.62	8994	275339		100	4350	133190		100

注:塬面的"其他"项包括涝池、荒地和地坎等;坡面的"其他"项包括道路和地坎。

进一步分析表 3.4 数据可见,塬面是流域径流的主要来源地,其中,庄院和道路径流约占全流域的 59%。庄院和道路通常被硬化,因此更易产流,故其径流模数达塬面农地的 67 倍之多。结果看到,黄土塬沟壑区的沟头所在地往往正是庄院和道路径流的集中下沟处(图 3.12);经过流水的不断侵蚀,道路最终也变成近乎沟道的"胡同"。

由此可见,在塬面完整的黄土塬区,尽管表面上全流域 86% 的泥沙来自沟道,但实际上绝大部分来沙是塬面径流驱动的结果。基于表 3.4 的数据，庄院和道路径流产生和输送的沙量可能达全流域的 70%～86%，该认识与陈浩和王开章 (1999)利用成因分析法得出的结论基本一致。

在黄土高塬沟壑区实地考察可见，除庆阳市区外，目前人们仍极少关注庄院和道路径流的控制和利用，对塬面径流集中下沟的沟头部位采取防护措施的不足 10%，致使很多地区道路和建筑物受到威胁。在西峰区驿马镇北胡同，2014～2016 年，沟头前进了十几米；2016 年 6 月 16 日暴雨后，沟头甚至穿过公路，距离住宅楼不足 10m，见图 3.18。

(a)　　　　　　　　　　　　　　　　　　(b)

图 3.18　庆阳市西峰区驿马镇北胡同的沟头前进

3.3.2　黄土丘陵沟壑区第 5 副区

20 世纪六七十年代的大量实测数据表明，日降雨大于 25mm 的降雨是导致黄土高原产洪产沙的有效降雨。然而，在年降雨量 250～400mm 的丘 5 区，日降雨大于 25mm 和 50mm 的年总雨量不足河龙区间的 1/2 和 1/3，大暴雨更少。因此，即使当地黄土丘陵坡面上的植被较差，也鲜见细沟发育(图 3.14)，说明坡面侵蚀强度不大。2017 年 6～8 月，清水河折死沟流域下游经历了 7 次大雨或暴雨，但实测的坡面含沙量不足 200kg/m³。

对河龙区间黄丘区的研究表明，坡面径流下沟可使沟谷产沙量增大 50%左右 (焦菊英等，1992；王文龙等，2004)。而在丘 5 区，其坡面更不利于降雨入渗，故下沟径流量的比例更大。因此，在坡面来水和盆地自产径流的共同作用下，盆地和阶地的沟(河)岸和沟(河)床成为流域泥沙的重要来源地。丘 5 区盆地沟(河)内的水力侵蚀和重力侵蚀均十分严重，其剧烈程度在黄土丘陵区其他副区极为少见。近年实地考察期间，随处可见河道水流淘刷所导致的河岸崩塌和滑坡(图 3.19)。2017 年 9 月，我们从马莲河洪德水文站沿东川上行，在约 4km 范围内，看到了 12 处大型滑坡，每个滑坡体都不少于 1000m³；从清水河的折死沟沟口上行，在不足 2km 的河段内，遇到 3 处体积约 1000m³ 的滑坡。

丘 5 区坡面水流的入汇，不仅有常见的支毛沟-干沟-河道方式，还有大量水流从两侧岸边直接进入河道，因跌水在河沟两岸形成陡峭的边壁(图 3.14)。在清水河的折死沟中游，周边丘陵所产的洪水被盆地截流、入渗，之后从侧向向河道排泄，导致近河滩地上形成大量与河道贯通的陷穴(图 3.20)，成为当地水力侵蚀的重要方式——洞穴潜蚀。

图 3.19　河岸崩塌和滑坡　　　　　　　　　图 3.20　丘 5 区的潜蚀

一定量级的水流是河沟内侵蚀产物被搬运出流域的动力，而流域的产沙强度取决于河沟内的流量大小，由此推测，从小流域的毛沟、支沟和干沟，再到大中流域的河道，随着汇入水量的增加，产沙强度必然逐步增加。该推断得到了实测数据的证明。2001 年前后，折死沟流域新建了 26 座淤地坝。利用各淤地坝控制面积和截至 2015 年底的拦沙量，点绘了每座淤地坝控制面积与其区内产沙模数的关系(图 3.21)，结果表明，淤地坝控制区的产沙模数随单坝控制面积的增大而增加；榆中县 2005 年汛前共建成中型淤地坝 6 座(控制面积 1.2~1.5km²)、大型淤地坝 2 座(控制面积 3.5~4km²)，至 2008 年底，中型淤地坝均无淤积物，但大型淤地坝却监测到 1 万 m³/座的淤积量。而在黄土丘陵区的其他副区，往往是位于沟道上游的小型淤地坝的淤积物更多(刘晓燕等，2020)。

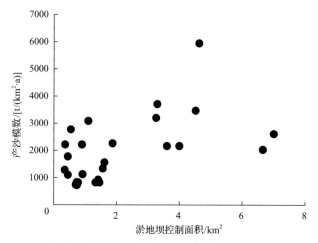

图 3.21　折死沟流域淤地坝控制区产沙模数与控制面积的关系

除源区外，祖厉河流域几乎均位于丘 5 区。在扬黄灌溉工程投运前的 1960～1968 年，流域内梯田很少且无坝库工程(即输沙量近似等于产沙量)。表 3.5 是其 1960～1968 年不同河段的实测产沙量、降雨量和产沙强度。由表 3.5 可见，祖厉河上游的降雨量 P_{25} 是下游的两倍左右，但从上游到中游、再到下游，产沙模数和产沙指数却越来越大。由此可见，河(沟)道对流域产沙的贡献率相当大，正如牛最荣(2002)所说，祖厉河泥沙主要来自两部分，一是流域坡面受雨水冲刷而形成的坡面侵蚀，二是水流冲击黄土河岸造成两岸崩塌而形成的河道侵蚀。

表 3.5 祖厉河流域不同区域的产沙强度对比(1960～1968 年)

河段	区域	流域面积 /km²	产沙量 /(万 t/a)	产沙模数 /[t/(km²·a)]	降雨量 P_{25} /mm	产沙指数 /[t/(km²·mm)]
上游	会宁以上	990	521	5263	115.2	45.7
	馋口以上	1640	768	4683	96.0	48.8
中游	郭城驿—会宁	5007	2803	5599	103.5	54.1
	郭城驿—馋口	1819	955	5249	73.4	71.5
下游	郭城驿以下	1191	1471	12351	48.0	257.3

清水河流域也是如此。清水河下游马家河湾断面以下属干旱草原区，流域面积 1465km²，多年平均降雨量 P_{25} 只有 25mm。1959～1970 年(不含 1962～1964 年，因马家河湾站同期没有测量)，马家河湾和泉眼山水文站年均输沙量分别为 2972 万 t 和 4939 万 t，即马家河湾至泉眼山区间输沙模数达 13427t/(km²·a)。这说明区间河道大量加沙。据实地观测，该区间河道所加泥沙主要来自河岸崩塌。

因各地丘陵与盆地的面积比例差别较大，所以丘 5 区河沟来沙占比也有所不同。基于丘 5 区特征不太突出的祖厉河会宁以上 1957～1972 年降雨-产沙关系推算，祖厉河流域同期的面上来沙应不超过 4450 万 t/a(含支毛沟的产沙量)，但实际来沙 6360 万 t/a，说明河(沟)床产沙量可能占流域沙量的 30%以上。基于图 3.21 和把口输沙量推算，2001～2015 年，折死沟黄土丘陵区的产沙模数只有 1000t/(km²·a) 左右，但流域同期实际产沙模数约 3000t/(km²·a)，说明沟床产沙占比可能达 2/3，该结论与卜崇德(1996)的观点基本一致。随着丘陵植被改善和更多梯田建成，流域产沙量会逐步降低，但河(沟)道产沙占流域沙量的比例将更高。

丘 5 区产沙特点与其"黄丘区和黄土源区的结合产物"的地形特征密切相关。在地处黄土源区的泾河南小河沟，沟床产沙达流域产沙量的 83%，源面径流集中下沟是沟床产沙的主要驱动力，这与丘 5 区情况相似。不过，与黄土源区相比，由于周边大面积黄土丘陵区汇水，中部盆地的沟床所接纳的径流量更大。因此，尽管降雨量远小于南小河沟，但祖厉河流域和清水河流域丘 5 区的侵蚀模数却高达 6000～8000t/(km²·a)。

3.3.3　砒砂岩区

在砒砂岩地貌特征最突出的皇甫川、暖水川及其周边地区，沟谷面积占比高达56%，坡度大于 35°的陡坡正投影面积占比达 15%，是黄土高原陡坡面积最大的地区之一。图 3.22 是 2017 年皇甫川流域砒砂岩区腹地的植被状况：坡面均有良好的植被覆盖、平均植被盖度一般达 70%～80%以上，但沟谷植被仍非常稀少。正是由于沟谷出露的砒砂岩面积大，且沟谷面积占比大，砒砂岩区的泥沙主要产自沟谷。

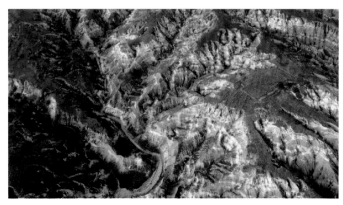

图 3.22　皇甫川砒砂岩腹地俯瞰(2017 年)

张平仓等(1990)分析了皇甫川流域各地层的产沙贡献，认为砒砂岩地层的产沙贡献约 70%。通过连续 5 年的定位观测，王晓(2000)调查了位于皇甫川流域砒砂岩腹地小纳林沟的泥沙来源(该小流域面积 9.725km^2、沟谷占比超过 70%)，认为砒砂岩地层的产沙贡献约 85%。考虑到张平仓等的研究范围为皇甫川全流域，而该流域内还有其他类型区，故笔者认为，王晓提出的典型砒砂岩区"沟谷产沙占 85%"的结论基本合理。

砒砂岩区不仅沟谷产沙占比大，而且流域产沙强度大。孤山川流域总体属黄土丘陵沟壑区，沟谷底部有破碎基岩出露。基于 1966～2019 年实测输沙量和降雨量数据，图 3.23 给出纳林川沙圪堵站控制区和孤山川流域的归一化输沙变化过程，由图可见，纳林川流域的产沙强度明显高于孤山川流域。

皇甫川是黄土高原粗泥沙来源区的重要支流之一，也是该区近年减沙幅度较小的支流。2000～2019 年，孤山川、窟野河、秃尾河、佳芦河的实测输沙量减幅分别为 94.7%、97.1%、92.5%、90.4%，皇甫川减幅 86.3%。尔架麻小流域位于纳林川右岸，流域面积 47.2km^2，流域内无坝库、梯田和水平沟等工程措施，现状林草有效覆盖率为 50%，其 2013～2017 年监测数据表明，5 年平均输沙模数 4533t/(km^2·a)、最大 11511t/(km^2·a)，产沙指数 30.9t/(mm·km^2)，而相同植被情况下黄土丘陵区产沙指数只有 10～20t/(mm·km^2)。

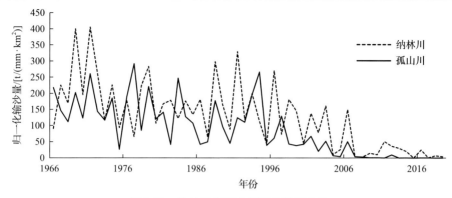

图 3.23　纳林川与孤山川产沙强度对比

3.4　天然沙量

本书所称"天然沙量"，是指 1919～1959 年下垫面在长系列降雨情况下的多年平均沙量，可作为黄河沙量变化的基准值。

虽然陕县/潼关站已有百年的观测数据，但黄土高原其他 166 座水文站均无百年系列的观测数据，其中兰州、包头、吴堡、龙门、河津、洑头、张家山、太寅和咸阳等水文站建成于 1932～1935 年，湟水民和、大通河享堂、黄河青铜峡水文站建成于 1940 年，其他多建于 20 世纪 50 年代，个别为 60 年代或 70 年代。

20 世纪 90 年代，针对 20 世纪 30 年代设立的兰州等 9 座水文站，黄河水文部门曾对其 1919 年至设站年的输沙量进行了插补延长，可得到兰州、河口镇、吴堡、龙门、河津、洑头、张家山和咸阳 1919～1959 年输沙量系列。利用该成果和治理活动相对较小的 1952～1969 年实测数据，并参考安宁渡和下河沿实测数据，我们又对循化、民和、享堂、靖远、下河沿、泉眼山、兰村和南河川 1934 年至设站年的输沙量进行了插补延长。统计表明，1919～1959 年，陕县年均输沙量为 16 亿 t，其中河龙区间和龙三区间分别为 9.1 亿 t、5.6 亿 t。

不过，以上结果不一定能代表 1919～1959 年下垫面在其他降雨情况下的产沙情势。以下利用 1959 年以前的降雨-产沙关系和长系列降雨，推算 1919～1959 年下垫面在 1919～2019 年长系列降雨情况下的沙量。

分析雨量站设站时间可见，在 1919～1930 年，图 2.7 两个网格内只有太原、平遥和三门峡 3 个雨量站；1933 年，在发生大暴雨的河龙区间、北洛河上游和泾渭河上游，并无一个雨量站。1934 年以后，黄土高原雨量站逐渐增加，至 1937 年已达 14 个。考虑到 1919～1933 年研究区雨量站过于稀少，我们截取了图 2.7 的两网格区 1934～1959 年汛期降雨数据，制作了汛期降雨量与陕县实测输沙量的关系，结果见图 3.24。利用图 3.24 的关系曲线，代入其 1919～2019 年的逐年汛期降雨量，可计算出陕县在多年平均降雨情况下的来沙量，为 15.1 亿 t。该结果与张瑞瑾(1948)的成果基本吻合：1947 年，基于 1919～1943 年实测水沙数据，张瑞瑾分析了陕县水文断面径流量与输沙量的关系，认为在多年平均来水情况下陕县输沙量应取值为 15 亿 t/a。

进一步地，将 1919～1933 年的年均汛期降雨量和陕县年均输沙量点绘在图 3.24 中，发现该点距几乎与 1934～1959 年的关系曲线重合；统计发现，陕县水文站在该时段的主汛期 7～8 月含沙量($67kg/m^3$)也与 1934～1959 年均值($64.7kg/m^3$)相当。由此可见，1919～1933 年黄土高原产沙能力极可能与 1934～1959 年相当。

综合考虑图 3.24 降雨数据的可靠性不足、20 世纪 50 年代黄河宁蒙河段灌溉淤积增加等因素，本书取"15 亿 t/a"作为天然时期陕县水文站的沙量本底值，用于比较梯田等坡面要素变化的减沙量。

进一步，利用 1934～1959 年陕县实测输沙量与黄土高原入黄沙量的比例关系(图 3.25)，推算黄土高原入黄沙量为 15.46 亿 t。不过，图 3.25 中的黄土高原入黄沙量未包含兰州—下河沿区间的未控区、内蒙古十大孔兑和宁夏苦水河。若加上这些区域，潼关以上黄土高原在 1919～1959 年下垫面和百年系列降雨情况下的入黄沙量应为 15.8 亿 t。陕县断面沙量"15 亿 t/a"与黄土高原入黄沙量"15.8 亿 t/a"的差值，主要是黄河宁蒙河段淤积和灌溉引沙所致。

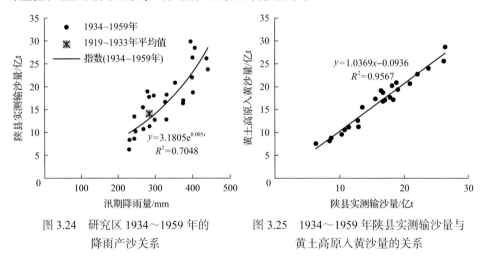

图 3.24　研究区 1934～1959 年的　　　　图 3.25　1934～1959 年陕县实测输沙量与
　　　　降雨产沙关系　　　　　　　　　　　　　黄土高原入黄沙量的关系

基于 1935～1959 年实测输沙量，可按比例推算出各大水文站在天然时期(1919～1959 年)的年均输沙量。表 3.6 是研究区主要水文断面和主要产沙区间 1919～1959 年下垫面在百年系列降雨情况下的推算沙量。

黄河中游各支流水文站多建成于 1956 年以后，只能基于表 3.6 以及各支流 1954～1969 年实测输沙量和坝库拦沙量调查成果(冉大川等，2000；汪岗和范昭，2002)，并假定 1954～1969 年支流产沙量占区间产沙量的比例与 1919～1959 年相同，推算其 1919～1959 年沙量背景值，表 3.7 是推算结果。

表 3.6　黄河干支流主要水文站的天然沙量　（单位：亿 t/a）

干流主要水文站	沙量本底值	主要支流(区间)	沙量本底值
黄河潼关	15.0	黄河龙门	10.0
潼关以上黄土高原	15.8	河口镇—龙门区间	8.50
黄河循化	0.40	泾河张家山	2.44
黄河兰州	1.10	北洛河洑头	0.90
黄河下河沿	1.87	渭河咸阳	1.53
黄河青铜峡	2.34	渭河华县	3.85
黄河河口镇	1.48	汾河河津	0.47
黄河吴堡	5.69	兰循区间黄丘区	0.63

表 3.7　黄河主要支流的天然沙量　（单位：亿 t/a）

河流及水文站名	天然沙量	河流及水文站名	天然沙量
皇甫川皇甫	0.48	泾河庆阳	0.73
孤山川高石崖	0.21	泾河贾桥	0.18
窟野河温家川	1.00	泾河洪德	0.33
秃尾河高家川	0.25	泾河雨落坪	1.06
佳芦河申家湾	0.26	泾河袁家庵	0.05
无定白家川	1.91	泾河毛家河	0.47
清涧河延川	0.40	泾河泾川	0.19
延河甘谷驿	0.53	泾河红河	0.10
云岩河新市河	0.03	泾河杨家坪	0.85
浑河放牛沟	0.19	泾河景村	2.40
偏关河偏关	0.15	渭河北道	1.28
县川河旧县	0.22	渭河甘谷	0.22
朱家川桥头	0.22	渭河武山	0.21
岚漪河裴家川	0.14	渭河秦安	0.58
蔚汾河碧村	0.12	大夏河折桥	0.035
清凉寺沟杨家坡	0.03	洮河红旗	0.26
湫水河林家坪	0.24	洮河李家村	0.044
三川河后大成	0.27	湟水民和	0.19
屈产河裴沟	0.13	大通河享堂	0.03
昕水河大宁	0.23	祖厉河靖远	0.60
北洛河刘家河	0.836	清水河泉眼山	0.47
汾河兰村	0.22	十大孔兑	0.18*

* 利用林秀芝等(2014)推算的 1951～2012 年逐年沙量，基于 1951～1986 年平均值，并参考其他区同期沙量
与 1934～1957 年的比值推算得到。

以上分析表明，在治理活动极少的1919～1959年下垫面和1919～2019年长系列降雨情况下，潼关以上黄土高原的入黄沙量为15.8亿t。不过，该值是1919～2019年长系列降雨情况下的年均产沙量，该系列汛期降雨可视为"平雨"情景。

若降雨条件为1933～1967年丰雨系列，1919～1959年下垫面情况下潼关年均输沙量应约17亿t/a，潼关以上黄土高原年均入黄沙量应约18亿t/a，其中河龙区间9.7亿t/a；若降雨条件为1919～1959年情况，潼关年均输沙量为16亿t/a，黄土高原入黄沙量为16.9亿t/a，其中河龙区间为9.1亿t/a。总之，在1919～1959年下垫面情况下，黄土高原产沙量主要取决于汛期降雨条件。

3.5　天然径流量

据水文实测数据，1919～1959年，陕县年均径流量426.4亿m³。不过，即使在该时期，陕县以上就已经有大量的人类用水，主要发生在宁蒙灌区和汾渭灌区，因此需要还原用水，以更清晰地了解研究区在天然时期的入黄水量。

在20世纪80年代初，水利部黄河水利委员会曾对黄河流域的水资源状况进行过系统评价，进而提出了黄河干支流重要断面1919～1975年系列的多年平均天然径流量数据集。基于该成果，黄河兰州、三门峡、花园口和利津断面的天然径流量分别为322.6亿m³、498.4亿m³、559.2亿m³和580亿m³，其中兰州—三门峡区间约176亿m³。

利用该水资源评价提出的兰州和三门峡断面天然径流量系列数据，参照图3.24的方法，绘制了兰州—三门峡区间1934～1959年天然径流量-汛期降雨量关系，见图3.26。基于图3.26获得的关系式，推算了1934～1959年下垫面和1919～2019年降雨情况下的兰州—三门峡区间天然径流量，约178亿m³，该值与20世纪80年代初的水资源评价结果基本一致。

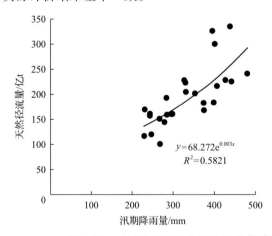

图3.26　1934～1959年兰州—三门峡区间天然径流量-汛期降雨量关系

不过，如果剔除产沙很少的风沙区和土石山区，黄丘区和黄土塬区的天然径流量要小得多。参考黄河流域第一次和第二次水资源评价提出的各重要断面天然径流量成果、径流系数和年降雨量等值线图等，我们分析了黄土覆盖区（含砒砂岩区和砾质丘陵区）天然时期下垫面在长系列降雨情况下的天然径流量，约 89 亿 m³，其中黄河上游地区约 18 亿 m³、中游地区约 71 亿 m³。

从水土流失治理和水沙变化研究角度看，最值得关注的是黄河中游主要产沙区，以及黄河上游的祖厉河、清水河和十大孔兑上中游。在水土保持和坝库拦截极少的天然时期，该区年均径流量不足 68 亿 m³，但却向黄河贡献了 14.7 亿 t 的泥沙，年均含沙量高达 217kg/m³。

3.6 水沙量年内年际分布

图 3.27 是陕县断面 1919～1959 年各月水沙分布。统计表明，月水沙量占比最大的是 7～8 月，其径流量和输沙量各占年值的 32.2% 和 60.3%；其次是 9 月，径流量和输沙量占比分别为 15.6% 和 16.2%。非汛期 10 月至翌年 5 月的径流量和输沙量占比分别为 45.7% 和 18.6%。

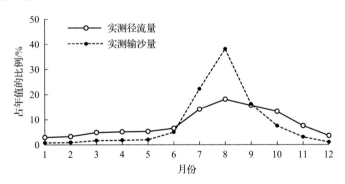

图 3.27 陕县断面 1919～1959 年实测水沙年内分配

不过，由于干流和大支流河道对水沙的再分配作用、汛后的地下水侧渗补给等因素，陕县断面的水沙年内分配（尤其是沙量年内分配）与黄土高原河流的产洪产沙季节存在较大差异。例如，清涧河 7～8 月径流量和输沙量占比分别达 54.8% 和 89.5% 左右，9 月输沙量与 6 月相当，非汛期输沙量占比仅约 2%，马莲河情况与其相似，见图 3.28。

为尽可能减少坝库蓄水、水资源利用和梯田林草建设等对水沙年内分配的影响，利用 20 世纪 50～70 年代实测水沙数据，分析了黄土丘陵区和黄土塬区河流的水沙年内分布，结果表明：

（1）"7～8 月径流集中"是水土流失严重地区最突出的径流特点。其中，黄土丘陵区 7～8 月径流量一般可达年径流量的 45%～60%，黄土塬区为 44%～50%，分别见图 3.29 和图 3.30。不过，同样是黄土丘陵区或黄土残塬区，植被覆盖程度高的子午岭周边支流的 7～8 月径流量占比只有 25%～35%（图 3.31）；而在薄层黄土覆盖的土石山区，7～8 月径流量占比甚至只有 23%～25%，见图 3.32。

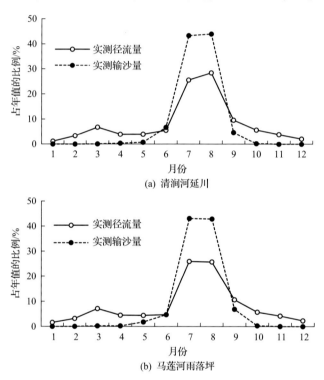

图 3.28 典型支流 1956～1975 年实测水沙年内分配

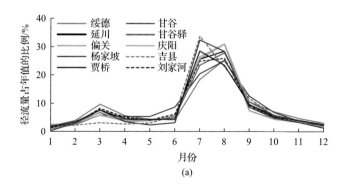

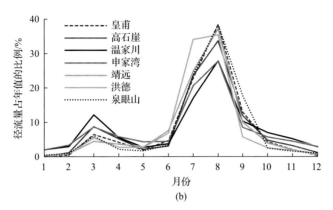

(b)

图 3.29 黄土丘陵区典型支流年内径流分布

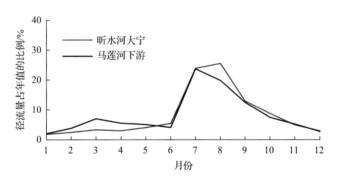

图 3.30 黄土塬区典型支流年内径流分布

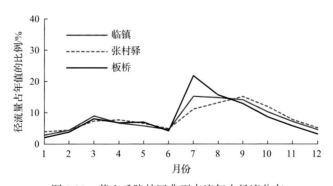

图 3.31 黄土丘陵林区典型支流年内径流分布

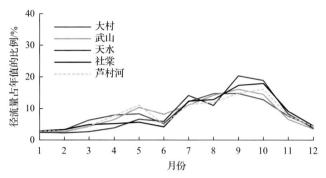

图 3.32　土石山区占比较高的流域的径流年内分布

　　不过，由于气候和土壤条件差异，降雨入渗量大，黄河上游洮河—湟水一带的汛期径流主要在 7～10 月，并集中在 8～9 月[图 3.33(a)]，径流明显滞后于降雨[图 3.33(b)]，9 月的部分径流和 10 月的大部分径流实际为地下水排泄所致。

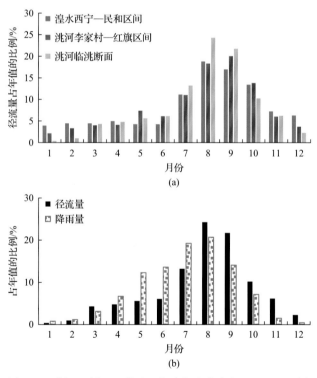

图 3.33　黄河兰州以上黄丘区年内径流分布(1954～1979 年)

　　(2)"来沙高度集中在 7～8 月"是黄土高原河流的突出特点，见图 3.34。其中，在水土流失严重的支流，其 7～8 月输沙量一般可占 85%～90%(风沙区 80%

左右)。即使在雨季较长的渭河上游,其 7~8 月产沙量也占全年的 65%~70%,兰州以上占 40%。

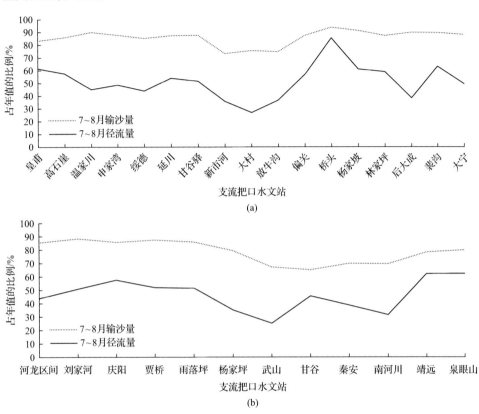

图 3.34 黄土高原典型支流 7~8 月径流量、输沙量占年值的比例

(3)6 月和 9 月输沙量只有 8%~12%,而且其单位降雨的产沙能力远低于 7~8 月。利用降雨数据相对可靠的 1966~1975 年的逐月降雨和逐月输沙量数据,计算了典型支流的归一化输沙量,结果见图 3.35。由图 3.35 可见,在相同降雨情况下,6 月和 9 月的归一化输沙量一般只有 7~8 月的 20%~40%,其中渭河上游和祖厉河等西南部支流达 50%~60%。该现象提示,在构建流域的降雨-产沙模型时,将 6 月和 9 月降雨量与 7~8 月降雨量同等对待,必将给结果带来较大误差。

(4)支流含沙量的年际变幅远小于年输沙量的年际变幅。尽管各支流输沙量年际相差很大,其中河龙区间北部甚至达 33~59 倍,但汛期水流的含沙量变幅并不突出。计算主要支流年输沙量、汛期含沙量和年最大含沙量在 1954~1975 年的离散系数 C_v 可见(图 3.36),年输沙量的 C_v 一般达 0.7~0.8,但汛期含沙量的 C_v 一般仅 0.3 左右,大多数支流的年最大含沙量(也称沙峰含沙量)的 C_v 甚至不足 0.2。

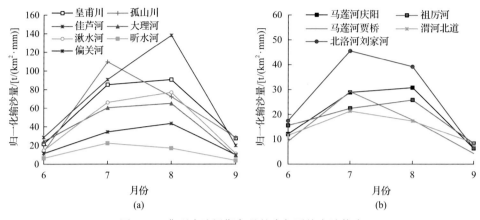

图 3.35　典型支流汛期各月的多年平均产沙能力

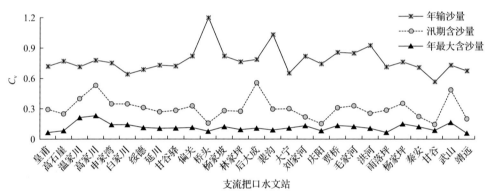

图 3.36　黄土高原典型支流年际来沙变化的 C_v

第4章　近百年产沙环境变化

黄土高原的土壤要变成黄河"泥沙"，需经历侵蚀、产沙和输沙三个环节，淤地坝、水库和引水引沙主要在"输沙"环节起作用，土壤、地形、植被才是影响侵蚀产沙的关键下垫面因素，因此可将降雨、土壤、地形和植被称为产沙环境要素，其他称为输沙环境要素。本章重点分析黄土高原产沙环境要素在过去百年的变化过程及现状特点。

4.1　1919～1979 年的产沙环境

在 20 世纪 70 年代以前的数千年中，人类很难改变黄土高原的地表土壤。尽管 600 年前就出现了梯田(赵存兴，1993；孟庆枚，1996)，但受生产力水平限制，直至 20 世纪 50 年代末，黄土高原的梯田面积只有目前数量的 1.7%。因此，过去数千年人类对产沙环境的影响，主要是通过开荒或弃耕而改变植被状况。因此，20 世纪前中期的产沙环境改变，主要是受降雨、毁林毁草和扩耕等因素影响。

图 2.7 中的两个灰色网格，覆盖了黄河主要产沙区的大部分地区，故其汛期降雨可基本代表黄土高原的情况。分析两网格 1919～2019 年百年汛期降雨变化过程(图 4.1)可见，1919～1979 年，黄土高原的汛期降雨大体经历了枯、丰、平三个时段，平均汛期降雨量 316.7mm，较百年均值偏大 4.7mm；从降雨动力看，1933～1967 年是降雨明显偏丰的 34 年，因此该时期的陕县(潼关)实测输沙量也

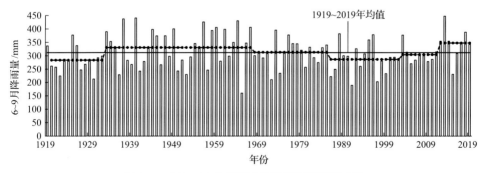

图 4.1　1919～2019 年黄土高原汛期降雨量变化

达 17.2 亿 t/a，1919～2019 年实测输沙量最大的前 10 名中的 8 个年份都出现在这个时段，见图 4.2。

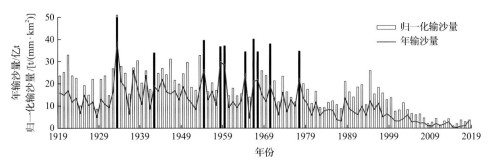

图 4.2　1919～2019 年黄土高原年输沙量、归一化输沙量变化

有人认为，在 20 世纪 20～30 年代，由于黄土高原人口数量少，植被状况比现在更好，但实际看到的资讯并不支持该认识。众所周知，在 1922～1932 年，黄土高原经历了重现期为 200 年的连续 11 年干旱，其中 1928～1931 年旱情最严重，干旱遍及陕、甘、宁、晋等省（自治区）（史辅成等，1991）。严重干旱使庄稼颗粒无收，百姓十室九空（黄河流域及西北片水旱灾害编写组，1996）。植被在遭受干旱侵扰的同时，也成为人们的食物。因此，定性判断，该时段的气候条件和人类活动均可能加剧植被破坏。

一组百年对比的定位照片，可以更直观地展示当年的植被状况，见图 4.3。图中 1908 年的照片均取自克拉克所著的《穿越陕甘：1908～1909 年克拉克考察队华北行纪》（克拉克，2010），2019 年的照片均由喻权刚拍摄；为准确说明植被变化，摄影月份均为当地草木枯黄的 11 月。由图 4.3 可见，112 年以前，毛乌素沙地几乎寸草不生，东侵的沙丘几乎要把长城淹没；但现在几乎看不到裸地。图 4.4(a) 和图 4.5(a) 是 113 年以前的绥德，显然也是一幅荒山秃岭的景象，如今，这里已经"换上了绿装"，林草植被盖度一般可达 70% 以上。

20 世纪 30 年代末～40 年代，由于人口增加，陕北和陇东部分地区不得不扩大垦荒。1940 年，延安自然科学院乐天宇（1985）对边区森林进行了长达 47 天的实地查勘，其调查报告指出，在洛河、延河、葫芦河、清涧河、大理河等流域，因人口增加而对森林进行着扫荡性的砍伐，不仅砍伐数量大，而且集中于一点砍伐，造成森林面积缩小、林区孔状破坏、沙漠越过米脂向绥德推进。与此呼应，黄土高原的产沙强度大幅提高（图 4.2）；其中，在主要产沙区位于吴起和志丹两县的北洛河流域，1940～1949 年汛期的平均含沙量高达 281kg/m³，分别比之前的 20 世纪 30 年代、之后的 1950～1969 年均值高 69% 和 29%，见图 4.6。

(a) 1908年11月　　　　　　　　　　　　(b) 2019年11月

图 4.3　毛乌素沙地的前世今生

(a) 1909年8月31日　　　　　　　　　　(b) 2020年9月3日

图 4.4　黄土丘陵区绥德石合铺村的变迁

(a) 1909年8月31日　　　　　　　　　　　　(b) 2020年9月3日

图 4.5　黄土丘陵区绥德县城大理河畔

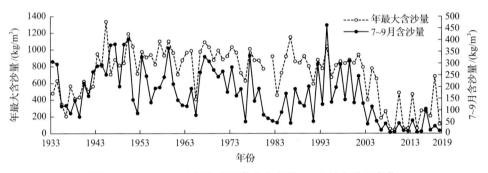

图 4.6　1933～2019 年北洛河㳘头水文站 7～9 月含沙量变化

中华人民共和国成立后，国家有关部门大力开展了植树种草。然而，安定的社会环境使黄土高原人口由 1949 年的 3640 万人增至 1990 年的 9781 万人，从而增加了对耕地的需求。因此，在植树种草的同时，毁林开荒并未停止。据中国科学院黄土高原综合科学考察队 (1992) 调查，1949～1985 年黄土高原耕地面积增加了 30.6%，增量的 69% 分布在黄土丘陵沟壑区，新增耕地主要靠毁林毁草、开垦荒地，如榆林地区开荒和毁林毁草面积达 24.13 万 hm^2，在 1977～1979 年延安就开荒 12 万 hm^2，至 20 世纪 80 年代末多地已无荒可开。唐克丽等 (1994) 认为，黄土丘陵沟壑区有两个开荒高峰期，一是 1959～1962 年，二是 1977～1981 年，其开荒强度分别是多年均值的 2～5 倍和 1.2～2.2 倍。王斌科和唐高丽 (1992) 对陕北安塞、神木等 6 县的实地调查表明，从中华人民共和国成立到 20 世纪 80 年代，开荒扩种现象连年不断，有增无减，平均每年新增耕地 1%～2%。

与持续不断的毁林垦荒相呼应，黄河干支流典型断面的汛期含沙量明显增大（图 4.7），并在 20 世纪 70 年代达到峰值，过去百年归一化输沙量最大的 10 个年份中，有 8 个年份出现在该时期(尽管未还原坝库拦沙量)，反映出流域产沙环境的持续恶化。

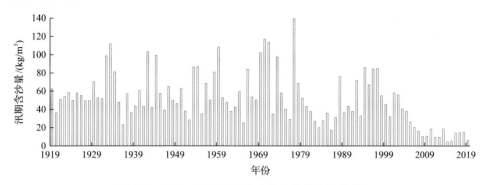

图 4.7　1919～2020 年潼关水文站汛期含沙量变化

综上分析，20 世纪 20 年代的植被状况可能略好于随后的 30～40 年代；30 年代以来，林草植被持续恶化。总体上看，从 20 世纪初至 70 年代末，因毁林毁草不断、坡耕地持续增加，黄土高原大部分地区林草植被处于日益破坏的过程，20 世纪 60～70 年代很可能是林草植被最差的时段。

4.2　1978～2018 年近 40 年林草植被变化

理论上，任何改变植被的面积、盖度和类型的活动，都可能导致流域水土流失加剧或减缓。但若植被变化发生在城镇用地、土石山区、河川地和平原，显然对流域产沙影响甚微。因此，以下重点关注 1978～2018 年流域易侵蚀区内的林草植被和地形变化。在林草植被中，有的生长在坡地上，有的生长在水平梯田，遥感数据采集时已将"林草地"与"梯田"重合的部分剥离。

4.2.1　林草地面积变化

表 4.1 和图 4.8 是黄河主要产沙区在不同时期的林草地面积变化，涉及范围未包括土石山区和风沙区。由表 4.1 和图 4.8 可见：①2018 年，该区林草地面积为 104297km²，仅较 20 世纪 70 年代末增加 3211km²，增幅仅为 3.2%。②林草地面积的增加主要发生在北洛河上游和河龙区间黄丘区，增幅分别为 28.7% 和 22.8%，十大孔兑上游的林草地面积略有增加；其他地区总体表现为减少。③在 1978～2018 年的 40 年中，除河龙区间黄丘区、北洛河上游和十大孔兑上游外，其他地区的林草地面积"峰值"出现在 1998 年前后，1999 年以后的平均降幅约 14%，其中渭河上游下降近 30%。

表 4.1　黄河主要产沙区林草地面积变化　　　　　（单位：km²）

区域	1978 年	1998 年	2010 年	2018 年	2018 年较 1978 年变化
兰循区间	8971	9213	7328	7460	−1511
祖厉河流域	6024	6158	5616	5260	−764
清水河上中游	4913	5074	5041	4861	−52
十大孔兑上游	4485	4489	4577	4577	92
河龙区间黄丘区	40182	40948	48315	49335	9153
北洛河上游	4381	4475	5594	5637	1256
汾河上游	2790	2901	2501	2589	−201
泾河上中游	19360	19849	17172	17391	−1969
渭河上游	9980	10478	6994	7026	−2954
合计	101086	103581	103138	104297	3211

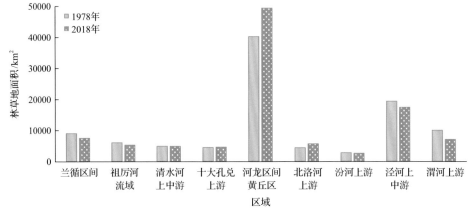

图 4.8　1978～2018 年黄河主要产沙区林草地面积变化

　　以上结果显然与水土保持管理部门的结论差别很大。选择年份相近的土地利用分析结果和水利普查统计成果进行对比，结果表明（表 4.2），基于遥感的土地利用分析数据，2010 年黄河主要产沙区共有林草地面积 118413km²；但水利普查得到的林草地面积只有 54508km²，仅为前者的 46%，且无法判断其植被盖度。

　　两套数据产生差异的主要原因是：本书定义的"林草地"是基于卫星遥感影像（空间分辨率 30m），根据《土地利用现状分类》（GB/T 21010—2017）提取的，该规范把流域内的全部土地分成林地、草地、耕地、建设用地、水域、未利用土地，林草地是林地和草地面积之和。而行业管理部门统计的"林草地面积"实际上是资金投入后的产出，包括人工植树（含水保林和经济林）、人工种草和有偿封禁，其背景土地类型有的是梯田（即其林草地面积与梯田面积重复）、有的原本就是中低盖度的林草地；至于农牧民自发进城务工或陪读等引起的耕地摞荒和野草

表 4.2　土地利用分析成果与统计数据的林草地面积对比 （单位：km^2）

区域或支流	2010 年遥感解译结果	2011 年水利普查统计结果	遥感数据较统计数据偏大
河龙区间	53899	26214	27685
北洛河上游	5912	3325	2587
汾河上游	5535	2162	3372
泾河上中游	21318	9388	11930
兰循区间	3327	830	2497
清水河	8453	3136	5317
渭河上游	13143	5918	7225
祖厉河	6826	3535	3291
合计	118413	54508	63905

丛生，并没有纳入管理部门的统计数据中——此类地区不仅涉及大量"成片"土地，更覆盖广大的田边、地头和沟边等"零星"土地。

4.2.2　林草植被盖度变化

林草地在 1978～2018 年 40 年的变化主要反映在林草地的植被盖度提高。

图 4.9 是 1978～2018 年黄河主要产沙区林草植被盖度变化，由图可见：1978 年前后，黄河上游地区和黄河中游地区的植被盖度组成相近，其中盖度低于 30% 的面积占比几乎均为 51%；但在 2018 年，黄河中游地区的植被盖度明显高于上游，中游地区高盖度（盖度≥60%）林草地面积占比平均达到 71%，其中北洛河上游达 81%，而上游地区只有 25%。

图 4.10 和图 4.11 是黄河中游典型地区 1981～2020 年植被盖度或 NDVI 变化，

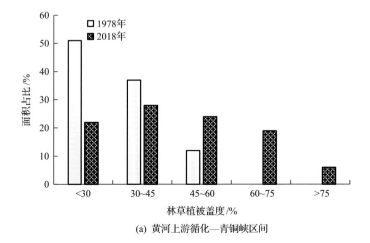

(a) 黄河上游循化—青铜峡区间

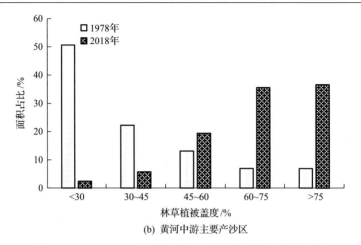

(b) 黄河中游主要产沙区

图 4.9　1978～2018 年黄河主要产沙区林草植被盖度变化

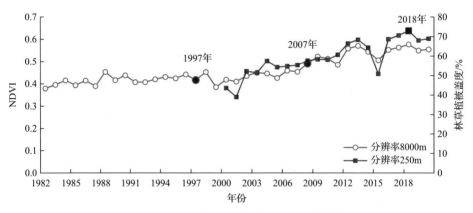

图 4.10　1981～2020 年河龙区间黄丘区植被盖度变化过程

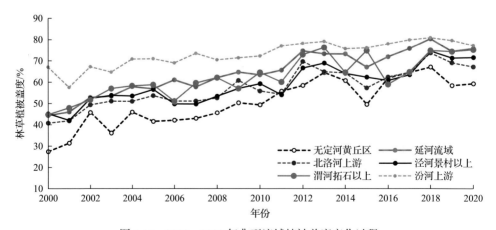

图 4.11　2000～2020 年典型流域植被盖度变化过程

其中 1981~2020 年系列采用的遥感影像空间分辨率为 8km，2000~2020 年系列采用的遥感影像空间分辨率为 250m。由图 4.10 和图 4.11 可见，20 世纪 80 年代以来，黄土高原植被总体上处于不断改善的过程中，尤以 2000 年以来改善速率最大。不过，2012 年以来，该区植被盖度提高的速度明显变缓，其中东部的植被盖度在 2018 年似乎已达到峰值。实地调查也感觉到，近几年植被状况变化不大，这种情况在河龙区间大部、汾河流域和北洛河上游非常明显。

图 4.12 是 2018 年黄土高原林草植被盖度的空间格局(空间分辨率 30m)，由图可见，目前林草植被盖度低于 60%的地方，主要分布在降雨量低于 400mm 的河龙区间西北部(主要涉及风沙区、盖沙丘陵区、砾质丘陵区和砒砂岩区)、泾河的马莲河上游、祖厉河、清水河、湟水浅山区和兰州周边。产生这种现象的原因可能与当地的气候条件有关，也可能与封禁力度不足有关，具体仍需进一步调查。对比图 4.12 和图 4.13 可见，在过去的 20 年，植被绿线已经由 600m 降雨等值线推进到 400mm 降水等值线。

在进入 21 世纪的前十年，虽然黄土高原的坡面植被明显改善，但沟谷仍然以光板地为主。不过，这样的状况在近几年发生了重大变化，甚至寸草不生的砒砂岩裸露区也有了"野草丛生"的感觉，见图 4.14。为深入了解目前坡面植被与沟

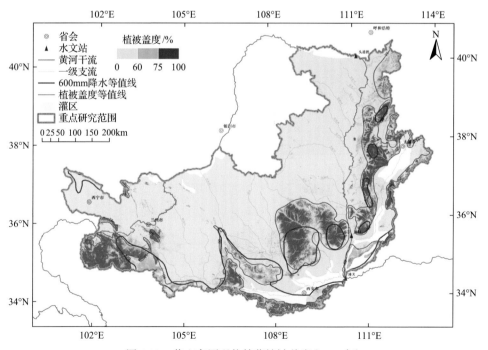

图 4.12 黄土高原现状林草植被盖度(2018 年)

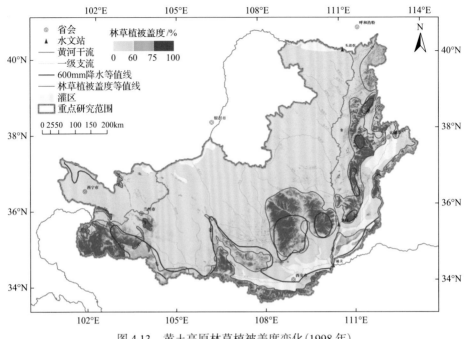

图 4.13　黄土高原林草植被盖度变化（1998 年）

(a) 无定河岔巴沟　　　　　　　　　　　　　(b) 皇甫川沙圪堵

图 4.14　2017 年的坡面和沟谷植被

谷植被的差别，我们利用空间分辨率为 2m 的 2018 年高分辨率遥感影像，在皇甫川裸露砒砂岩区、窟野河下游、北洛河上游和无定河中游分别随机选择了 6 个样方，提取了相同地点的坡面和沟谷植被盖度，结果见表 4.3。

由表 4.3 可见，在典型的砒砂岩区，沟谷植被盖度仍低于坡面；但在黄土丘陵沟壑区，由于沟谷水分条件更好，沟谷植被盖度甚至更高。需要说明的是，遥感调查得到的植被盖度是林草叶茎正投影面积占林草地面积的比例，该视角虽然与降雨的落向一致，但与人眼感受的沟谷植被盖度有所区别——人眼往往靠平视或仰视观察沟谷植被盖度。

表 4.3　典型支流 2018 年坡面和沟谷林草植被盖度对比　　　　（单位：%）

皇甫川（纳林川）		窟野河下游		无定河（大理河）		北洛河上游	
坡面	沟谷	坡面	沟谷	坡面	沟谷	坡面	沟谷
62.4	53.1	65.1	68.3	59.5	62.8	64.9	69.3
63.4	55.4	59.6	62.9	67.7	68.1	69.9	62.1
60.3	59.3	66.1	67.5	62.5	61.5	67.7	72.4
66.6	62.2	58.9	62.9	61.4	61.4	66.0	64.8
62.9	60.9	61.5	64.1	68.0	66.9	68.3	69.3
60.4	57.9	59.5	64.2	68.8	68.2	68.9	69.2

4.2.3　植被类型变化

植被类型也是黄河水沙变化研究重点关注的要素。

近十年在黄河主要产沙区的 50 余次实地考察中看到，除村边、路边和河川地外，大部分黄土丘陵区梁峁的现状林草植被仍以灌草为主，其中年降雨量 400mm以下的地方以草被为主，见图 4.15。不过，在年降雨量大于 450mm 的地区，可以看到一些"野生"灌乔植物。

(a) 乌兰木伦河中游　　　　　　　　　　　　　　　(b) 吴起

图 4.15　年降雨量 400mm 以下地区的现状植被类型

梁峁上的乔木大多是人工种植的经济林和油松，偶尔可看到杨树。不过，现场观察认为，从遏制水土流失角度看，对地表覆盖贡献最大的仍然是草灌植被，见图 4.16。在降雨量 450～550mm 的黄土丘陵区，延安市的林草植被状况远好于其他地区（图 4.12），主要依靠植树造林形成的人工乔木已经成为不少地区的主要植被类型。

图 4.16　人工乔灌和"野生"植被对地表覆盖的改善效果对比

由于植被水分主要来自地下水，而风沙区和盖沙丘陵区的地下水位比较稳定、供给充足，因此，在河龙区间风沙区和盖沙丘陵区（窟野河上游），植被显得更加旺盛，见图 4.17。目前，该区植被以簇状的沙生灌木为主，灌丛之间仍可看到裸露沙丘。

图 4.17　风沙区现状植被（喻权刚摄影）

4.2.4　林草有效覆盖率变化

以上采用易侵蚀区林草地面积(A_v)、林草植被盖度(V_c)和植被类型等指标分别介绍了黄土高原的植被变化,其中植被盖度是我们的眼睛可以直观感受的信息,但林草地面积变化很难用人眼准确感知。为此,我们引入了"林草有效覆盖率(V_e)"的概念,以科学全面地体现林草植被对流域易侵蚀区的保护程度,其内涵和计算方法见 2.3.2 节。

基于遥感影像(空间分辨率30～56m)获取的林草地面积及其植被盖度数据,计算并制作了研究区在 1978 年前后和 2018 年的林草植被有效覆盖率图(图4.18),以及 2018 年较 1978 年的变化图(图 4.19)。由图 4.18 和图 4.19 可见,尽管各地植被盖度均大幅提升,但由于部分林草地面积被转变为耕地(含坡耕地和梯田)等其他类型,该区不少地区的林草植被有效覆盖率变化不大。例如,在黄土高原西部的渭河上游、祖厉河流域、洮河下游,其 1978 年前后的林草植被有效覆盖率分别为 19.0%、21.4%和 20.9%,2018 年仅增加到 25.1%、27.4%、24.8%;此外,植被变化不大的还有原本植被良好的子午岭、黄龙山、秦岭和吕梁山等地的林区。

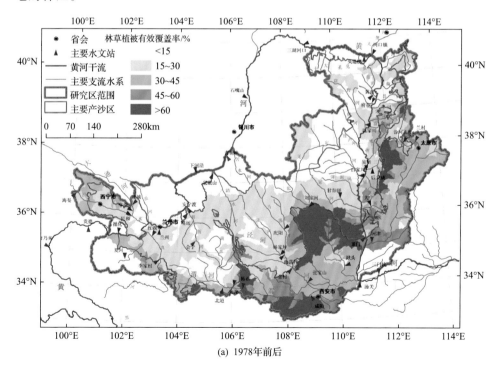

(a) 1978年前后

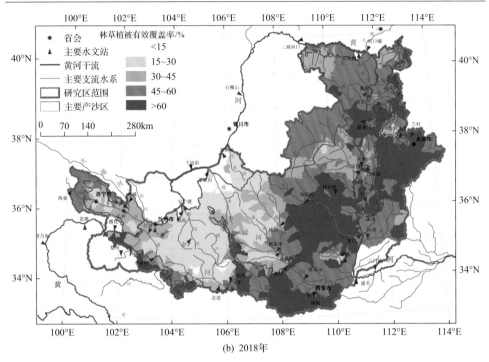

(b) 2018年

图 4.18 黄土高原林草有效覆盖率

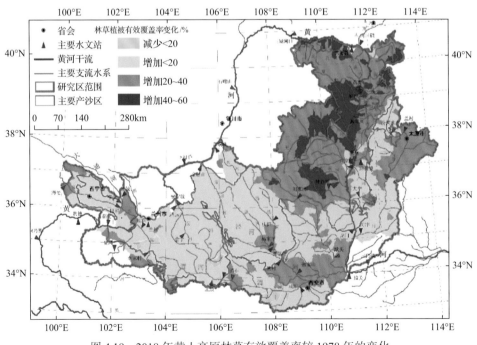

图 4.19 2018 年黄土高原林草有效覆盖率较 1978 年的变化

总体上看,林草植被有效覆盖程度改善最突出的地方主要在河龙区间、北洛河上游、十大孔兑,其 1978 年前后的林草有效覆盖率分别为 21.7%、25.9%、10.6%,但 2018 年达到 55.0%、54.5%、43.6%。

4.3 近 40 年梯田变化

梯田、水平沟、水平阶、鱼鳞坑等是现阶段人类可能显著改变地形的主要活动。不过,水平阶、水平沟和鱼鳞坑的面积已经计入林草地面积,且它们对地形的改变程度远不及梯田,其土坎(台)一般在 5~10 年就重新变为坡地,因此,最值得关注的地形变化因素是梯田和坝地。

黄土高原大量修建梯田始于 20 世纪 60 年代后期(孟庆枚,1996),图 4.20 是 1979~2017 年研究区梯田面积变化情况,可以看出:20 世纪 70 年代以来各区域梯田面积不断增长,尤其 1996 年以来梯田建设明显加速。不过,2012 年以来,除渭河上游和泾河的马莲河上游外,其他地区梯田面积变化很小。统计表明,与 1996 年相比,黄河主要产沙区 2017 年梯田面积增加了 55%。从绝对值角度看,梯田增量主要体现在泾、渭河流域和河龙区间。实地调查了解到,2018 年以来,绝大部分地区梯田面积增加不大。

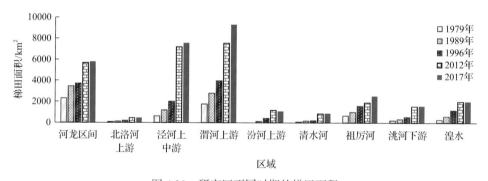

图 4.20 研究区不同时期的梯田面积

图 4.21 是各地区 2017 年的梯田覆盖率,图 4.22 是 2017 年黄河主要产沙区的梯田分布。统计表明:截至 2017 年,潼关以上黄土高原共有梯田 3.6 万 km²,其中黄河主要产沙区 3.266 万 km²;在现状梯田中,71.3%的梯田分布在渭河上游、泾河上中游、祖厉河、洮河下游和湟水等西部地区,事实上那里不仅规模大,而且梯田质量高。在以往水土流失十分严重的河龙区间和北洛河上游,现状梯田覆盖率不足 10%。

坝地是淤地坝拦沙形成的可耕作平整土地,它所改变的是流域沟道的地形,因此可视为梯田的一种形式。据第一次全国水利普查,2011 年,潼关以上黄土高原共有坝地约850km^2，其中93%分布在河龙区间。基于近年拦沙量发展，结合统计数据，推算2019年该区坝地面积约1016km^2，仍主要分布在河龙区间陕北地区和北洛河上游。

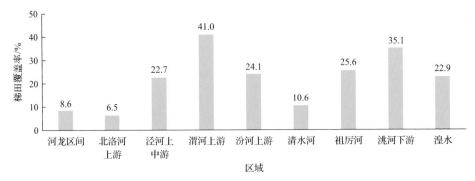

图4.21 各地区2017年梯田覆盖率

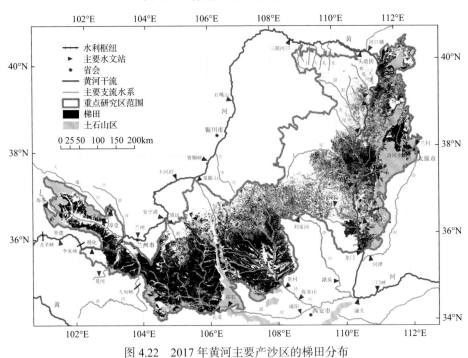

图4.22 2017年黄河主要产沙区的梯田分布

4.4 地表覆盖变化综合分析

本书界定的黄河主要产沙区面积为21.5万km^2，去除石质山区、建设用地、河川地和平原后，该区易侵蚀区面积为172166km^2。表4.4和表4.5是其易侵蚀区

表 4.4　1978 年土地利用和林草植被盖度

区域	易侵蚀区土地利用组成/km²				不同植被盖度的林草地面积占比/%				
	总面积	梯田	林草地	坡耕地	水域	<30	30~45	45~60	60~75	>75
循化—青铜峡区间	32030	2672	19909	8783	216	51	37	12	0	0
十大孔兑上游	4870	0	4485	145	240	96	3	1	0	0
河龙区间黄丘区	67654	2779	40182	23884	809	59	15	11	7	8
北洛河上游	7211	98	4381	2713	12	44	21	15	8	12
汾河兰村以上	4521	85	2790	1557	83	56	12	11	9	12
泾河景村以上	33355	716	19360	12938	153	37	37	16	6	4
渭河元龙以上	22713	1347	9980	11072	145	45	25	16	8	5
合计	172354	7697	101086	61092	1658	53	24	12	5	5

表 4.5　2018 年土地利用和林草植被盖度

区域	易侵蚀区土地利用组成/km²				不同植被盖度的林草地面积占比/%				
	总面积	梯田	林草地	坡耕地	水域	<30	30~45	45~60	60~75	>75
循化—青铜峡区间	32030	6310	17742	7766	212	22	28	24	19	6
十大孔兑上游	4821	0	4577	3	241	22	46	23	6	2
河龙区间黄丘区	67611	5540	49335	11981	754	2	4	18	39	38
北洛河上游	7211	461	5637	1100	12	0	3	17	52	29
汾河兰村以上	4521	1091	2589	762	79	5	6	12	21	56
泾河景村以上	33355	7565	17391	8277	121	5	13	29	23	29
渭河元龙以上	22713	9312	7026	6230	145	1	3	18	33	45
合计	172262	30279	104297	36119	1564	7	11	21	31	30

在 1978 年和 2018 年的土地利用和林草植被盖度情况。由表 4.4 与表 4.5 可见：与 1978 年相比，2018 年林草地面积仅增加 3216km²，明显增加者主要在河龙区间和北洛河上游，但是，梯田面积增加了 22582km²，且梯田质量大幅提高（田幅宽度增大），大于 60%的高盖度林草地面积占比大幅度提升了 51 个百分点——该值与低盖度林草地面积占比的减少量相当。

现有小区观测成果表明，当林草植被盖度达到 60%，即可基本遏制侵蚀；梯田几乎可完全遏制"本地"产沙。因此，从遏制产沙角度，我们可以把植被盖度大于 60%的林草地和梯田合称为"优质土地"，把植被盖度小于 30%的林草地和坡耕地合称为"劣质土地"，其他为"中质土地"。图 4.23 是研究区各支流不同等

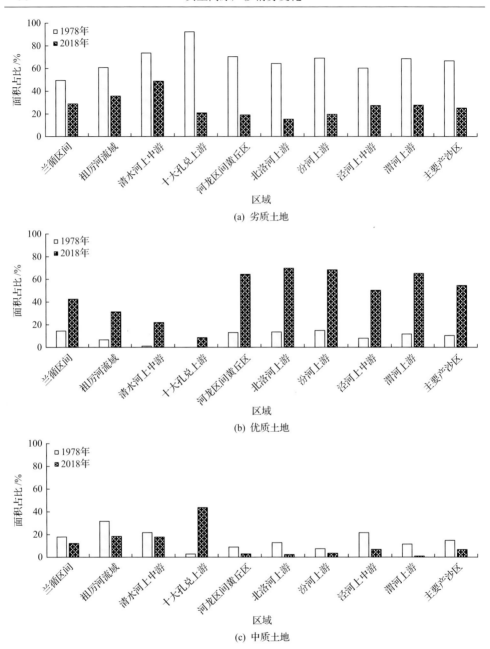

(a) 劣质土地

(b) 优质土地

(c) 中质土地

图 4.23　不同覆盖程度的面积占比变化

级土地 2018 年与 1978 年的面积占比对比。由图 4.23 可见：劣质土地减幅最大的是十大孔兑上游、北洛河上游和河龙区间黄丘区等，优质土地增加最多的是黄河中游各区。总体上看，除马莲河上游外，黄河中游地区优质土地的占比基本达到

60%以上，其中北洛河上游和河龙区间南部可以达到 70%以上。

为综合反映易侵蚀区土地被林草植被和梯田的保护程度，引入林草梯田有效覆盖率的概念。图 4.24 是黄河主要产沙区(增加风沙区)在 20 世纪 70 年代和 2018 年林草梯田有效覆盖率的空间格局。因缺乏矢量数据，制图时未考虑 70 年代的梯田。表 4.6 是不同林草梯田有效覆盖率的面积统计。分析图 4.24 和表 4.6 可见：

(1)在 20 世纪 70 年代，该区林草梯田有效覆盖率为 22.1%；1998 年达到 29.2%。1998 年以后，该区进入产沙环境的快速改善期，2018 年林草梯田有效覆盖率达 60.1%，较 70 年代提高近 2 倍，其中黄河中游地区由 70 年代的 25.5%提高到 2018 年的 62.1%。2018 年，林草梯田有效覆盖率大于等于 60%的面积达 11 万 km² 左右，而 1978 年前后只有 0.53 万 km²。

(2)在 20 世纪 70 年代，除周边的子午岭和黄龙次生林区，以及秦岭、六盘山和吕梁山等天然林区外，研究区绝大部分地区的林草梯田有效覆盖率都在 30%以下；到 2018 年，林草梯田有效覆盖率不足 30%的地方只出现在西北部的清水河下游和祖厉河下游等局部地区。基于实测输沙量和坝库拦沙量，该区也是 2010～2018 年产沙强度最高的地区，其中马莲河庆阳以上约 4500t/(km²·a)，无定河中下游为 4000～7000t/(km²·a)。

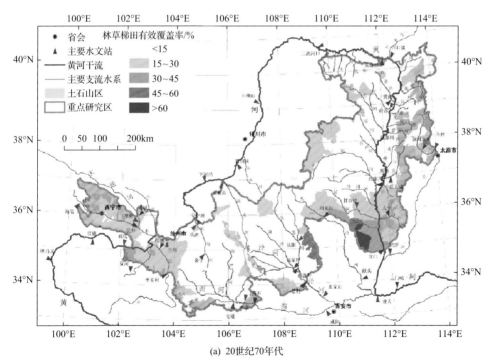

(a) 20 世纪 70 年代

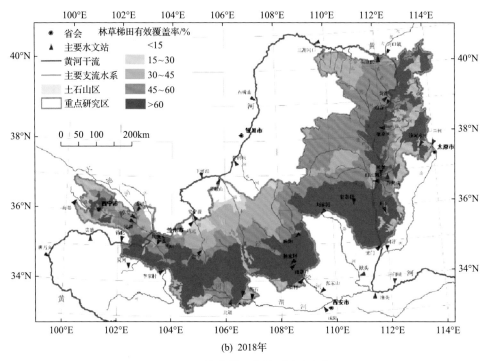

(b) 2018年

图 4.24　林草梯田有效覆盖率变化

表 4.6　黄河主要产沙区不同林草梯田有效覆盖率的面积变化 （单位：km²）

年份	<15%	15%～30%	30%～50%	50%～60%	>60%	合计
1978 年前后	7.18	10.55	2.95	0.29	0.53	21.50
1998 年前后	1.20	15.09	4.64	0.21	0.35	21.50
2018 年	0.34	0.57	4.88	4.70	11.01	21.50

　　图 4.25 是黄河主要产沙区内典型支流(区域)1978～2018 年以来林草梯田有效覆盖率变化。由图 4.25 可见，在 1978～2018 年 40 年中，各区林草梯田有效覆盖率均呈增加趋势，但发展过程有所不同：

　　(1)在洮河下游、湟水黄丘区、汾河上游和十大孔兑上游，林草梯田有效覆盖率在 1978～2018 年 40 年中表现为稳步提高的态势。

　　(2)在黄河中游的河龙区间黄丘区、泾河景村以上、北洛河上游、渭河上游、清水河中上游，前 20 年间的林草梯田有效覆盖率增幅不大，后 20 年增加 1 倍以上，尤以 1998～2010 年增加速度最大。在人类活动相对较少的天然时期，这 5 个区域产沙量约占黄河主要产沙区的 92%。

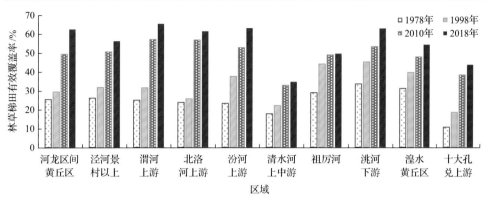

图4.25　典型支流(区域)综合覆盖率变化过程

总体上看,与20世纪70年代相比,2018年林草梯田有效覆盖率增量的80%发生在1998年以后,其中黄河主要产沙区林草、梯田对覆盖率改善的贡献率分别为59.9%、40.1%。不过,各区产沙环境变化的原因有一定差别(表4.7),十大孔兑、河龙区间大部和北洛河上游的主要原因是林草植被改善,而渭河、泾河和祖厉河等支流的主要原因是梯田改善。

进一步分析图4.25可见,2010年以来,对于黄河主要产沙区的大部分地区,林草梯田有效覆盖率的增加速度明显变缓。而从图4.10和图4.11看,大部分地区林草植被盖度增加趋势也在2012年以后明显放缓。综合考虑甘肃梯田建设步伐也在2017年以后变缓,认为2017年以来黄河主要产沙区的林草植被覆盖状况已趋于稳定。

表4.7　2010～2019年林草植被改善和梯田对综合覆盖率的贡献　　　(单位:%)

区域	林草贡献	梯田贡献	区域	林草贡献	梯田贡献
河龙区间	73.8	21.4	十大孔兑	97.6	0.0
北洛河上游	79.0	19.2	清水河上中游	48.1	50.6
汾河上游	30.7	67.7	祖厉河	16.6	83.0
泾河上中游	21.6	77.2	兰循区间	10.6	86.4
渭河上游	11.9	87.7	黄河主要产沙区	46.2	50.9

4.5　降　雨　变　化

采用实测降雨数据与《中国近500年来旱涝分布图集》(中国气象局气象科学研究院,1981)数据相融合的方法,前面构建了河龙区间1470～2019年的旱涝等级系列(图2.10),结果表明,1470～1640年和1641～2019年,河龙区间年均旱涝等级分别为3.4和3.06,表现出两个差异明显的台阶,1641～2019年较前期明显偏丰。

进一步分析 1641～2019 年河龙区间旱涝等级变化(图 4.26)可见，其旱涝变幅有逐渐扩大的趋势，如 1641～1838 年，该区旱涝等级 C_v 为 0.241，而 1839～2019 年的 C_v 达到 0.287，说明灾害性气候事件有所增加。事实上，黄河陕县水文站有记录的两次特大洪水就发生在 1843 年和 1933 年(史辅成等，1984；韩曼华，1985)，明崇祯五年以来，黄河流域曾数次出现连续干旱年(黄河流域及西北片水旱灾害编写组，1996)。

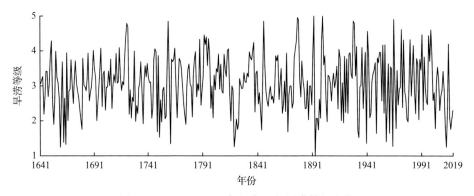

图 4.26　1641～2019 年河龙区间旱涝等级变化

汛期有效降雨显然是近百年黄土高原产沙变化的重要因素。为大体掌握 20 世纪上半期的有效降雨情况，我们利用降雨数据较可靠的 1966～2009 年的有效降雨量 P_{25}，构建了黄河主要产沙区 P_{25} 与图 2.7 中两网格的 6～9 月平均降雨量的相关关系(图 4.27)，推算了 1919～1955 年黄河主要产沙区的有效降雨量 P_{25}；1933 年

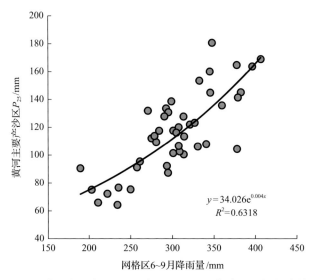

$$y = 34.026e^{0.004x}$$
$$R^2 = 0.6318$$

图 4.27　黄河主要产沙区 P_{25} 与两网格区汛期降雨量的相关关系

是过去百年黄土高原入黄沙量最大的年份(约 42.8 亿 t)，考虑到潼关以上该年仅有的兰州、临洮、华县、咸阳、太原和平遥 6 座雨量站均不在大暴雨落区内，利用 1956～1969 年实测的降雨-产沙关系推算了 1933 年黄河主要产沙区的有效降雨量 P_{25}。

图 4.28 是黄河主要产沙区 1919～2019 年的有效降雨变化，其中 1955 年以前为推算数据。由图 4.28 可见，在宏观态势上，该区有效降雨存在"枯—丰—枯—丰"的周期性特点：①1933～1967 年和 2010～2019 年的丰水期，与 1919～2019 年均值相比，偏丰程度分别为 13.2%和 26.1%。②1920～1932 年和 1982～2000 年是 1919～2019 年有效降雨最枯的时段，偏枯程度分别达 16.6%和 18.6%。③1968～1981 年和 2001～2009 年也是两个降雨偏枯的时段，其中 2001～2009 年偏枯 3.3%。

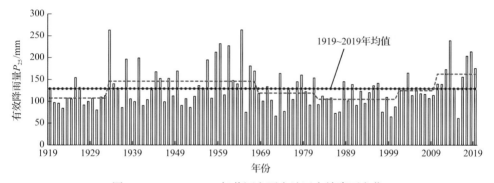

图 4.28　1919～2019 年黄河主要产沙区有效降雨变化

因 20 世纪 50 年代以前实测降雨数据匮乏且覆盖范围与黄河主要产沙区有一定差别，故图 4.28 只能大体看出长系列降雨变化的宏观态势。考虑到 1966～2019 年降雨系列可大体代表 1641～2019 年的平均降雨水平(分析过程见 2.5.3 节)，以下利用该时段丰富的降雨数据，分析黄河主要产沙区 1966 年以来不同量级的有效降雨变化。图 4.29 是该区 1966～2019 年黄河主要产沙区降雨变化，由图可见，与该系列的均值相比：

(1)1982～2000 年是有效降雨最枯的时段，汛期降雨量、P_{25}、P_{50} 和 P_{50} 分别偏枯 9.0%、15.9%、28.6%、54.1%。由此可见，当汛期降雨量偏枯时，量级降雨偏枯程度更大且高雨强降雨偏少更多。

(2)2010～2019 年是有效降雨最丰的时段，汛期降雨量、P_{25}、P_{50} 和 P_{100} 分别偏丰 9.9%、29.0%、42.9%、80.2%。由此可见，当汛期降雨量偏丰时，量级降雨偏丰程度更大且高雨强降雨偏丰更多，这与偏枯时段正好形成鲜明对比。

(3)1966～1981 年和 2001～2009 年降雨基本正常，其中，1966～1981 年略丰。

河龙区间是人们最关注的产沙区，也是近年降雨最丰的时段，见图 4.30。与 1966～2019 年平均值相比，2010～2019 年该区 P_{25}、P_{50} 和 P_{100} 分别偏丰 37%、

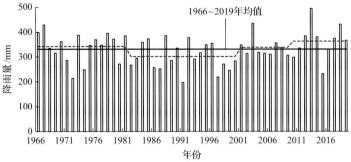

(a) 汛期6~9月降雨量

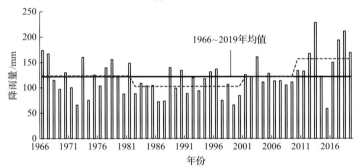

(b) 日降雨大于25mm的年降水总量(P_{25})

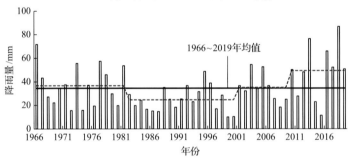

(c) 日降雨大于50mm的年降水总量(P_{50})

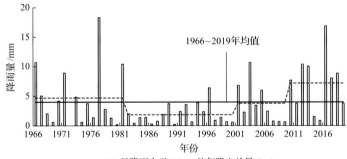

(d) 日降雨大于100mm的年降水总量(P_{100})

图 4.29 1966~2019 年黄河主要产沙区降雨变化

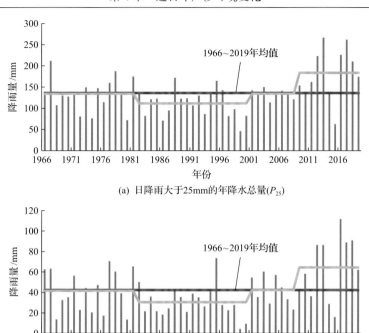

(a) 日降雨大于25mm的年降水总量(P_{25})

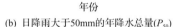

(b) 日降雨大于50mm的年降水总量(P_{50})

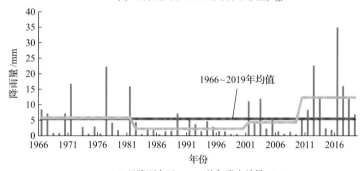

(c) 日降雨大于100mm的年降水总量(P_{100})

图 4.30 1966~2019 年河龙区间降雨变化

57%、125%，而黄河主要产沙区的平均偏丰程度分别为 29%、43%、80%。近年降雨大幅偏丰的年份包括 2010 年、2012 年、2013 年、2016 年、2017 年和 2018 年，不过，相应年份该区的入黄沙量分别只有 0.64 亿 t、1.42 亿 t、1.78 亿 t、1.28 亿 t、1.54 亿 t 和 0.7 亿 t，远小于 1919~1969 年的年平均值(9.3 亿 t/a)。

为进一步了解 2000 年以来黄河主要产沙区各地的降雨丰枯情况，以 1966~2019 年各雨量站的多年平均降雨量为基准，我们制作了基于 GIS 的 2000~2009 年和 2010~2019 年降雨丰枯展布图，见图 4.31 和图 4.32。由图可见：

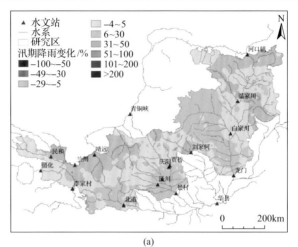

(a)

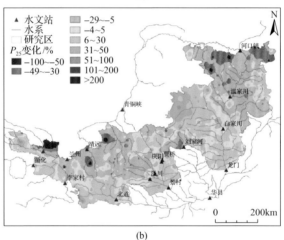

(b)

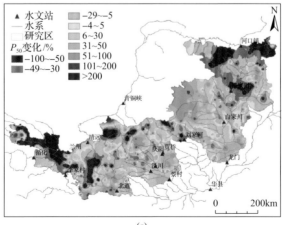

(c)

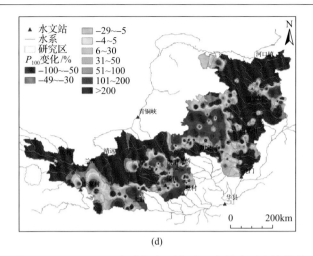

(d)

图 4.31　2000～2009 年黄河主要产沙区有效降雨丰枯状况

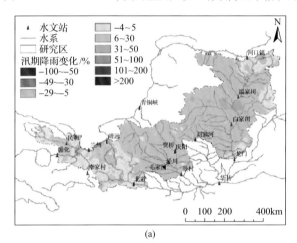

(a)

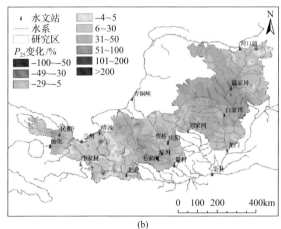

(b)

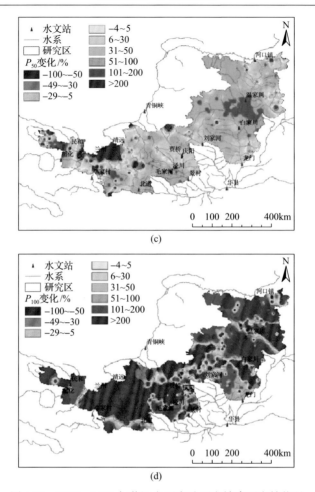

图 4.32 2010~2019 年黄河主要产沙区有效降雨丰枯状况

(1) 2000~2009 年，研究区大部分地区有效降雨偏少，有的地方甚至偏少 1/2 左右。

(2) 2010~2019 年，黄河中游绝大部分地区有效降雨大幅偏丰、暴雨偏丰更明显，其中河龙区间中部甚至偏丰 1 倍以上；但黄河上游兰州周边的祖厉河和洮河下游等地区明显偏枯。

基于以上分析，可定性判断，1982~2000 年，降雨偏枯一直是黄河来沙偏少的原因。但对于 2010~2019 年，除西部和北部少量地区外，绝大部分地区减沙应与降雨因素无关；在来沙约占 80%的河龙区间、北洛河、泾河、汾河和清水河，2010 年大雨和暴雨明显偏多。

第5章 梯田对流域产沙的影响规律及阈值

5.1 问题的提出

2000 年以来，黄河潼关断面来沙量大幅减少，其中 2010～2018 年较 1919～1959 年减少 89%。人们普遍认为，黄河近年来沙减少主要得益于黄土高原林草植被的大幅改善。不过，从遥感调查结果看，林草植被的大幅改善主要发生在黄土高原中东部地区的河龙区间、北洛河上游和汾河等地区。而在六盘山以西的黄土丘陵区，如渭河北道以上、洮河下游和祖厉河流域，虽然林草植被盖度明显提高，但由于林草地面积的减少(转为耕地或建设用地)，实际上，20 世纪 70 年代后期以来林草植被对流域地表的覆盖程度(即林草有效覆盖率)变化不大，见图 5.1；而且，除渭河上游的宁夏境内外(面积占 13%)，其他地区的坝库控制面积仅占流域面积的 1.5%～5%。在植被改善程度和坝库控制程度均不大的背景下，六盘山以西地区的三条支流在 2010～2018 年输沙量也减少了 85%～90% (图 5.2)，说明该区来沙大幅减少另有他因。

梯田是可能引起流域减沙的重要因素。2010～2018 年，渭河北道以上、洮河下游和祖厉河上中游的梯田面积，分别占其水土流失面积的 35.2%、36.6% 和 24.6%。若按"水保法"的原理(熊贵枢，1994；冉大川等，2010)，以上三条支流的梯田的减沙作用最多为 35.2%、36.6% 和 24.6%，远小于实际减沙幅度。由此可见，在流域尺度上，有必要重新认识不同规模梯田对流域产沙的影响规律。

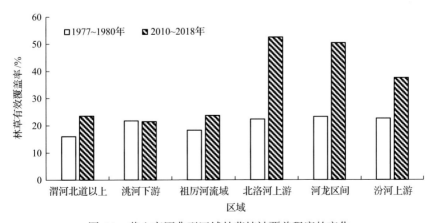

图 5.1 黄土高原典型区域林草植被覆盖程度的变化

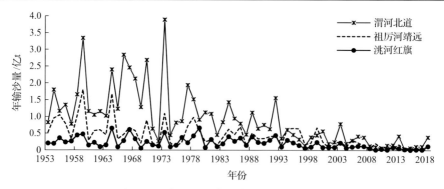

图 5.2　六盘山以西典型支流的输沙量变化

以下利用黄土丘陵区不同时期的梯田面积数据和同时段的降雨量、输沙量与坝库拦沙量等数据，分析不同规模梯田运用与流域产沙量的响应规律。同时，利用改进的分布式 LCM-MUSLE 坡面水沙联动模型，通过控制流域林草植被等因素不变，来识别不同梯田面积情景对流域水沙变化的影响，即数字实验法。

5.2　研　究　方　法

5.2.1　回归分析法

黄土高原梯田对所在田块的减沙作用，已经被大量观测成果证明。一般情况下，若日降雨小于 100mm，梯田可使所在田块的水沙全部拦蓄(尹传逊和常根富，1984；徐乃民和张金慧，1993；焦菊英和王万忠，1999)；1966 年 8 月 8 日，蟒河流域降雨量 124.5mm，梯田没有产流(焦菊英和王万忠，1999)。

不过，大量实地考察可以看到，梯田减沙的作用范围并不仅限于梯田所在田块，而且还包括以下两个区域：

(1)拦截梯田上方坡面的来水来沙[图 5.3(a)]，其效果已被延安和彭阳等地隔坡梯田的运用实践所证明。在黄土高原西部的黄土丘陵区，梯田一般布置在山腰，山顶为林草地，因此，梯田也确实有机会拦截上方坡面的来水来沙。

(2)因拦截梯田及其上方坡面的水沙，而减少对下方沟坡、沟床和河道的冲刷[图 5.3(b)]。大量研究表明(徐雪良，1987；焦菊英等，1992；郑粉莉等，1994；郑粉莉和康绍忠，1998)，在黄土丘陵沟壑区，尽管沟谷产沙一般占小流域的 50%～60%，但坡面径流下沟造成的沟谷产沙量通常可占沟谷总产沙量的 50%～75%。产生这种现象不仅在于坡面径流下沟将冲刷沟谷面，而且会"楔入"黄土的垂向节理而诱发重力侵蚀。冉大川等(2010)的研究表明，对于大尺度流域，由于阻止了径流下沟，坡面措施的沟蚀减少量可达坡面措施本身减沙量的 1.11～1.25 倍。

(a)　　　　　　　　　　　　　　(b)

图 5.3　梯田对上方坡面水沙和下方沟谷产沙的调控作用示意图

　　由此可见，"水保法"只考虑了梯田对自身地块的减沙作用，忽视了梯田在"异地"的连锁减沙效应，因此计算的减沙量明显偏小。冉大川等（2010）提出的"以洪算沙法"，考虑了梯田对下方沟谷的影响，但没有考虑梯田对上方坡面水沙的拦截作用，以及径流大量减少所引起的水流含沙量变化。而且，由于减洪指标源自20 世纪中后期的黄土高原径流小区观测数据，应用"以洪算沙法"不仅面临小区向流域的转化问题，而且难以反映有梗宽幅梯田的实际减洪能力。

　　近十年来，通过大量野外调研和观察，我们注意到：对于任意 n 个产沙模数背景值不同的黄土丘陵，只要梯田面积占比及空间布置相同，虽然产生的绝对减沙量不同，但相对减沙幅度一定是相同的。基于此，可以利用流域尺度上实测的降雨和产沙数据为基础数据，直接绘制流域的"梯田覆盖率"与"减沙幅度"的散点图，寻求梯田变化对流域产沙的影响规律。

　　梯田减沙作用，是指在相同降雨条件下梯田投运后流域较天然时期减少的产沙量。减沙幅度（ΔW_s）的计算公式为

$$\Delta W_s = 100 \times (W_{so} - W_s)/W_{so} \tag{5.1}$$

式中，W_s 为流域在梯田运用期的流域产沙量。本书选用的样本流域淤地坝和水库很少，利用不同时期建成的淤地坝和水库的控制面积等信息，可推算出样本流域在采用数据时段的坝库拦沙量。灌溉引沙量很小，可忽略。

　　W_{so} 是该流域在天然时期的产沙量。20 世纪 50 年代中期以前，黄土高原几乎没有水库和淤地坝，水土保持活动极少，可认为是"天然时期"。3.4 节分析 1934～1959 年的降雨-产沙关系表明，在长系列降雨情况下，天然时期黄土高原入黄沙量为 15.8 亿 t/a，其中兰州、青铜峡和咸阳分别为 1.1 亿 t/a、2.34 亿 t/a、1.53 亿 t/a。以此为基础，利用淤地坝和水库极少的 1954～1969 年实测输沙量数据，可推算出本书样本支流的天然沙量，如渭河北道、祖厉河靖远、洮河红旗—李家村区间分

别为 1.28 亿 t/a、0.6 亿 t/a、0.22 亿 t/a。

与 1919~1959 年相比，由于开荒扩耕，黄土高原在 20 世纪六七十年代的产沙强度更大：还原坝库拦沙量后，该时期黄土高原产沙量约达 20 亿 t/a。也就是说，如果以该时期样本流域的产沙量为基准，必将夸大梯田的减沙作用。

为排除其他因素的影响，凸显梯田的作用，对样本流域的选择及其数据处理做以下限制：

(1)同一条样本流域和采纳数据时段内，林草有效覆盖率应较天然时期变化很小，本书按"$\Delta V_e \leqslant 3$ 个百分点"(ΔV_e 表示林草有效覆盖率较 1978 年的增量)进行控制。提取数据的过程中发现，虽然 20 世纪 70 年代以来样本流域的林草有效覆盖率总体变化不大，但仍有波动。为尽可能消除林草变化的影响，将采用数据时段的ΔV_e计入"梯田覆盖率"。

(2)同一条样本流域和采纳数据时段内，汛期降雨条件应与该流域长系列的多年均值相当。从产沙角度看，汛期降雨条件至少体现在 5~10 月降雨量(样本流域在 5 月和 10 月均有明显产沙，故汛期按 5~10 月)、P_{25} 和 P_{50}/P_{10} 等方面。为尽可能消除降雨条件波动对产沙的影响，突显梯田的减沙作用，按"与多年均值相差不大于 10%"的原则筛选了数据时段的汛期降雨。

(3)在样本流域内，坝库应极少或坝库拦沙量可获取，以得到真实的流域产沙量。

(4)尽可能剔除田埂质量和田面宽度对流域产沙的影响。为此，选用的样本流域均位于甘肃境内，包括渭河上游甘肃境内、祖厉河上游的会宁以上和馋口以上、洮河下游李家村—红旗区间。由于该区具有修梯田、爱梯田的传统，以及水平梯田设计、施工与管护的规范和制度，梯田质量相差不大。

样本流域的地貌有所不同。渭河上游地区属丘 3 区地貌，该区地表坡度较缓，沟谷面积不大，多有基岩出露，多年平均暴雨占比(P_{50}/P_{10})为 0.05~0.1。祖厉河上游和洮河下游总体上属丘 5 区，多年平均 P_{50}/P_{10} 为 0.05~0.07。图 5.4 是样本流域地理位置及梯田空间分布图。

5.2.2 数字试验法

在黄河主要产沙区的东中部地区，由于林草植被状况在过去几十年一直在改善，而且大多数地区的梯田覆盖率目前仍不高，很难采用回归分析法识别梯田的减沙作用。因此，本节以孤山川流域和延河流域安塞以上地区为样本，采用数字试验方法，分析其梯田覆盖率变化对流域产沙的影响规律。孤山川流域面积 1263km², 地貌属丘 1 区，上游局部有风沙覆盖。该流域梯田很少，2012 年仅有梯田 37km²，且多为窄幅梯田。延河安塞以上面积 1334km²，地貌属丘 2 区。流域内现有梯田 63km²，梯田质量较偏关河略差。

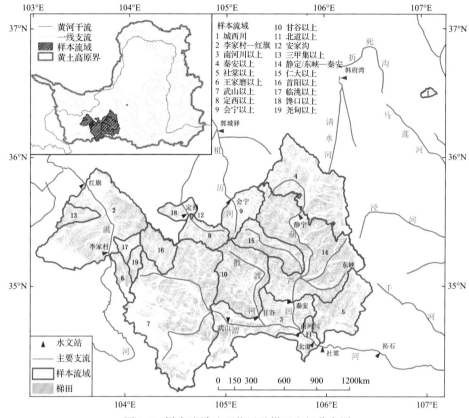

图 5.4 样本流域地理位置及梯田空间分布图

数字试验的基本思路是：

(1) 以两条流域 1978 年的土地利用状况作为本底下垫面，以维持流域的林草有效覆盖率变化不超过 3 个百分点为原则，设计把流域内坡耕地变成梯田；如果全部坡耕地均变成梯田也不能使流域的梯田覆盖率达到 40%～50%以上，则把流域内的低盖度林草地变成梯田。这样，可以得到该流域在 0%～50%等不同梯田覆盖率下的下垫面。

(2) 设计情景的梯田田埂高度均为 20cm，并假定不会发生水毁。

(3) 为规避 1977 年以前流域雨量站稀少、1977 年大暴雨使淤地坝大量水毁和 20 世纪 70 年代淤地坝建设高潮等不确定因素，我们分别采集了两流域在 80 年代实际发生的几场降雨过程，相关信息见表 5.1。

(4) 利用构建的 LCM-MUSLE 模型，分别计算流域在"无梯田"和"不同梯田覆盖率"情况下的输沙量，进而得到不同梯田覆盖率情景较无梯田情景的流域减沙幅度。其中，LCM-MUSLE 模型是我们在"十二五"期间开发的流域产沙数学模型 (Luo et al., 2015；刘晓燕等，2016)；"十三五"期间，Bai 等 (2019) 对 LCM 等流时坡面汇流过程进行了改进。

表 5.1 数字试验选择的场次降雨

降雨时间	孤山川流域			降雨时间	延河安塞以上地区		
	面雨量/mm	雨强/(mm/h)	降雨历时/h		面雨量/mm	雨强/(mm/h)	降雨历时/h
1985/08/02	12.77	2.13	6	1984/08/26	51.73	2.72	19
1985/08/11	13.60	1.51	9	1986/07/06	8.58	0.86	10
1985/08/24	35.52	0.89	40	1988/08/03	30.32	1.21	25
1988/08/03	93.53	1.23	76				

　　为便于土地管理，美国农业部于 20 世纪 60 年代开发了土壤侵蚀通用方程（universal soil loss equation，USLE），用于估算坡面土壤流失量；之后，Williams（1975）用径流因子替代降雨因子对 USLE 模型进行改进，形成了 MUSLE 模型。模型引入我国后，针对黄土高原土壤、地形、降雨和植被特点，不断修正模型的相关参数。"十二五"期间，我们将刘昌明等（1965）提出的黄土高原场次降雨下的降雨径流模型（即 LCM 模型）、河道汇流汇沙模型与 MUSLE 耦合，构建了分布式 LCM-MUSLE 坡面水沙联动模型，使用场次降雨事件计算流域产沙量成为可能。图 5.5 是 LCM-MULSE 模型结构。

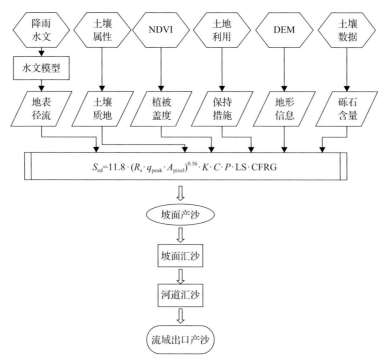

图 5.5 LCM-MUSLE 模型结构

S_{ed}-产沙量；R_s-径流深；q_{peak}-洪峰流量；A_{pixel}-遥感数据的像元面积；K-土壤可蚀性因子；C-覆盖与管理因子；P-水土保持因子；LS-地形因子；CFRG-粗碎屑因子；DEM-数字高程模型

Bai 等(2019)对 LCM-MUSLE 做了明显的改进，旨在模拟梯田、林草对水沙汇流过程的削减作用，因此在等流时坡面汇流过程中增加梯田和林草模块。通过提取梯田单元和林草单元的集水区，计算梯田和植被对各自控制区域的拦水量，进而对各等流时面的出流量进行修订，实现梯田、林草在坡面汇流过程中的拦水模拟，以此构建"控制区域—等流时面—子流域"一体化坡面汇流系统。梯田、林草拦沙模拟亦采用类似方法。

5.3　梯田覆盖率变化对流域产沙的影响规律

采用样本流域在不同时期的 82 对实测数据，分别点绘了渭河上游、祖厉河上游和洮河下游三个样本流域的梯田覆盖率与流域减沙幅度的关系，结果见图 5.6。分析图 5.6 可得到以下结论。

1) 流域减沙幅度总体上随梯田覆盖率增大而增加

但当梯田覆盖率大于 20%后，单位面积梯田的减沙作用逐渐变小；梯田覆盖率大于 40%后，样本流域的减沙幅度基本稳定。分析样本流域的梯田覆盖率与同期林草梯田有效覆盖率的关系(图 5.7)表明，当梯田覆盖率大于 33%时，相应的林草梯田有效覆盖率均可达到 62%～80%。

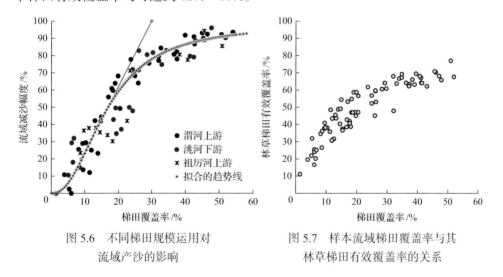

图 5.6　不同梯田规模运用对　　　　图 5.7　样本流域梯田覆盖率与其
　　　流域产沙的影响　　　　　　　　　　林草梯田有效覆盖率的关系

2) 梯田覆盖率较小时，其减沙作用的辐射范围差异很大

产生该问题的原因是梯田空间布局差异。本方法的原理是"若流域的梯田面积占比及其空间布置相同，则梯田减沙幅度相同"，但实际在选择样本数据时，梯田的空间布置问题难以考虑。若把梯田布置在梁峁坡的中下部，当梯田面积较小

时，当上方坡面来水太多，很可能会造成梯田水毁；若梯田不发生水毁，则减沙作用很大。

为认识梯田立体空间布置方式对减沙作用的影响，通过数字试验方法（LCM-MUSLE 模型），以孤山川流域为对象，研究了梯田修建顺序分别为"从梁峁上部向下部推进"和"从梁峁下部向上部推进"两种极端情景下的梯田减沙幅度。按此方法设计，当梯田覆盖率达到 52.8%时，林草有效覆盖率仅减少 3%，即林草覆盖状况变化很小。然后，假定孤山川流域在 20 世纪 80 年代的 4 场暴雨重现，采用 LCM-MUSLE 模型，计算 4 场暴雨在两种梯田建设顺序的不同梯田覆盖率情景下的平均减沙幅度，结果见图 5.8。由图 5.8 可见：梯田覆盖率越小，梯田立体布局的影响越突出；如果能够保证梯田田埂不发生水毁，则"从梁峁下部向上部推进"的梯田修建顺序更有利于减沙。

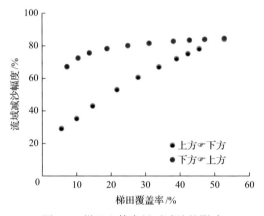

图 5.8　梯田立体布局对减沙的影响

实地勘查了解到，由于地形特点不同，黄土高原各地梯田的立体布局差别很大：在河龙区间和北洛河上游，坡度小于 25°的地面主要集中在梁峁顶部，因此其梯田多位于梁峁上部；而在图 5.4 的样本流域，梁峁中下部坡度更缓，且更便于耕作，因此梯田主要分布在中下部。

需要指出，在较大流域，虽梯田理论上能够拦截上方坡面来沙、减轻沟道产沙，但如果梯田被集中布置在流域的某个地域，则其异地减沙作用将不能被充分发挥。

3）如果梯田过少，其减沙作用很不稳定，甚至不能起到"一块天对一块地"的作用

图 5.6 是在"假定梯田不发生水毁"条件下得到的。实际上，如果梯田过少且布置在丘陵的中下部，很容易发生水毁。我们分析了 82 对样本数据的"流域减沙幅度/梯田覆盖率"与梯田覆盖率的关系，结果表明（图 5.9）：当梯田覆盖率小于 6%时，有些流域的减沙幅度甚至小于梯田覆盖率，说明梯田甚至不能实现所在

田块的减沙，主要原因在于梯田水毁。从图 5.9 的点群下外包线判断，对于梯田分布在梁峁中下部的样本流域，只有当梯田覆盖率大于 12%后，"减沙幅度/梯田覆盖率"才能稳定大于 1，即梯田才能稳定发挥其异地减沙作用。

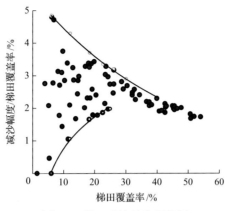

图 5.9　梯田减沙的作用范围

4) 绝大部分情况下，梯田覆盖率均大于流域减沙幅度

由图 5.6 和图 5.9 可见，除梯田覆盖率小于 6%的 3 对数据外，样本流域其他 79 对数据的梯田覆盖率均大于流域减沙幅度。在梯田覆盖率为 12%～30%时，梯田减沙幅度可达梯田覆盖率的 1.7～3.5 倍，平均为 2.5 倍，相当于梯田减沙作用范围平均达自身面积的 2.5 倍。而当梯田覆盖率大于 30%以后，由于梯田的作用空间被其他梯田分担，梯田减沙的作用范围趋于稳定且逐渐减小，即单位面积梯田的减沙作用逐渐变小。由此可见，从投资的减沙效益最大化角度看，12%～30%是最经济的梯田覆盖率。

基于前面对梯田覆盖率小于 6%时的破坏风险，以及有埂水平梯田的最大可能减沙作用分析，对图 5.6 进行修正，得到多年平均降雨情况下梯田覆盖率与减沙幅度之间的定量响应关系，即

$$\Delta W_s = 93 - \frac{93}{1 + 0.00155 T_e^{2.45}} \tag{5.2}$$

式中，ΔW_s 为减沙幅度，%；T_e 为梯田覆盖率，%。

5.4　可有效遏制流域产沙的梯田阈值

深入分析图 5.6 和图 5.9 可见，当梯田覆盖率大于 40%后，继续增加梯田覆盖率，流域的减沙幅度基本稳定在 90%左右，减沙幅度与梯田覆盖率的比值基本稳

定在 1.7～2，新增梯田的效益将主要体现在雨水资源高效利用和扩大农民收益等方面。以下从样本流域的坡度组成特点和泥沙来源、梯田对水沙的实际影响范围调查、偏关河及延河等流域的数字试验三方面论证该结论的合理性。

基于空间分辨率 25m×25m 的 DEM，提取了图 5.6 样本流域的地表坡度组成，结果表明，该区坡度大于 5°的面积平均为流域面积的 85%～90%。分析绥德、西峰和天水等地径流小区在 20 世纪 60 年代的汛期观测数据表明，坡面径流系数一般可达 0.2～0.3，而董志塬塬面的汛期径流系数只有 0.05～0.06。由此推测，样本流域约 98%的径流来自坡度为 5°以上的丘陵区，因此当梯田覆盖率为 40%时，其上方坡面面积平均为梯田面积的 40%～60%(图 5.10)，即梯田及其上方坡面面积合计约占流域内坡度为 5°以上面积的 62%～75%、平均约 70%，说明该情况下梯田减水量可达 70%左右。以自产水利用量不多的渭河上游支流散渡河为例，当梯田覆盖率大于 35%后，流域实测径流量的减少幅度基本稳定在 70%，见图 5.11。

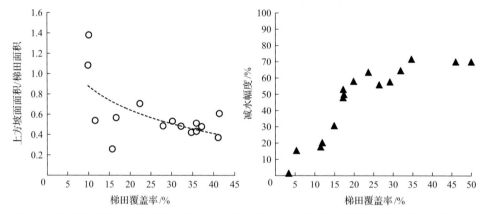

图 5.10　样本流域梯田面积及其上方坡面面积　图 5.11　散渡河不同规模梯田的减水作用

另据黄河水利委员会天水水土保持科学试验站监测数据，在天然时期，渭河上游沟谷泥沙可占流域沙量的 24%～36%(平均 30%)。因此，当梯田覆盖率达 40%后，如果坡面来水减少 70%，仅靠沟谷自产径流，则沟谷泥沙至少将同比例减少，即流域产沙量完全可能减少 91%左右。

为进一步认识梯田对流域水沙的影响范围，我们在样本流域中随机选择了 9 条梯田比(梯田覆盖率)为 30%～60%的小流域，提取相关数据(表 5.2)，并调查了梯田影响区的面积和空间分布(图 5.12)。表 5.3 中的"梯田影响区面积"是梯田面积、梯田控制的上方坡面面积、受梯田影响的下方坡沟面积的总和。对比可见，当小流域梯田比大于 30%后，"梯田影响区面积占轻度以上水蚀面积的比例"基本上能够达到 70%以上。由此可见，若再考虑剩余"荒地"植被改善的减沙作用，则流域的减沙幅度达到 80%～90%是合理的，也是完全可能的。

表 5.2　不同梯田覆盖率情况下梯田控制面积实测数据

类型区	所在县市	流域面积/km²	梯田面积/km²	梯田覆盖率/%	梯田控制的上方坡面面积/km²	受梯田影响的下方坡沟面积/km²	梯田影响区面积占水土流失面积的比例/%
丘 3 区	渭源	8.382	2.766	33.0	0.406	2.92	84.4
	陇西	10.06	3.49	34.71	1.65	1.90	70.0
	隆德	12.970	4.832	41.4	1.147	1.341	77.1
	静宁	8.27	3.66	44.26	0.48	1.26	82.5
	西吉	9.787	5.077	52.0	1.024	1.540	94.4
	庄浪	9.30	5.27	57.26	0.44	1.15	100.0
丘 5 区	安定	10.12	3.39	33.49	0.32	4.22	78.4
	榆中	10.89	4.80	44.03	0.10	4.54	86.6
	榆中	8.63	5.13	59.47	0.20	2.25	87.8

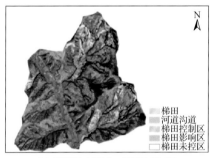

(a) 渭源县小流域，梯田比33.0%

(b) 隆德县小流域，梯田比41.4%

(c) 西吉县小流域，梯田比52.0%

(d) 陇西县小流域，梯田比34.71%

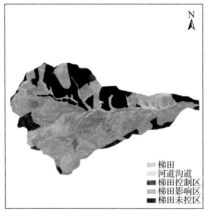

(e) 静宁县小流域，梯田比44.26%

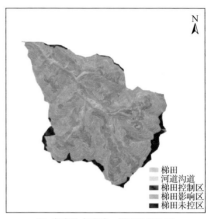

(f) 庄浪县小流域，梯田比57.26%

(g) 安定县小流域，梯田比33.49%

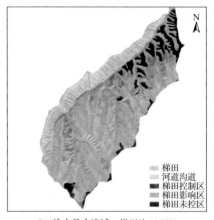

(h) 榆中县小流域，梯田比44.03%

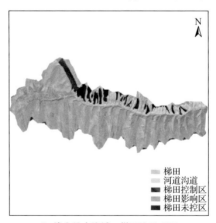

(i) 榆中县小流域，梯田比59.43%

图 5.12　典型小流域的梯田及其影响区

(a)～(f)为丘3区小流域；(g)～(i)为丘5区小流域

值得注意的是，虽然图 5.6 在数据采集时遵循了"林草植被较天然时期变化很小"的原则，并将采用数据时段的 ΔV_e 计入"梯田覆盖率"，但由于减沙幅度的基准年是 1919～1959 年，而该时期样本流域的林草覆盖数据难以获取，图 5.6 并不能完全剥离林草变化的影响。为此，以下通过数字试验做进一步分析。

利用改进后的 LCM-MUSLE 模型(Bai et al., 2019)，选择孤山川和延河安塞以上作为数字试验流域，通过"林草有效覆盖率固定、梯田覆盖率变化"方式，研究了梯田覆盖率与流域减沙量的关系。分析过程中，设置田埂高度为 20cm 且不发生水毁，保持流域林草有效覆盖率和模型的其他输入数据(场次降雨、率定参数等)不变。通过代入基准情景和不同梯田覆盖率变化情景的下垫面数据，开展多场次降雨模拟，得到相应的平均减沙幅度。根据不同梯田覆盖率及其对应的多场次降雨平均减沙幅度制作散点图，拟合出梯田覆盖率-减沙幅度曲线，并与图 5.6 结果进行对比，结果见图 5.13。对比可见，无论是渭河上游、祖厉河上游和洮河下游的实测数据，还是在孤山川流域和延河安塞以上进行的数字试验结果，均表明当梯田覆盖率大于 40%以后，流域减沙幅度虽然继续增加，但增量极小。

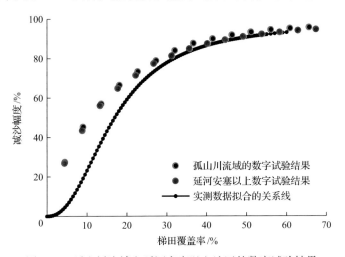

图 5.13　孤山川流域和延河安塞以上地区的数字试验结果

散渡河上游锦屏水库的近年蓄水情况更能生动地反映梯田的减水减沙作用。锦屏水库控制面积为 191km², 坝址以上没有淤地坝和水库。2012 年，锦屏水库上游的梯田面积为 76.5km², 即梯田覆盖率约 40%。调研了解到，该水库近十年来经常面临无水可蓄的局面。

综上分析可见，"梯田覆盖率 40%"可作为基本遏制流域产沙的梯田覆盖率阈值。不过，在梯田覆盖率大于 30%后，位于丘 5 区的祖厉河流域减沙幅度偏小，这是因为丘 5 区泥沙主要产自沟谷。

样本流域的面积相差很大，为摸清面积差异对关系曲线的影响，在渭河的葫芦河流域和洮河下游，分别选择两组流域面积相差很大的二级支流，重新绘制了梯田覆盖率-减沙幅度关系图，结果表明，由于选用的指标均为相对值，流域面积大小对该响应关系并没有显著的影响，见图 5.14。

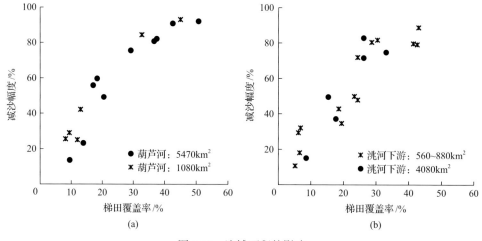

图 5.14　流域面积的影响

　　理论上，如果没有陡峭的沟谷，将全部丘陵都修成梯田，可以完全遏制流域产沙。但在现实中的流域中，或因坡度大于 25°，或因坡面面积过小，总有些不宜修梯田的坡面穿插分布，因此实际可能达到的梯田覆盖率均小于 60%，如庄浪县的堡子沟和赵墩沟、安定区秤钩河等已实现梯田化的模范小流域，目前的梯田覆盖率只有 55.2%、40.1% 和 46.0%。基于 DEM（空间分辨率 30m）和 2017 年梯田分布，对黄河潼关以上面积为 100~500km² 的 817 个小流域的梯田覆盖率进行了统计，结果表明，梯田覆盖率≥10% 的小流域共计 379 个，主要分布在子午岭以西地区，其中梯田覆盖率为 40%~50% 和 50%~60% 的小流域分别只有 29 个、3 个，占同规模小流域的 3.9%。

5.5　梯田对洪水含沙量的影响

　　梯田能够大幅减少流域产沙，但并不能有效降低流域洪水的含沙量。以早在 20 世纪 70 年代梯田覆盖率就已经达到 5.35%、2007 年达到 23.6% 的渭河散渡河流域为例，在林草植被几乎没有变化的 2007 年以前，尽管流域输沙量已大幅度减少，但流域的沙峰含沙量和汛期平均含沙量均无减少迹象，见图 5.15(a)。祖厉河情况也是如此[图 5.15(b)]，在林草植被覆盖状况变化很小的 2007 年以前，1979年和 2007 年的梯田覆盖率已分别达到 8.1% 和 23.2%，虽然该时期的输沙量大幅减少，但含沙量变化极小。

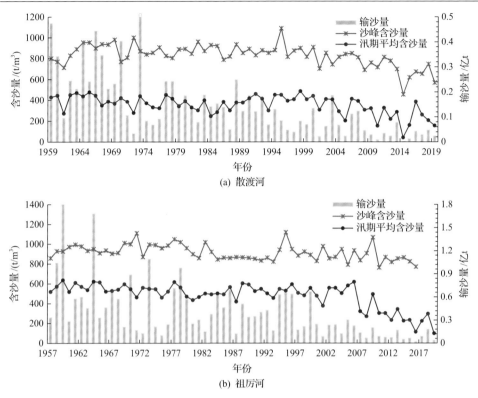

(a) 散渡河

(b) 祖厉河

图 5.15　典型支流沙量和含沙量变化

产生这种现象的原因,在于梯田能够把自身及其上方坡面的地表径流全部截留,能够出沟的地表径流几乎全部来自无梯田的坡面和沟谷。该现象从两条河流的产沙和产洪变化可以看出:在加速梯田建设步伐的 1998～2007 年,归一化输沙量和产洪系数的减幅几乎完全相同,见图 5.16。

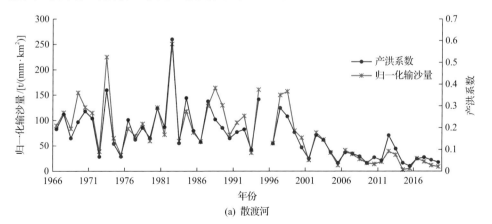

(a) 散渡河

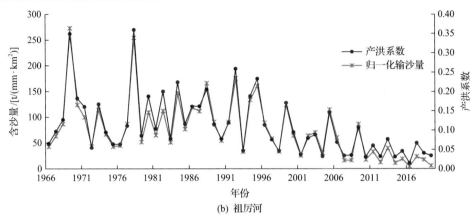

(b) 祖厉河

图 5.16　典型支流产洪产沙能力变化

2008 年以后，散渡河和祖厉河流域的林草植被出现明显改善，随之含沙量明显降低、产洪系数减幅小于归一化输沙量的减幅，这是因为改善林草植被难以消灭洪水，但可以大幅减少洪水的含沙量。有关植被变化对洪水及其含沙量的影响，将在随后两章分析。

第6章 植被变化对流域产沙的影响规律及阈值

20年退耕禁牧、40年农牧业人口结构调整和60余年水土流失治理，使黄土高原的植被覆盖状况在2000年以来得到快速和大幅改善，黄土高原入黄沙量也大幅减少。在此背景下，如何客观评价黄土高原林草植被变化对流域产沙的影响，成为近年广受关注的问题。

围绕黄土高原植被与土壤侵蚀的关系，已有大量研究成果。其中，在植被变化对坡沟侵蚀的影响规律和调控机制方面，已经取得的共识可概括为两方面(唐克丽等，2004；肖培青等，2016)：一是依靠植物叶茎及枯落物削减降雨动能、增大地表糙率和降雨入渗量等，削减地表径流量及其流速，二是通过植物根系固结和地表覆盖提高地表土壤的抗蚀力。在可遏制侵蚀的植被盖度阈值方面，焦菊英等(2000)认为，在十年一遇的暴雨条件和 20°～35°的坡度下，林地的有效盖度为57%～76%，草地为63%～83%。通过综合分析各位学者观测和分析成果，张光辉和梁一民(1996)、景可等(2005)认为，50%～60%的植被盖度能够稳定地减少泥沙，植被盖度大于70%后侵蚀极其微弱。

不过，以上成果多是基于坡面小区的观测数据提炼而成，反映的是植被变化对"本地"侵蚀强度的影响，而植被变化对流域产沙的影响范围不仅局限在"本地"，而且将通过改变地表径流的流量及其历时，改变其下游坡面-沟谷-河道的侵蚀(陈浩和蔡强国，2006；冉大川等，2010)，进而改变流域的产沙强度。此外，以往关注的目标是土壤侵蚀，而非流域产沙，侵蚀虽是产沙的前提，但流域侵蚀量往往大于流域产沙量。在坡面和沟道共存的流域尺度上，迄今为止研究文献不多，定量成果更少。

本书以黄土高原中小流域为样本，以流域产沙量为关注目标，通过对降雨、水沙和林草等数据的科学界定和处理，在流域尺度上分析林草覆盖变化对流域产沙的影响规律及其机制，提出可基本遏制流域产沙的林草覆盖阈值。

6.1 数据处理和样本流域

面对广大黄土高原，研究其林草植被覆盖变化与流域产沙的响应关系，需更关注影响流域产沙的最关键因素、兼顾次要或从属因素。因此，更加聚焦流域泥沙的产地，科学提取和定义降雨、产沙和植被等指标的内涵是本书的关键环节。

众所周知，林草地的面积、植被盖度和植被类型，是决定流域产沙强度的关键因素，尤以面积和盖度最为重要。任何改变植被的面积、盖度和类型的活动，都可能导致流域水土流失加剧或减缓。不过，如果林草植被的变化发生在流域内的城镇用地、土石山区、河川地和平原，显然对流域产沙影响甚微。因此，剔除此类地块后的其他地块，才是流域尺度上研究黄土丘陵沟壑区林草植被与产沙关系时最值得关注的区域，本书将其称为"易侵蚀区"。因此，本节采用的林草指标为"林草有效覆盖率 V_e"，流域产沙量指标为"产沙指数 S_i"，其内涵和计算方法见第 3 章。

　　流域产沙量（W_s）是计算"产沙指数"采用的主要因子，它是指把口断面实测输沙量、淤地坝和水库的拦沙量、灌溉引沙量的总和。从各水库的管理部门采集了水库的逐年淤积量数据。基于前期研究成果（刘晓燕和高云飞，2020），获取了各流域淤地坝在不同时段的拦沙量。样本流域的供水量很小，灌溉引沙量极少，可忽略。

　　采用的其他指标包括日降雨大于 25mm 的年降雨总量（P_{25}）、暴雨占比（P_{50}/P_{10}）、产洪系数 FL_i，其内涵及其计算方法见第 3 章。其中，样本流域每座雨量站的控制面积达到 200～350km^2；研究区的中东部和北部的多年平均暴雨占比（P_{50}/P_{10}）一般在 0.11～0.16、偶见 0.4～0.5，六盘山以西的渭河上游、祖厉河、洮河下游和清水河流域一般在 0.05～0.08，最西部的湟水流域只有 0.02～0.03。采用 P_{25} 计算产沙指数，并不意味着小于该量级的降雨对流域产沙没有贡献。王万忠（1983）认为，在黄土高原人工草地上，日降雨大于 10.9mm 的降雨即可引起侵蚀。不过，从流域尺度上看，日降雨大于 25mm 的年降雨总量对流域产沙更敏感（Liu et al.，2014）。而且，流域的 P_{25} 与 P_{10} 往往有非常好的呼应关系，以佳芦河为例，1966～2018 年，该流域年均 P_{25} 和 P_{10} 分别为 134mm 和 247mm，两者逐年的相关系数 R^2 高达 0.86。

　　黄土高原土壤侵蚀主要包括水力侵蚀、重力侵蚀和风力侵蚀等类型，水力侵蚀发生在降雨期间，但其他类型的侵蚀事件全年都有发生，其中许多重力侵蚀发生在暴雨过后的几天内；而且，在流域可能发生产沙事件的 5～10 月，林草植被盖度也相差很大。因此，采用场次降雨的降雨和产沙量数据，研究大空间尺度植被变化与流域产沙的关系，效果并不理想。考虑到本书着眼于从宏观上回答植被变化与流域产沙的关系，而非服务于场次降雨的产沙预报，因此采用的产沙量和输沙量均是流域把口断面全年沙量的总和，相应的降雨量指标也采用日降雨大于 25mm 的年降雨总量。

　　"产沙指数"和"产洪系数"概念的引入，使不同流域面积和不同降雨条件的流域有了统一的产沙、产洪能力评判标准，从而可弥补单个流域实测数据不足的缺陷。

　　本书旨在分析林草植被变化与流域产沙的关系，因此，需严格筛选样本流域，以尽可能减少其他因素的干扰，保证流域产沙量的变化是林草变化驱动的结果。筛选原则如下：

　　第一，流域内最好没有淤地坝和水库，或坝库拦沙量可准确获取，以尽可能掌握流域的真实产沙量。

第二，流域内没有冲积性河道，以尽可能减少河道冲淤对产沙量还原的影响。

第三，尽可能减少梯田的干扰。植被和梯田都是影响流域产沙的关键下垫面因素，因此，要构建植被与产沙的关系，样本流域应尽可能没有梯田或梯田极少。研究表明（刘晓燕等，2014a），当梯田覆盖率小于 3%～4% 时，梯田对流域产沙的影响不足 3%～4%。因此，在构建林草有效覆盖率与产沙指数的响应关系时，以"梯田覆盖率≤3%"为原则对样本进行了控制，并将梯田覆盖率等量计入林草有效覆盖率。

第四，样本流域的地表出露土壤应尽可能相同，并应根据地形特点，分组构建响应关系。

最终选用的 48 个样本流域，覆盖了研究区的大部分流域，见表 6.1。由表 6.1 可见，大部分流域的易侵蚀区面积在 2000km^2 以内。

表 6.1　样本流域概况

样本流域名称	流域面积/km^2	易侵蚀区面积/km^2	地形及沟壑特点	样本流域名称	流域面积/km^2	易侵蚀区面积/km^2	地形及沟壑特点
孤山川高石崖以上	1263	1192		湫水河林家坪以上	1873	1290	丘 1 区，沟壑密度 4.5～6km/km^2
清水川清水以上	735	735		屈产河裴沟以上	1023	856	
窟野河神木—温家川	1347	1306		延河枣园以上	719	700	
佳芦河申家湾以上	1121	1089		延河安塞以上	1334	1330	
大理河绥德—青阳岔	2633	2600		延河杏河以上	479	478	
无定河马湖峪以上	371	356	丘 1 区，沟壑密度 4.5～6km/km^2	云岩河临镇以上	1121	1075	
无定河殿市以上	327	327		云岩河临镇—新市河	541	540	丘 2 区，沟壑密度 3～4.5km/km^2
无定河李家河以上	807	770		北洛河张村驿以上	4715	4609	
无定河曹坪以上	187	171		北洛河吴起以上	3408	3366	
清涧河延川以上	3468	3414		北洛河志丹以上	774	762	
清涧河子长以上	913	903		泾河贾桥以上	2988	2923	
偏关河偏关以上	1896	1066		泾河板桥以上	807	792	
清凉寺沟杨家坡以上	283	283		汾河静乐以上	2799	2145	

样本流域名称	流域面积/km²	易侵蚀区面积/km²	地形及沟壑特点	样本流域名称	流域面积/km²	易侵蚀区面积/km²	地形及沟壑特点
汾河上静游以上	1140	804	丘2区，沟壑密度3~4.5km/km²	洮河尧甸以上	272	266	丘5区，沟壑密度2~3km/km²
泾河悦乐以上	528	528		洮河王家磨以上	464	285	
泾河袁家庵以上	1658	1320	丘3区，沟壑密度2~3km/km²	洮河三甲集以上	884	884	
渭河甘谷以上	2484	2325		马莲河下游	4621	3820	黄土塬区
渭河首阳以上	833	830		砚瓦川	329	193	
茹河彭阳以上	2144	1970		达溪河张河以上	1506	1230	
湟水桥头—朝阳	591	580	丘4区，沟壑密度2~3km/km²	洪河	1300	1080	
湟水傅家寨以上	1112	641		皇甫川皇甫以上（剔除长滩以上）	2549	2272	丘1区（砒砂岩区）
湟水吉家堡以上	192	115		皇甫川沙圪堵以上	1531	1216	
马莲河洪德以上	4640	4493	丘5区，沟壑密度2~3km/km²	皇甫川尔架麻	47.2	47.2	
马莲河城西川	77.6	77.6		窟野河转龙湾—王道恒塔区间		2200	丘1区（盖沙丘陵区）
大理河青阳岔以上	662	662		窟野河新庙以上		1450	
清水河折死沟	1782	1422		秃尾河高家堡		1103	
祖厉河会宁以上	990	960		西柳沟龙头拐以上		936	丘1区（砾质丘陵区）
祖厉河定西以上	791	700		罕台川瓦窑以上		732	
祖厉河秤钩河	118	118		毛不拉图格日格		845	
祖厉河安家沟	8.6	8.6		窟野河转龙湾以上		1556	
洮河李家村—红旗	5280	4080					
洮河临洮以上	582	566					

6.2 流域尺度上林草变化与流域产沙的响应关系

基于坡面小区上的观测数据（小区面积一般为5m×20m），前人将不同降雨条件下的实测侵蚀量与相应的植被盖度直接建立关系（焦菊英等，2000；唐克丽等，2004；景可等，2005），以认识植被变化对土壤侵蚀的影响规律。借鉴该思路，在流域层面上，我们可把流域的"易侵蚀区"视为"地表起伏明显的超大坡面"，然后，区分不同的雨强和地貌类型区，即可构建出流域尺度上易侵蚀区的林草有效覆盖率与流域产沙指数之间的响应关系。

6.2.1　黄土丘陵第 1～4 副区

　　图 6.1 给出了丘 1～3 区的样本流域在三种暴雨占比情况下的林草有效覆盖率-产沙指数响应关系，所用数据均为 1966～1999 年数据。三种暴雨占比大体为研究区汛期降雨的常见情况。为尽可能减少雨型和暴雨落区（涉及地形和土壤差异）对流域产沙的影响、凸显植被与产沙的关系，图中 85%的数据为 2～3 年数据的均值，其他为单年数值（均为暴雨占比约为 0.3 的情景，因为此类大暴雨年不多）；凡采用 2～3 年均值者，选用数据年份的暴雨占比均大体相同，且年份相距不超过6～8 年（以避免林草状况相差太大）。丘 3 区的暴雨占比总体较小，且早在 20 世纪 70 年代就已建成了大量梯田，60 年代以前无实测的林草有效覆盖率数据，因此，按"梯田覆盖率≤3%"的原则，可上图的数据不多。

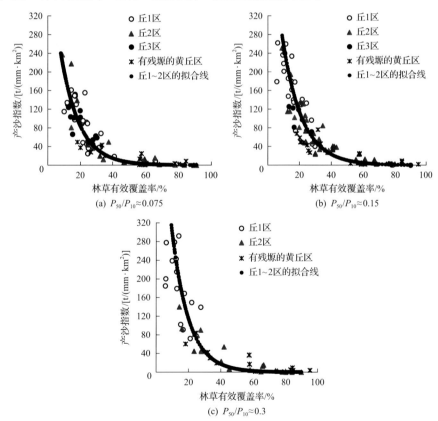

图 6.1　早期下垫面丘 1～3 区的林草有效覆盖率-产沙指数关系

　　由图 6.1 可见：尽管三个副区的地形有所不同，但相同林草覆盖状况下的产沙指数并无显著差异，该认识与汪丽娜等（2005）的研究成果基本一致——基于

1959～1969 年黄土丘陵区 20 多条支流的实测数据，发现各支流输沙量与流域起伏度未表现出趋势性的变化特征。唐克丽等(1994)在子午岭林区的研究也发现，当地表植被生长良好时，降雨、地形、坡度等因素对土壤侵蚀量的影响很小。

在泾河流域上中游和河龙区间南部的丘 1～3 区，还分布着一些面积不大的黄土残塬。以塬面面积占流域面积之比小于 10% 为原则，将此类支流的实测数据也点绘在图 6.1 中，结果表明，在流域尺度上，有残塬分布的黄丘区林草有效覆盖率-产沙指数关系与其他黄丘区并无明显差异。该结论与相关研究(刘晓燕等，2014b)基本吻合：当塬面占比小于 20% 时，黄土塬区的流域产沙驱动力将逐渐趋同于黄丘区。

2000 年以来，在自然修复为主、人工植栽为辅的模式下，黄土高原林草地的面积、盖度和类型都较 20 世纪后期发生了较大变化。同时，很多地区的梯田面积也大幅增加，这给在"梯田覆盖率≤3%"原则下绘制关系图带来困难。以图 6.1 中的拟合线为背景，区分梯田覆盖率小于 6% 和大于 15% 两种情况，将 2009～2018 年的实测数据点绘在图 6.2 中，并将横坐标改为"林草梯田有效覆盖率"。由图 6.2 可见，无论暴雨占比大小，2009～2018 年流域的林草梯田有效覆盖率与产沙指数之间的响应关系仍与图 6.1 相似。

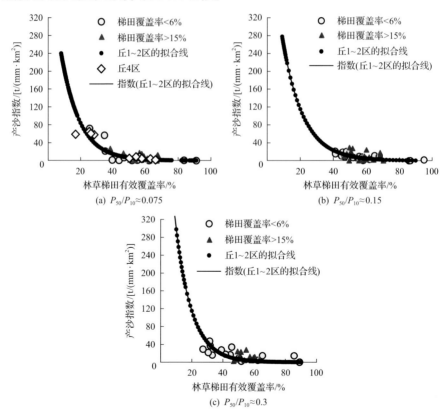

图 6.2　现状下垫面丘 1～3 区的林草梯田有效覆盖率-产沙指数关系

在丘 4 区，可利用的样本流域不多，且 2000 年以前的水库拦沙量和梯田数据匮乏，因此仅提取了该区 9 对可靠的数据，见图 6.2(a)。由于丘 4 区的地形和土壤等要素与丘 1～3 区相近，只不过海拔更高、暴雨更少，故其林草梯田有效覆盖率与产沙指数的关系趋势与丘 1～3 区并无二异。

在分析了地形和植被格局对林草有效覆盖率-产沙指数关系影响的基础上，严格遵照"梯田覆盖率小于 3%"的原则，进一步细分不同的暴雨占比情景，分别选用了 121 对、111 对、77 对和 69 对数据，重新点绘了不同雨强情况下的林草有效覆盖率-产沙指数关系线，结果见图 6.3。图 6.3 中的林草有效覆盖率 V_e 范围为 5.7%～95%，梯田覆盖率已等量计入"林草有效覆盖率"。对于暴雨占比为 0.38～0.67 的高雨强情景，因可利用的数据年份少，所以 69 对数据均为单年的数值，导致雨型和降雨落区的影响难以削弱、点据略显散乱。对于暴雨占比为 0.28～0.32、0.14～0.24 和 0～0.09 的三种情景，采用单年数据的比例分别为 33%、29% 和 8%，其他为 2 年或 3 年的均值(但样本年的暴雨占比相近)，因此点群越来越收敛。由图 6.3 可得到如下结论。

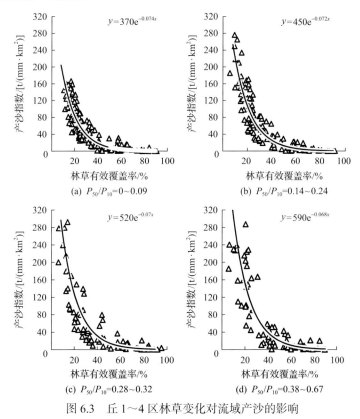

图 6.3　丘 1～4 区林草变化对流域产沙的影响

(1)在流域尺度上，产沙指数 S_i 随林草有效覆盖率 V_e 的增大而减小，二者呈

指数相关，即

$$S_i = a \times b^{-b \times V_e} \tag{6.1}$$

式中，a 和 b 为与雨强、土壤和地形有关的参数。

黄丘区是以水蚀为主的地区，坡面流是产沙的主要驱动力和输沙动力 (张光辉，2018)。通过不同坡度和不同流量的 162 组室内水槽试验，张旭等 (2018) 和孙一等 (2019) 发现，植被盖度越大，流速越小，坡面流的流速与植被盖度呈指数关系，该结论与本书图 6.3 揭示的现象基本吻合。

(2) 在 V_e=5.7%～20% 范围内，在相同的林草覆盖状况下，S_i 的变幅较大，之后逐渐收敛，这与 Rogers 和 Schumm (1991) 的试验结果基本一致。事实上，即使在面积不大的同一流域内，相同植被状况下的产沙量有时也相差 30%～50%。产生该现象的原因与降雨的雨型和落区 (地形差异) 有关：当植被较好时，雨型和地形的影响会被"掩盖"。

由此可知：若林草植被对地表的覆盖程度达不到 20% 以上，改善植被对遏制流域产沙的作用是不稳定的。大量野外考察看到，在年降雨量不足 450mm 的黄土丘陵上，树龄数年甚或十多年的人工乔木，其叶冠对地表的 (正投影) 覆盖度大多不足 20%，少量可达 30% 以上。对于这样的乔木，如果没有水平沟或鱼鳞坑，其自身的减沙作用是有限的。

(3) 在 V_e≤40%～45% 范围内，S_i 随 V_e 增大而迅速降低；但当 V_e 大于 40%～45% 后，S_i 随植被改善而递减的速度变缓。V_e 大于 60% 后，75% 的样本点的 S_i 值已不足 7t/(km²·a)。由此可见，对于原本植被稀疏、水土流失严重的黄土丘陵区，改善植被覆盖程度后，最引人注目的减沙效应实际发生在林草有效覆盖率由 20% 增加到 45% 的时间段，该结论恰可解释 1998 年以来黄河泥沙锐减的原因。以梯田不多的河龙区间黄丘区和北洛河上游为例 (该区产沙约占黄土高原入黄沙量的 60%)，1998～2010 年的十多年，恰是林草植被快速改善的时段，其林草有效覆盖率由 23% 增加到 42%～50%，相应地，两区输沙量也在该时期急剧下降，见图 6.4。

以上采用的植被指标主要反映了林草地盖度和面积的综合情况。毋庸置疑，植被类型及其结构也是影响流域产沙的重要因素，进而影响散点图的收敛程度。图 6.2 虽做了一些分析，但在近年的样本流域中，很难找到 V_e<30% 的情景。因此，大空间尺度上，如何利用改进 V_e<30% 时的散点图，仍需进一步研究。

图 6.3 揭示的易侵蚀区林草有效覆盖率-产沙指数关系，与唐克丽等 (1994) 及卢金发和黄秀华 (2004) 等在流域尺度上得到的认识定性一致。基于子午岭周边支流的 11 组实测数据，唐克丽点绘了输沙模数与森林覆盖率的关系，见图 6.5。利用 TM 影像获取的植被盖度 (含耕地植被) 和流域输沙量数据，卢金发点绘了黄河中游不同地貌类型区植被盖度与产沙模数的关系，见图 6.6。由图 6.5 和图 6.6 可见，当植被覆盖率大于 70% 以后，流域产沙量都很小。不过，本书引入

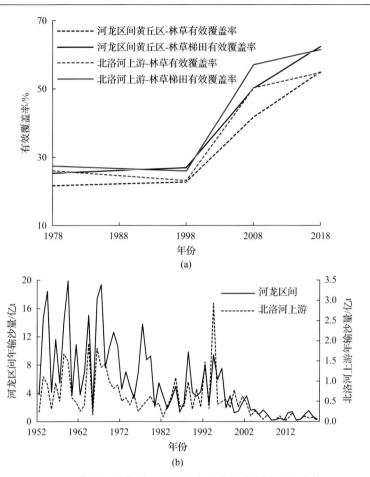

(a)

(b)

图 6.4　典型区林草梯田覆盖程度变化及实测输沙量变化

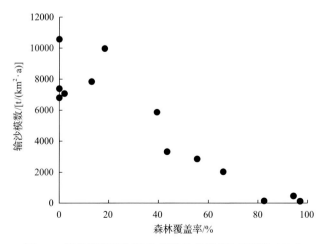

图 6.5　森林覆盖率与输沙模数的关系(唐克丽等, 1994)

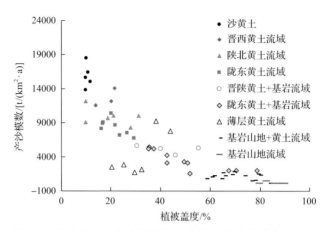

图 6.6　植被盖度与产沙模数的关系(卢金发和黄秀华, 2004)

了"产沙指数"概念，还原了支流产沙量，严格控制了梯田规模，并将数据采集限制在黄土丘陵区，并在计算林草有效覆盖率时剔除了产沙强度很低的河川地、平原区、土石山区和建设用地的植被，因而能够更凸显各支流水土流失区林草植被状况与产沙的关系，且适用范围可涵盖以草本植物和灌木为主的多沙粗沙区。

　　以上结果也与前面给出的小区观测结果定性一致。事实上，前人采用的"林草植被盖度 V_c"与本书采用的"易侵蚀区林草有效覆盖率 V_e"本质内涵相近，只不过，林草植被盖度对应的是坡面尺度，林草有效覆盖率对应的是流域尺度。如果流域易侵蚀区内没有耕地，则"易侵蚀区林草有效覆盖率"就是该流域的"林草植被盖度"。

　　子午岭次生林区的变迁生动地诠释了流域侵蚀产沙与植被变化的响应关系。据唐克丽等(1994)的研究，1866 年以前，该区垦殖指数高达 25%～30%，其侵蚀模数为 8000～10000t/($km^2 \cdot a$)；1866 年以后，由于大量人口外迁，植被逐渐恢复并形成现在的次生林，结果使位于子午岭核心区的葫芦河流域年均侵蚀模数不足 120t/($km^2 \cdot a$)(1959～2012 年)。郑粉莉等(1994)在子午岭林区的观测结果甚至表明，由于径流量小且过程平缓，林地的沟间地径流下沟对沟谷产沙几乎不产生影响。

　　若将图 6.3 中的 4 条拟合线绘制在同一图内,结果发现(图 6.7)：当 $V_e \leqslant 40\%$～50%时，暴雨占比越大，相同植被状况下的 S_i 越大；但当 $V_e > 40\%$～50%后，4 条线的差别逐渐变小。由此可见，雨强对流域产沙的敏感度与植被状况有关，植被越好，产沙对雨强越不敏感。

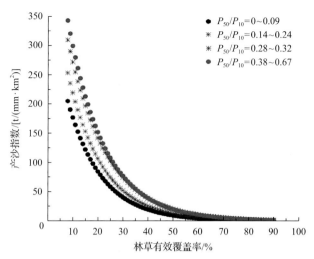

图 6.7 暴雨占比对林草有效覆盖率-产沙指数关系的影响

6.2.2 黄土丘陵第 5 副区和黄土高塬沟壑区

以图 6.3 的拟合线为背景,图 6.8 给出丘 5 区在不同暴雨占比下的林草梯田有效覆盖率-产沙指数关系。因样本流域不多,所以图中包括了流域梯田覆盖率大于 3%时的数据,因此横坐标改为"林草梯田有效覆盖率"(图中凡 V_{et} 大于 60%者,梯田覆盖率均大于 15%)。分析图 6.8 可见:丘 5 区林草梯田有效覆盖率 V_{et} 与产沙指数之间也呈指数关系;当 V_{et} 小于 45%~50%时,S_i 随 V_{et} 增大而迅速减小,之后 S_i 趋于稳定。

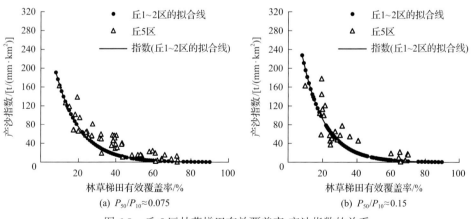

(a) $P_{50}/P_{10} \approx 0.075$ (b) $P_{50}/P_{10} \approx 0.15$

图 6.8 丘 5 区林草梯田有效覆盖率-产沙指数的关系

值得注意的是,在林草梯田有效覆盖率相同情况下,丘 5 区的产沙指数总体偏大,尤其当暴雨占比低时这一现象更突出。产生该现象,与丘 5 区独特的地形和产沙机制有关:该区沟壑密度虽然与丘3~4区相似,但地形差别很大,大体是黄土丘陵和黄土台塬的结合产物,地表光滑的黄土丘陵群包围着一片黄土盆地或阶地是其地形特点;丘5区泥沙不仅产自周边丘陵,而且相当部分泥沙源自黄土盆地的河(沟)岸崩塌或滑坡,后者产沙量占比高达30%~67%;从支毛沟,到干沟和河道,随着汇入水量的增加,产沙强度逐级增大。实地考察看到,即使是流量不大的水流,也能引起沟(河)道的扩张和下切。

仍然利用图6.8的数据,把丘5区不同暴雨占比的数据点绘在一张图上,结果(图6.9)可见,暴雨占比似乎对其林草有效覆盖率-产沙指数的关系影响不大。产生这种现象的原因可能与该区产流产沙的特点有关:丘5区径流主要产自掌地或盆地周边的黄土丘陵,因风蚀强度更大,所以该区的黄土丘陵地表非常光滑,远比地表粗糙的丘1~4区更易产流,见图6.10和图6.11;与丘1~4区相比,丘5区沟壑及河床产沙占比更大,如清水河折死沟的沟床产沙可占流域沙量的2/3。据对地处丘5区的会宁的调研了解到,沟床或河床里很小的径流都可引起岸边崩塌,这种现象在丘1~4区很少出现。

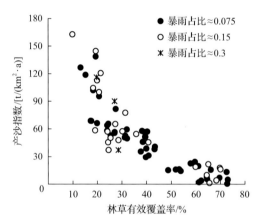

图6.9 丘5区不同暴雨占比对林草有效覆盖率-产沙指数关系的影响

图6.10 丘5区的丘陵地表

图6.11 丘1区的丘陵地表

与丘 5 区相比，黄土高原沟壑区的产沙更加集中在沟壑，如南小河沟流域的沟壑产沙占比达 87%。图 6.12 是黄土高原沟壑区林草梯田有效覆盖率-产沙指数的关系，图中暴雨占比均为 0.15～0.3，黄土塬区的样本流域主要取自泾河流域的中游地区。由图 6.12 可见，黄土塬区林草梯田有效覆盖率-产沙指数的关系与丘 5 区相似，但相同覆盖情况下的产沙指数似乎更高，尤其在林草梯田有效覆盖率大于 50%后。

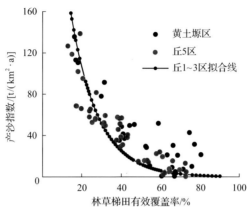

图 6.12　黄土塬区林草梯田有效覆盖率-产沙指数的关系

在林草梯田有效覆盖率高达 60%～80%的黄土塬区，产沙指数仍达高居不下，其原因很可能与该区城镇化程度更高、道路网更发达有关：理论上，地表硬化面积占比越大，径流系数越高，而黄土塬区沟壑产沙的动力主要取决于河川径流量的大小。由此预示，尽管以往黄土塬区的产沙指数低于黄丘区，但因生产生活条件更好、城镇化程度更高，若不能加大当地径流的利用程度，黄土塬区的产沙指数很难进一步降低。

深入分析图 6.12 发现，由于丘 5 区地形介于黄土塬区和丘 1～3 区之间，既有黄土丘陵，也有平原深沟，当林草梯田有效覆盖率大于 50%后，丘 5 区的产沙指数也介于二者之间。

6.2.3　粗泥沙产区

大量实测数据表明，黄河宁蒙河段和下游河床的淤积物，主要为粒径大于 0.05mm 的粗泥沙；粒径大于 0.1mm 的粗泥沙更容易淤积。按照侵蚀模数大于 5000t/(km²·a)、粒径大于 0.1mm 的粗泥沙输沙模数大于 1400t/(km²·a)的原则，从服务于黄河下游河道减淤角度，水利部黄河水利委员会(2013)定义的粗泥沙集中来源区面积为 1.88 万 km²，范围涉及皇甫川、清水川、孤山川、石马川、窟野河、秃尾河、佳芦河、无定河和延河 9 条支流。不过，以上界定偏重考虑泥沙对黄河下游的影响(未考虑入黄泥沙对黄河宁蒙河段的影响)以及输沙模数，因此泥沙更粗的十大孔兑和窟野河上游并未纳入"粗泥沙集中来源区"。

本章的研究目的，在于揭示不同地貌类型区的植被-产沙规律。从地表土壤角度，我们将黄河主要产沙区划分成两大类，一是黄土覆盖区，如前面所述的黄土丘陵区和黄土塬区；二是粗泥沙产区，涉及地表物质主要为风沙、砂砾石和砒砂岩的地区，如十大孔兑、皇甫川的纳林川、窟野河上游和秃尾河上中游等。由表 6.2 可见，这些支流的泥沙粒径远大于其他地区。从地表物质种类角度考虑，粗泥沙产区包括盖沙丘陵区、砾质丘陵区、砒砂岩区，其空间分布见图 3.15。

表 6.2　黄土高原粗泥沙产区典型支流的悬移质泥沙粒径(1966～1985 年)

河流名称及其 水文断面	大于某粒径的重量占比/%		河流名称及其 水文断面	大于某粒径的重量占比/%	
	大于 0.05mm	大于 0.1mm		大于 0.05mm	大于 0.1mm
西柳沟*	97～98	90～95	无定河青阳岔	41.0	17.0
窟野河王道恒塔	60.6	41.2	孤山川高石崖	37.4	15.1
皇甫川皇甫	50.2	36.1	无定河丁家沟	44.0	14.4
秃尾河高家川	54.3	26.9	无定河白家川	35.9	9.3
窟野河新庙	38.6	25.1	无定河绥德	31.0	6.0
佳芦河申家湾	44.3	21.8			

*十大孔兑的 3 座水文站未开展悬移质泥沙粒径测验，表中的西柳沟数据系参考相关文献(王普庆和侯素珍，2020)的估算值。

盖沙丘陵区和砾质丘陵区的支流不多，有水文站且坝库逐年拦沙量可还原者更少，表 6.1 是本章选用的样本流域。实地考察了解到，这两类地区有一个共同特点：区内人口稀少，故耕地极少，梯田更少，因此该区产沙环境的可变化因素主要为植被。

图 6.13 和图 6.14 分别是盖沙丘陵区和砾质丘陵区的林草有效覆盖率-产沙指

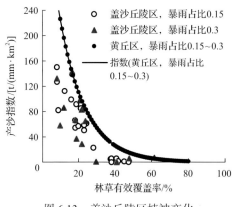

图 6.13　盖沙丘陵区植被变化
对流域产沙的影响

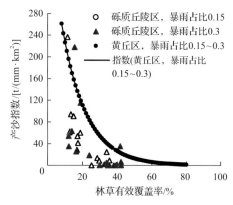

图 6.14　砾质丘陵区植被变化
对流域产沙的影响

数的关系，图中的黑色实线是丘 1～3 区的关系线；因所有数据均为单年数据，难以弥补降雨落区的影响，所以点落稍显散乱。由图 6.13 和图 6.14 可见，在相同林草有效覆盖率情况下，两个类型区的产沙指数均明显小于黄土丘陵区；当林草有效覆盖率大于 40%～45%后，两个类型区的产沙指数均趋于零。也就是说，对于此类地区，通过改善植被覆盖状况，可以更迅速减少流域产沙量。

位于典型砒砂岩区的皇甫川西部，其植被变化和流域产沙的响应规律与盖沙或砾质丘陵区差别很大，见图 6.15，图中最下方的黑色实线是丘 1～3 区的关系曲线（暴雨占比≈0.24）。由图 6.15 可见，在相同的林草有效覆盖率情况下，砒砂岩区的产沙指数均大于黄土丘陵区，因此更大于盖沙丘陵区和砾质丘陵区的产沙指数。对比图 6.13～图 6.15 可见，在盖沙丘陵区和砾质丘陵区，当林草有效覆盖率达到 45%左右时，产沙指数几乎低至零；但在砒砂岩区，产沙指数趋于零时的林草有效覆盖率约为 80%。

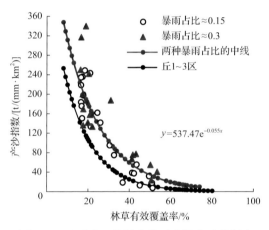

图 6.15　砒砂岩区植被变化对流域产沙的影响

同属粗泥沙产区，盖沙丘陵区、砾质丘陵区和砒砂岩区改善植被的减沙效果差别很大，原因可能是地表土壤的黏性矿物含量不同。

众所周知，高含沙洪水与普通挟沙水流的核心区别是，前者属宾厄姆流体，后者属牛顿流体；与普通水流相比，高含沙洪水具有更大的输沙能力。王兆印和钱宁(1984)的试验表明，导致水流由牛顿流体转变为宾厄姆流体的关键是黏性矿物含量。对野外取样的检测表明，白色砒砂岩、紫红色砒砂岩和黄土的黏性矿物含量分别为 20%～28%、20%～50%、11%～21%，即砒砂岩的黏性矿物含量远大于黄土。因此，砒砂岩裸露面积较大的河流更容易形成高含沙洪水；而且，由于高含沙洪水的输沙能力更强，故砒砂岩区洪水的含沙量更高。例如，在坝库较少的 1956～1969 年，皇甫川的沙峰含沙量平均为 1340kg/m³，而孤山川和无定河的黄丘区、清涧河及延河等支流平均为 1000kg/m³ 左右。

与砒砂岩迥然不同，风沙和砂砾石几乎不含黏性矿物。因此，对于纵比降较大的河流（如十大孔兑），虽然暴雨能够导致产生含沙量很大的洪水，但其水流特性仍属于牛顿流体，故其泥沙很容易在输送过程中沉积。王普庆和侯素珍（2020）认为，西柳沟孔兑上游所产泥沙，只有一半左右能够输送到下游的龙头拐水文站；通过对比上游丘陵区的淤地坝控制区产沙模数和无控区产沙模数，刘晓燕等（2018a）发现，淤地坝控制区产沙模数均远大于无控区。

6.3　植被改善对流域产沙的削减机制

6.3.1　植被改善对流域产洪的影响

黄土高原侵蚀类型包括水力侵蚀、重力侵蚀、风力侵蚀等，但水力侵蚀是流域产沙的主要原因。水力侵蚀主要发生在较大的场次降雨期间，由洪水将泥沙携带出流域。因此，为深入认识黄土丘陵区植被变化对流域产沙的影响机制，需要对植被变化对洪水及其含沙量的影响进行深入分析。

我们采集了图 6.3 中各样本流域在 6～9 月的洪量数据，直接构建了林草有效覆盖率变化与流域产洪系数的响应关系，结果见图 6.16。对比图 6.3 和图 6.16可见：

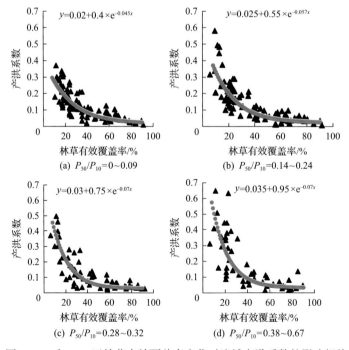

图 6.16　丘 1～4 区林草有效覆盖率变化对流域产洪系数的影响规律

（1）随着林草有效覆盖率的增大，流域的产洪系数也呈指数降低。

（2）产洪系数随植被改善而降低的幅度明显小于产沙指数的降幅。以 P_{50}/P_{10} 为 0.14～0.24 的情景为例，当 V_e 由 15% 增加到 50% 时，流域的产沙指数降低 92%，但产洪系数仅降低 78%，这意味着植被改善对洪水的影响小于对沙量的影响。

（3）仅靠改善林草植被，并不能消灭流域的洪水。与图 6.3 相似，在 $V_e \leqslant 40\%$～45% 范围内，产洪系数随 V_e 增大而迅速降低；$V_e > 40\%$～45% 后，产洪系数随植被改善而递减的速度变缓。不过，即使林草有效覆盖率大于 60%，流域的产洪系数仍然较高，这与产沙指数的情况明显不同。由此可见，仅靠改善林草植被并不能消灭流域的洪水，因此也难以遏制以沟壑产沙为主的丘 5 区产沙。

以水库、淤地坝和梯田数量极少为原则，选择相关支流，点绘汛期沙峰含沙量（即年最大含沙量）、汛期平均含沙量与同期林草覆盖程度的关系，见图 6.17。由图 6.17 可见，随着林草覆盖程度的提高，汛期平均含沙量和沙峰含沙量均大幅降低，其中汛期平均含沙量与林草有效覆盖率之间呈指数关系，汛期沙峰含沙量与林草植被盖度之间则呈线性负相关。该现象与许炯心（1999a, 1999b）的研究结果基本一致，即高含沙水流的含沙量随林草有效覆盖率的增加而显著降低，不过，即使林草植被盖度达到 60%～70%，黄土高原支流洪水沙峰含沙量仍将达到 600～700kg/m³。以源自黄龙山次生林区的云岩河和仕望川为例，20 世纪后期两支流林草植被平均盖度一直高达 80%～90%，但同期洪水沙峰含沙量仍达 500～600kg/m³。2013 年，皇甫川、佳芦河、延河和清涧河等支流的林草植被盖度分别为 46%、56%、72% 和 66%，但在遭遇大暴雨的 2012 年和 2013 年，尽管年输沙量大幅减少，但洪水沙峰含沙量仍分别达 774kg/m³、784kg/m³、456kg/m³ 和 598kg/m³。事实上，林草植被是通过对洪水含沙量和洪量的双削减，实现最终减沙。

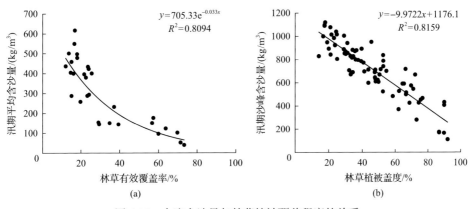

图 6.17　水流含沙量与林草植被覆盖程度的关系

植被类型对含沙量影响似乎不明显。图 6.17 中林草有效覆盖率达到 50% 以上或林草植被盖度大于 80% 的点据主要来自森林区支流，其他点据的流域植被则以灌草为主，但其点据仍服从原点群的趋势。

对比图 6.3、图 6.16 和图 6.17 可见，随着林草有效覆盖率的增大，流域产洪量和洪水含沙量均逐步减少。正是由于流域产洪量和洪水含沙量的共同减少，植被覆盖程度-产沙关系曲线的斜率才更大。

6.3.2　植被对坡面流影响的试验研究

考虑到地表径流是侵蚀产沙的主要动力，我们通过室内概化水槽试验和野外试验，进一步认识植被盖度变化对地表径流的影响。

1. 试验设置及测量方法

概化水槽试验系统由蓄水池、进水口及变坡水槽构成，见图 6.18。其中，变坡水槽长 8m，宽 0.5m，高 0.4m，坡度可在 5°～30°调节。在水槽中以梅花形方式均匀粘贴仿真草来模拟贴地植被。试验共设计了 10°、20°、25° 3 种坡面坡度、6 个流量级(流量范围为 0.283～1.058L/s)和 0%～80% 9 种植被盖度。坡度、流量和盖度的相互组合，形成了 162 组试验。试验由上至下等距布置了 7 个观测断面，测量流量、水深和流速。

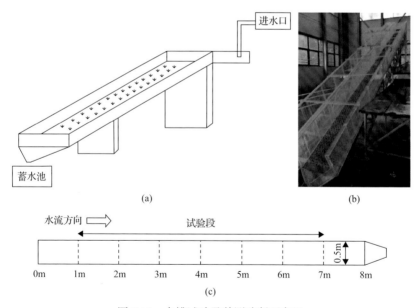

图 6.18　水槽试验及其测验断面布置

大量实地考察表面，黄河主要产沙区的天然植被多为灌草植物，一簇一簇地生长，随机分布，且具有一定的贴地效果；当覆盖度较大时，各簇之间相互遮蔽，见图 6.19。为此，概化试验采用仿真草(图 6.20)来模拟野外的林草植被。

(a) 岔巴沟，丘1区

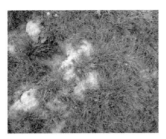
(b) 马坊川，丘2区

(c) 无定河源头，丘5区

图 6.19　不同地区的坡面植被情况

图 6.20　室内水槽试验采用的仿真草

　　将仿真草粘贴在水槽床面上，以仿真草所覆盖的面积占整个床面的比例作为植被盖度。采用近景摄影测量法计算植被盖度：先取得植被覆盖的数码照片，然后通过设定红、绿、蓝三原色的阈值来提取照片上的植被像素点，照片上的植被像素点占照片总像素点数的百分比即为此区域的植被盖度。当植被盖度小于某一覆盖度时（本试验为 22%），各株植被间不交叉，当超过这一盖度时，各株植被之间就存在相互遮蔽的现象。不同盖度的仿真草布置见图 6.21。

(a) 15%

(b) 30%

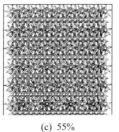
(c) 55%

(d) 80%

图 6.21　不同盖度的仿真草布置示意图

　　野外试验在西峰南小河沟试验场进行。选择坡度为 15°的自然坡面,将其划分为多个 1m 宽、20m 长的坡道,每个坡道上预先种植不同盖度的苜蓿或小麦,苜蓿盖度为 0%～100%、小麦盖度为 30%～75%。设置 6 个流量级(流量范围为 0.139～1.389L/s),对应的雨强为 4.2～41.7mm/10min(即假设所有雨量均转化为径流)。试验共计进行了 48 组坡面径流冲刷组次。在坡道上由上至下等距布置 5 个观测断面,测量流量、水深及流速,从上端放清水、在坡面出口处取样测量平均含沙量,见图 6.22。

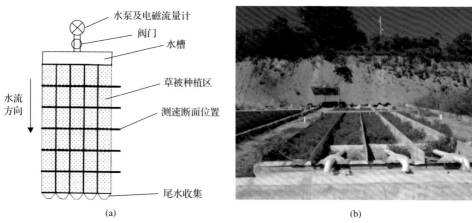

图 6.22　试验小区示意图及照片

　　采用电磁流量计与质量法相结合测量流量,采用染色剂法测量表面流速,进而将其换算成平均流速(根据流量水深反推平均流速后,得到修正系数为 $\alpha\approx0.55$),采用测针测量各断面的水深,取 3 次测量结果的平均值。含沙量采用比重瓶法测定,每 3min 采集 1 次浑水样本,每组次试验共采集 6 次浑水样本。

2. 试验结果

　　植被不仅杆茎会阻水,叶片也具有一定的阻水效果。观察发现,在盖度小于 22%时,各株叶片之间没有相互遮盖,水流被各株植被分割后在前后相邻两株间形成凸起,阻碍流线的平顺性(图 6.23)。当盖度大于 22%后,由于各株之间叶片相互遮蔽,水流穿行于株间叶片之间甚至从叶片上翻过,并在叶片振动的影响下产生气泡,从而进一步增大了掺混作用。

　　图 6.24 是概化水槽试验得到的坡面流速随植被盖度变化的关系。由图 6.24 可知,随着植被盖度的增加,3 种坡度下坡面水流的平均流速均呈现出非线性的降低趋势。当植被盖度小于 15%时,流速对植被盖度的变化响应不明显,相反受流量(Q)影响更大;当植被盖度为 15%～70%时,随着植被盖度增大,流速显著减小,且流速梯度逐渐减小,受流量的影响也逐渐减小;当植被盖度达 70%后,

流速变化不大。

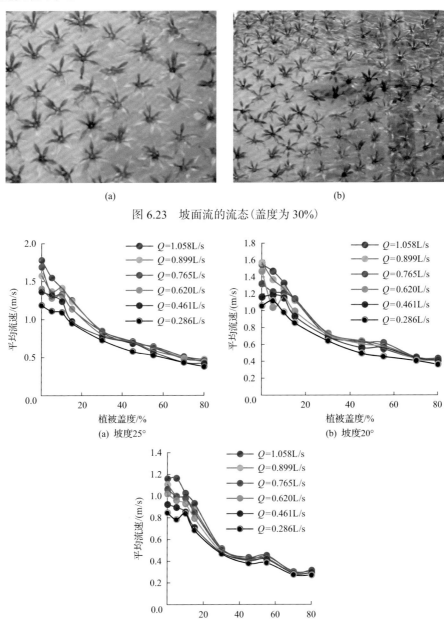

(a)　　　　　　　　　　(b)

图 6.23　坡面流的流态(盖度为 30%)

(a) 坡度25°

(b) 坡度20°

(c) 坡度10°

图 6.24　植被盖度对坡面流速的影响(概化水槽试验)

　　野外试验的结果与概化水槽试验结果基本一致(图 6.25)：随着植被盖度的增加，流速均呈减小趋势。但是，野外试验的流速减幅小于水槽试验。当植被盖度大于 60%后，流速几乎不再随植被盖度的增大而减小，随植被盖度从 60%增大到 100%，流速减幅仅为 6%。水槽试验和野外试验存在差异的原因，可能主要在于地表物质的不同。

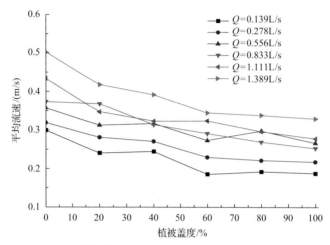

图 6.25　植被盖度对坡面流速的影响(野外小区试验)

我们知道，水流流速(v)是流量、坡降和阻力的函数，即"$v = kQ^{\alpha}J^{\beta}$"，其中的 k、α、β 与阻力有关。对 48 组野外径流试验中测得的流速进行非线性回归，可得到试验条件下的流速公式：

$$v = 4.02\mathrm{e}^{-0.68V_{c}}Q^{0.22}J^{0.4} \tag{6.2}$$

式中，J 为坡降。

以上水槽试验和野外小区试验的结果都说明：

(1)在一定流量和坡降情况下，坡面流速与植被盖度呈指数函数关系，植被盖度越大、流速越小，该关系形式与图 6.3 完全一致。

(2)在植被盖度小于 60%～70%时，增加植被盖度可有效降低坡面流速。

(3)植被盖度大于 60%～70%后，流速随植被盖度的增大而减小的幅度极小，即 60%～70%大体是植被盖度变化影响流速的阈值。

植被盖度增加会加大水流与植被的接触面积。坡面水流直接撞击植被会引起局部壅水、水跃和掺气，这些都会消耗水流的能量，增大水流阻力。本书采用 Darcy-Weisbach 阻力系数 f，计算公式为

$$f = 8gRJ_{0}\big/v^{2} \tag{6.3}$$

式中，g 为重力加速度，m/s^2；R 为水力半径，m，可近似采用水深；J_0 为水流能坡。

图 6.26 是坡面水流阻力系数与林草植被盖度的响应关系。由图 6.26 可见，阻力系数总体随着林草植被盖度的增大而增大；当林草植被盖度小于 15% 时，阻力系数增大的幅度很小，且受流量的影响也很小。当林草植被盖度大于 55% 后，阻力系数大幅增加；当林草植被盖度达到 70% 以后，阻力系数的增长幅度明显变缓，甚至不再增加。

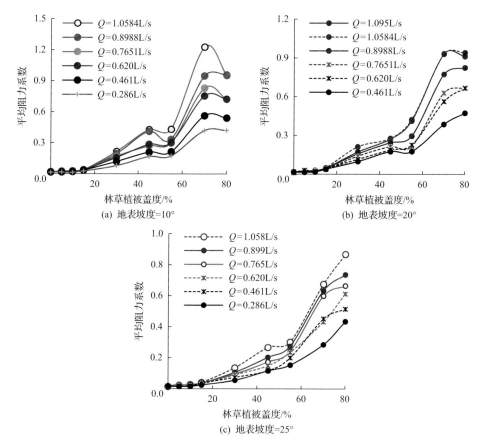

图 6.26　植被盖度变化对地表阻力的影响(概化水槽试验)

图 6.27 是野外小区的试验结果。由图 6.27 可见：不论是苜蓿还是小麦，随着林草植被盖度增大，含沙量呈减小趋势。当林草植被盖度达到 60% 时，含沙量几乎为 0，即坡面基本没有产沙，该结果与图 6.3 有所区别，原因是小区试验没有考虑降雨击溅和沟谷重力侵蚀。

6.3.3　植被对产沙影响的理论分析

以上分析可见，林草植被改善是通过对流域产洪量和含沙量的共同减少以及坡面阻力的增大，实现对流域产沙量的削减。削减洪水和增大阻力均将导致黄丘区水蚀动力降低，而含沙量降低则是地表物质补给困难的直接反映。

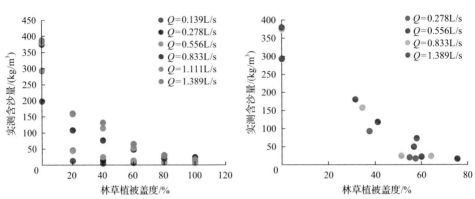

(a) 苜蓿　　　　　　　　　　　　　　(b) 小麦

图 6.27　不同流量下平均含沙量随林草植被盖度变化

　　为进一步认识植被改善对流域产沙的影响，以下借鉴河道输沙率的概念，采用前面所述的野外试验数据，对植被变化与坡面输沙率之间的关系进行分析。采用无量纲数输沙强度 Φ 来表示输沙率 g_b：

$$\Phi = \frac{g_b}{\gamma_s}\left(\frac{\gamma}{\gamma_s - \gamma}\right)^{1/2}\left(\frac{1}{gD^3}\right)^{1/2} \tag{6.4}$$

式中，Φ 为输沙强度，无量纲；g_b 为输沙率，kg/s；g 为重力加速度，m/s^2；γ_s、γ 分别为泥沙、水的容重，N/m^3；D 为泥沙粒径，mm。

　　根据 Einstein 泥沙运动理论，床面泥沙的运动—静止—再运动，构成了泥沙运动的全过程，输沙率实际上取决于泥沙颗粒在床面上停留时间的长短。对于一定沙粒而言，其进入运动状态或沉积下来的概率在床面各处都是相同的。任意沙粒在两次连续沉积之间的平均运动距离(λD，$\lambda \approx 100$)取决于沙粒的大小、形状，与水流条件无关，其中 λ 是泥沙运动的步长和粒径的比值。因此，输沙强度公式可写成：

$$\Phi = \frac{P}{A^*(1-P)} \tag{6.5}$$

式中，A^* 为泥沙颗粒的形状参数；P 为泥沙运动的概率。

　　坡面上的植被可能阻挡、拦截处于运动状态的泥沙，迫使其停留下来，从而改变泥沙运动、沉积的概率。考虑相邻 4 个植株的一块局部床面(图 6.28)，相邻植株的平均间距为 l_1，株间空隙距离为 l_0，植株的平均株径为 D_v，则该局部床面的林草植被盖度 $V_c = \frac{1}{4}\pi D_v^2 / l_1^2$。

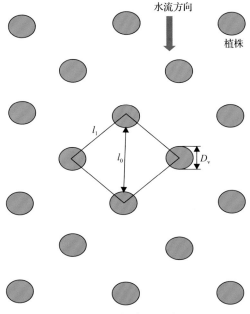

图 6.28 局部床面示意图

令 $\eta = D_v/D$ 为植株与泥沙颗粒的相对大小，则有

$$l_1 = \sqrt{\frac{\pi}{4V_c}}\eta D \tag{6.6}$$

$$l_0 = \left(\sqrt{\frac{\pi}{2V_c}} - 1\right)\eta D \tag{6.7}$$

令 $\lambda_0 = \left(\sqrt{\dfrac{\pi}{2V_c}} - 1\right)\eta$，则 $l_0 = \lambda_0 d$。

（1）若 $l_0 \geqslant \lambda D$，说明泥沙颗粒在一个运动—沉积周期中不会因碰到植被而被迫停下，即输沙率仍可按式(6.5)计算。

（2）若 $l_0 < \lambda D$，说明泥沙颗粒在一个运动—沉积周期中会因碰到植被而停下，也就是说沙粒两次连续沉积之间的平均运动距离应用 l_0 代替。那么，单位面积泥沙沉积率为 $g_b(1-P)/l_0$，冲刷率为 $\dfrac{\lambda}{A^*}P\gamma_s g^{\frac{1}{2}}D^{\frac{1}{2}}\left(\dfrac{\gamma_s - \gamma}{\gamma}\right)^{\frac{1}{2}}$，由输沙平衡条件可得出

$$\Phi' = \frac{\lambda_0}{\lambda}\frac{P}{A^*(1-P)} \tag{6.8}$$

$$\frac{\Phi'}{\Phi} = \frac{\lambda_0}{\lambda} = \left(\sqrt{\frac{\pi}{2V_c}} - 1\right)\frac{\eta}{\lambda} = \left(\sqrt{\frac{\pi}{2V_c}} - 1\right)\frac{D_v}{100D} \tag{6.9}$$

相对输沙率 $\dfrac{\Phi'}{\Phi}$ 是指有植被坡面输沙率与裸坡输沙率的比值,因此可在相当程度上反映植被变化对减沙幅度(主要体现在土壤被侵蚀剥离后的输移环节)的影响。从式(6.9)可见,$\dfrac{\Phi'}{\Phi}$ 仅与林草植被盖度 V_c、株径 D_v、泥沙粒径 D 有关,且该值的范围应为[0, 1]。

(1)当 $\dfrac{\Phi'}{\Phi}=0$ 时,表示林草植被盖度达到一定数值后,植被理论上可以拦截所有的泥沙,此时 V_c=157%,显然不符合植被覆盖度最大为 100%的常识,可见植被不可能完全阻止泥沙的输移。

(2)当 $\dfrac{\Phi'}{\Phi}=1$ 时,表示林草植被盖度小于某数值时,植被理论上对坡面输沙不起作用。相应的林草植被盖度阈值与泥沙粒径和植被株径有关,泥沙越粗、植被株径越细,相应的林草植被盖度阈值越小,计算公式为

$$V_c = \frac{\pi}{2\left(\dfrac{100D}{D_v} + 1\right)^2} \tag{6.10}$$

根据本次野外试验的实际情况,苜蓿的株径在 1.5~3mm,坡面表层泥沙中值粒径为 0.06mm。故而,取 D_v=2mm,D=0.06mm,将其代入式(6.9),并与试验实测值进行对比,结果见图 6.29。由图 6.29 可见,理论计算值与实测值的变化趋势一致,但计算值较实测值偏大,偏大原因在于式(6.9)是同等水流强度条件下的相

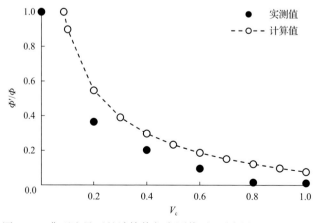

图 6.29　典型流量下的计算值与实测值对比(流量 Q= 1.389L/s)

对输沙率。据艾里定律，河流中推移质的重量与水流速度的六次方成正比，以及前面关于植被对流速影响的论述可知，流速降低导致水流强度减弱，输沙率也将会进一步减小。

利用式(6.9)，图 6.30(a)给出固定泥沙粒径(D=0.05mm)条件下不同植被株径(D_v)下的林草植被盖度与相对输沙率的关系。分析图 6.30(a)可见，如果地表土壤条件一定(即固定泥沙粒径)，在林草植被盖度相同的条件下，植被株径越细，植被的减沙作用越显著；植被株径越粗，植被发挥减沙作用所需达到的林草植被盖度也越大。

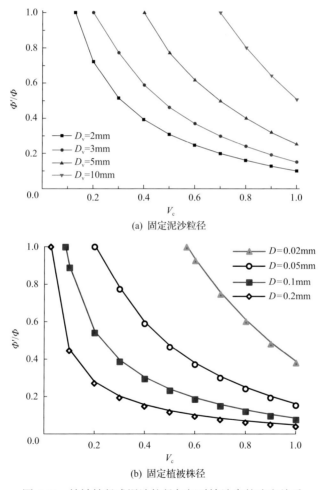

图 6.30 植被株径或泥沙粒径与相对输沙率的响应关系

仍然利用式(6.9)，图 6.30(b)给出固定株径(D_v=3mm)条件下不同泥沙粒径(D)下的林草植被盖度与相对输沙率的关系。由图 6.30(b)可见，如果植被类型和大小一定（即固定株径），增大林草植被盖度对粗泥沙地区的减沙效果要大于细泥沙地区，该结论与6.2.3节的结论完全一致。

由于相对输沙率$\dfrac{\Phi'}{\Phi}$是指有植被坡面输沙率与裸坡输沙率的比值，故其在相当程度上反映了植被变化的减沙效应。将图6.30中的纵坐标改为"减沙幅度（%）"，可得到图6.31。由图6.31可见：

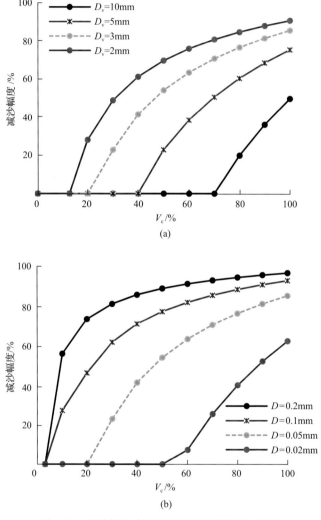

图6.31　植被株径或泥沙粒径对流域产沙的影响

（1）如果地表土壤条件一定（即固定泥沙粒径），在植被盖度相同的条件下，植被株径越细，植被的减沙作用越显著；植被株径越粗，植被发挥减沙作用所需达到的盖度也越大。野外看到的植树造林地区的减沙效果，实际上相当部分来自鱼鳞坑或水平阶。

（2）在植被株径一定情况下，地表泥沙粒径越粗，相同植被盖度下减沙幅度越大，由此可见，植被改善对粗泥沙地区的减沙效果大于细泥沙地区，该结论与流域实测结果完全一致，见图 6.13 和图 6.14。据艾里定律，河流中推移质的重量与水流速度的六次方成正比，以及前面关于植被对流速影响的论述，流速降低导致水流强度减弱，输沙率也将进一步减小。

需要说明的是，以上理论分析中，没有考虑植被变化对土壤侵蚀的影响，即水流含沙量不变。事实上，土壤剥离的动力不仅来自雨滴击溅，而且更多来自地表径流冲刷，因此从小流域的梁峁顶部到沟谷底部，水流含沙量是逐渐增加的。因此，该理论分析成果侧重于定性分析植被和土壤变化的影响。

6.4　可有效遏制流域产沙的林草有效覆盖率阈值

深入分析图 6.3 可见，当林草有效覆盖率 V_e 大于 60%后，无论雨强和地形如何，丘 1～4 区的流域产沙指数都很小。我们利用原型实测数据分析了植被变化对洪水水量及其含沙量的影响，并通过室内水槽试验、野外小区试验、泥沙运动理论推导等多种途径，对植被变化对水流流速、地表阻力和输沙率等水流要素的变化进行分析，结果均表明，当植被盖度大于 60%后，流域产洪系数及平均含沙量（丘 1～4 区）、水流流速及其阻力、水流输沙率等均趋于稳定。由此推断，60%极可能是丘 1～4 区影响产洪和产沙的植被覆盖阈值。不过，作图过程中也发现，在林草有效覆盖率≥60%的 89 对数据中，尽管 S_i 平均值为 5.1t/$(km^2 \cdot mm)$，但仍有 13 对数据的 S_i 达到 10～21t/$(km^2 \cdot mm)$，因此，仍需对"流域产沙得到有效遏制"的内涵进行定义。

根据中国《土壤侵蚀分类分级标准》（SL190—2007），黄土高原区的容许土壤流失量为 1000t/$(km^2 \cdot a)$。土壤流失量和流域产沙量的内涵有所差异，尤其在现状下垫面条件下，流域产沙量往往小于土壤流失量（刘晓燕等，2018a；王普庆和侯素珍，2020）。不过，鉴于尚无"容许产沙模数"的国家标准，本书将"产沙模数≤1000t/$(km^2 \cdot a)$"作为流域产沙基本得到遏制的标准。黄土丘陵区和黄土塬区是黄河泥沙的主要产区，面积分别为 18.1 万 km^2 和 2.6 万 km^2，若其产沙模数控制在 1000t/$(km^2 \cdot a)$ 以下，潼关来沙即可控制在 2.5 亿 t/a 以下，该数字接近现状径流条件下实现黄河下游冲淤平衡的沙量（李小平等，2016；安催花等，2020）。

据统计，研究区各流域多年平均 P_{25} 为 60～160mm，自西向东递增。若 P_{25} 为 80mm、100mm、120mm、140mm、160mm，则与产沙模数 1000t/$(km^2 \cdot a)$ 相

应的产沙指数 S_i 分别为 12.5t/(km²·mm)、10t/(km²·mm)、8.3t/(km²·mm)、7.1t/(km²·mm)、6.3t/(km²·mm)。因此，从偏安全角度，本书将"$S_i \leqslant 7$t/(km²·mm)"作为基本遏制流域产沙的标志，相应的林草有效覆盖率 V_e 为可基本遏制流域产沙的 V_e 阈值。基于图 6.3，按"产沙指数≤7t/(km²·mm)"的标准，对于不同降雨条件的丘 1~4 区，可基本遏制流域产沙的林草有效覆盖率阈值为 55%~65%，东部阈值较高、西部较低。

在图 6.3 中，样本流域的面积变幅为 500~5000km²，故需论证空间尺度变化对林草有效覆盖率-产沙关系的影响。为此，在暴雨占比为 0.075 和 0.15 的数据中，选择流域面积相差较大的两组数据重新绘图，结果表明(图 6.32)，流域面积大小对林草有效覆盖率-产沙指数关系的影响并不明显，这是因为"产沙指数"的计算公式已经"剥离"了面积和降雨因素，而且"易侵蚀区"已经剔除了"极低效的产沙区"。基于无定河岔巴沟小流域在天然时期的场次洪水观测数据，Zhang 等(2016)也发现，含沙水流的水沙关系并不随空间尺度的变化而变化。

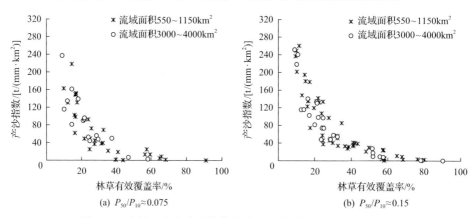

图 6.32　流域面积变化对林草有效覆盖率-产沙指数关系的影响

综上分析可见，对于丘 1~4 区，无论流域面积大小，只要林草有效覆盖率超过 55%~65%(东高西低)，流域产沙均可得到有效遏制。需要说明的是，以"产沙指数≤7t/(km²·mm)"和多年平均降雨量(P_{25})为标准提出的"可基本遏制流域产沙的林草有效覆盖率阈值"，是一个宏观的、多年平均的概念，并不意味着在极端降雨年份的产沙量也极少。以河龙区间南部植被良好的云岩河上游为例，在过去的 60 年中，该区的林草有效覆盖率基本维持在 60%~90%(其中 2013 年为90%)，平均产沙模数为410t/(km²·a)，但 2013 年汛期的 P_{25} 达到 550.4mm，是多年均值的 3.2 倍，因此该年的实际产沙强度达到 3791t/km²，事实上，该年的产沙指数只有 6.9t/(km²·mm)。

对于丘 5 区和塬面占比较大的黄土高塬沟壑区(如董志塬)，"将产沙模数控制在 1000t/(km²·a)以下"是很难实现的目标。基于图 6.16,即使林草有效覆盖率大于 60%,流域的产洪系数仍然较高。对比丘 5 区和黄土塬区的泥沙来源及其产生机制可见,只要有洪水存在,河(沟)床产沙就难以遏制。例如,在丘 5 区的安家沟流域(面积 8.56km²),2018 年林草梯田有效覆盖率为 73%,但在最大次降雨只有 40.2mm、雨强为 14.2mm/h 的情况下,其单位面积产沙量仍达 430t/km²,全年的产沙指数甚至高达 64t/(mm·km²);2013~2018 年,董志塬(指雨落坪—庆阳/贾桥/板桥区间)的林草梯田有效覆盖率已达 75%,但在暴雨占比为 0.14 情况下,产沙指数仍达 25t/(mm·km²)。显然,流域的河(沟)床产沙占比越高(即沟道越发育),依靠林草植被改善而削减产沙的难度越大。

同样很难实现"产沙模数≤1000t/(km²·a)"目标的是砒砂岩出露面积很大的皇甫川及其周边地区。皇甫川一带多年平均降雨量 P_{25} 为 102mm,与"产沙模数≤1000t/(km²·a)"相对应的产沙指数为 9.8t/(mm·km²)。由图 6.15 可见,要使产沙指数≤9.8t/(mm·km²),林草有效覆盖率(该区梯田极少)需达 80%以上。但是,经过 20 多年的修复和治理,该区的林草覆盖状况已经在 2012 年后趋于稳定(图 4.12);2018 年,皇甫川砒砂岩分布区的林草有效覆盖率为 51.6%,远低于该区的林草有效覆盖率阈值(80%)。

对于盖沙丘陵区和砾质丘陵区,实现"产沙模数≤1000t/(km²·a)"目标,需要的林草有效覆盖率≥40%~45%。至 2018 年,除黑赖沟孔兑以西的 4 条孔兑外,该类型区其他支流的林草有效覆盖率状况已达 45%~65%,因此近十几年来几乎无沙下泄;即使是在发生了高强度大暴雨的 2012 年、2016 年、2017 年,窟野河和秃尾河的产沙指数也未超过 7t/(mm·km²)。2016 年,西柳沟孔兑发生了有实测资料以来的最大暴雨,但实测输沙量只有 499 万 t,只有历史实测最大输沙量(1989年)的 10%;该流域的淤地坝控制面积为 267km²,故推算淤地坝未控区该年产沙强度为 5607t/km²。

6.5 林草梯田耦合作用机制

通过固定其他下垫面要素不变,前面分别论证了梯田覆盖率变化或林草有效覆盖率变化对流域产沙的影响规律,并提出了可基本遏制流域产沙的梯田覆盖率阈值和林草有效覆盖率阈值。不过,对于黄土高原的绝大部分地区,往往是林草植被和梯田共存;林草植被无处不见,梯田数量的多少则与当地农业人口数量、气候背景、土壤和地形条件等有关。因此,在林草植被改善和梯田建设共同推进的现实背景下,需要进一步论证二者耦合作用下的流域产沙规律,并为流域产沙情势评价提供计算工具。

理论上，有埂梯田不仅自身减水 90%～100%，而且可以承受面积是自身面积的 3 倍的上方坡面来水，而林草仅靠叶茎和枯落物截留降雨、根系增加入渗而减水，因此单位面积梯田的减水减沙量将大于林草地。近十年的实地考察看到，在梯田比达 40%～55%的地区，不仅泥沙极少出沟，位于沟口的坝库也经常面临蓄不到水的局面；而在盖度达 80%的林草地，其汛期洪水的最大含沙量仍可达 300kg/m³ 以上。从 20 世纪五六十年代绥德、离石和延安等地径流小区的实测数据看(表 6.3)，单位面积梯田的减沙和减水量分别较林地大 43%和 38%、较草地大 110%和 151%。

表 6.3 梯田、林地和草地减水减沙定额(小区尺度)

测区名称	径流减少量/(m³/km²)			泥沙减少量/(t/km²)			资料时段/年
	梯田	林地	草地	梯田	林地	草地	
绥德	21450	22350	12900	16950	9300	8700	1953～1967
离石	15750	7200	10950	6750	9600	5400	1957～1966
延安	41850	27900	8250	4650	900	1800	1959～1966
准格尔旗	—	—	9900	—	—	1950	1980～1984
平均	26400	19050	10500	9450	6600	4500	

不过，以上认识或为定性认识，或为径流小区上的单要素试验成果，而且难以定量回答林草梯田耦合作用下的减水减沙量。在流域尺度开展林草梯田耦合作用机制研究，虽理论上可行，但耗资巨大且试验周期太长。在此情况下，利用我们在流域尺度上构建的 LCM-MUSLE 模型(见 5.2.2 节)，采用数字试验途径，设定林草有效覆盖率和梯田覆盖率同时增加的若干情景，分析流域减水减沙作用，是最现实可行的途径。

流域泥沙的产生，主要发生在场次降雨伴生的汇流环节。为定量分析林草、梯田在汇流过程中的减水减沙作用，我们设计了"固定梯田覆盖率，增加林草有效覆盖率"、"固定林草有效覆盖率，增加梯田覆盖率"、"林草有效覆盖率和梯田覆盖率同时增加"和"林草有效覆盖率和梯田覆盖率均不变"四种情景，即林草措施情景、梯田措施情景、林草梯田耦合情景、基准情景，然后分别计算其经历了若干场次降雨情况下的减水减沙率和单位面积减水减沙率(RR_i)。

以径流为例，先将各场次小时尺度的径流模拟值加总，获取场次径流总量；然后，统计各场降雨在四种情景下的模拟径流总量；最后，分别计算各措施情景较基准情景的减水率(RR_i)或单位面积减水率(AR_i)，计算公式如下：

$$RR_i = \frac{y - y_i}{y} \times 100\% \tag{6.11}$$

$$AR_i = \frac{y - y_i}{A_i} \tag{6.12}$$

式中，y 为基准情景的径流总量，m^3；y_i 分别为林草措施情景、梯田措施情景、林草梯田耦合情景的径流总量，m^3；A_i 为流域林草或梯田的面积，km^2。

数字试验选择"偏关河偏关以上"和"清涧河子长以上"作为样本流域。首先，采用 1980 年的下垫面和同期 4 场典型降雨，对 LCM-MUSLE 模型在偏关河和清涧河的适应性进行了率定，以确定模型的相关参数，之后将模型的参数固定。其次，在情景分析时，四种情景采用的土地利用情况均为 2010 年实况，但基准情景的植被盖度为 1980 年数据，"考虑林草措施情景（R1）"采用的植被数据为 2010 年数据。试验将 2010 年的三场降雨作为输入的降雨条件，采用 LCM-MUSLE 计算流域在相应降雨条件下的径流量和输沙量。表 6.4 是样本流域下垫面概况及三场降雨的主要参数。

表 6.4　样本流域下垫面概况及试验降雨

流域名称	林草植被覆盖状况		2010 年梯田覆盖率/%	场次降雨特征值			
	1980 年	2010 年		发生时间	降雨量/mm	历时/h	最大雨强/(mm/h)
偏关河偏关以上	V_c=20.1% V_e=12.7%	V_c=73.6% V_e=42.1%	13.0	2006 年	18.2	13	21.1
				2006 年	26.6	16	33.8
				2010 年	28.8	14	44.7
清涧河子长以上	V_c=23.3% V_e=14.5%	V_c=67.2% V_e=57.2%	3.77	2006 年	22.0	15	19.1
				2006 年	40.5	20	30.0
				2006 年	47.0	17	17.7

表 6.5 是样本流域的三种措施情景较基准情景的减水率和减沙率。表 6.5 中"林草梯田耦合"列括弧中的数字为"林草措施"和"梯田措施"直接相加的结果，以更清楚地说明林草梯田耦合情景的减水减沙效果。由表 6.5 可见，林草措施与梯田措施的减水率或减沙率之和，均大于林草梯田耦合情景的减水率或减沙率，这个在减沙时反映更明显，在梯田规模较大时也更明显。也就是说，在分析林草梯田的减水减沙作用时，采用"分别计算其减水减沙量，然后相加"的方法，得

表 6.5　不同措施情景的减水率和减沙率　　　　　　　（单位：%）

流域名称	减水率			减沙率		
	林草措施	梯田措施	林草梯田耦合	林草措施	梯田措施	林草梯田耦合
偏关河偏关以上	48.2	26.6	69.3(74.8)	62.5	24.3	74.6(86.8)
清涧河子长以上	64.9	5.15	69.0(70.1)	92.2	4.35	93.9(96.6)

到的结果是偏大的。产生该现象的原因在于：虽然林草和梯田都有"本地减沙"和"异地减沙"的能力，但当林草改善和梯田共存时，林草或梯田的异地减沙能力往往不能得到充分发挥。由此可见，当林草改善和梯田共存时，其减水减沙效果是"1+1＜2"。

2010 年，偏关河和清涧河流域的林草植被盖度分别达到 73.6%和 67.2%，即均达到高覆盖水平。据前人研究(焦菊英等,2000; 景可等,2005)，在绝大部分降雨情况下，这种高盖度林草地均侵蚀微弱。表 6.6 是模型计算的单位面积林草地和单位面积梯田的减水减沙量，由表可见，单位面积梯田的减水量均大于林草地。

表 6.6 单位面积林草地和单位面积梯田对基准情景(B)的减水减沙量

流域名称	减水量/(m³/km²)		减沙量/(t/km²)	
	林草地	梯田	林草地	梯田
偏关河偏关以上	0.03	0.14	0.05	0.13
清涧河子长以上	0.08	0.15	0.12	0.12

6.6 林草梯田耦合时的流域产沙响应

无论是改善植被，还是修建梯田，其减沙作用都包括本地减沙和异地减沙两部分。前面讨论了改善植被、增加梯田、改善植被和增加梯田同时推进三种情景的减沙作用，结果表明，单位面积梯田的减沙作用大于林草；在改善植被和增加梯田情况下，异地减沙作用不能得到充分发挥，故其总减沙量小于两措施独立实施的减沙量之和。在此基础上，本节将重点讨论在林草梯田耦合时流域林草梯田有效覆盖率变化对流域产沙的影响规律。

为在流域尺度上认识梯田和林草耦合时流域产水产沙机制，我们点绘了"林草梯田有效覆盖率"与径流系数的关系，见图 6.33，图中"林草主导区"的梯田覆盖率均小于 3%，"梯田主导区"的林草有效覆盖率只有 11%～15%。由图 6.33可见，在相同林草梯田有效覆盖率情况下，"梯田主导区"的径流系数只有"林草主导区"的 1/2，即梯田比林草植被更减水。

值得注意的是，林草植被的减水主要是洪水，对基流影响很小或略有增加；而梯田不仅能减少洪水，也能大量减少基流。也就是说，从流域减沙角度看，有些梯田减水量是无效的。因此，尽管相同林草梯田有效覆盖率情况下林草主导区的流域产水量达梯田主导区的 2 倍左右，但二者的产沙量相差不大，见图 6.34。当然，绝大多数多梯田地区的点都位于少梯田区关系线的下方，说明梯田的减沙作用仍然大于林草植被。

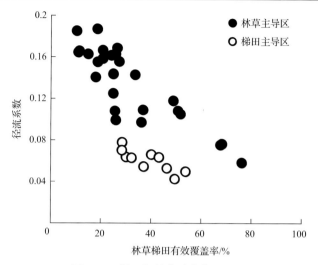

图 6.33　梯田与林草减水作用对比

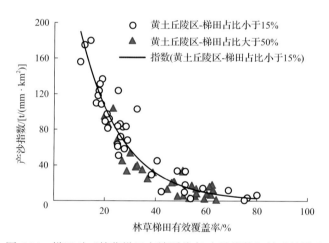

图 6.34　梯田对"林草梯田有效覆盖率-产沙指数"关系的影响

进一步分析图 6.34 可见，流域的林草梯田有效覆盖率越大，梯田加入对"林草有效覆盖率-产沙指数"关系曲线的影响越小。在下垫面较差的 20 世纪中后期，黄河主要产沙区绝大部分地区的林草梯田有效覆盖率只有 15%～30%，在相同的林草梯田有效覆盖率情况下，以梯田为主地区的流域产沙指数将偏小 10～15t/(km²·a)。对于多年平均降雨量 P_{25} 为 131.2mm 的无定河中下游地区，相当于产沙模数相差 1312～1968t/(km²·a)。不过，该差值随林草梯田有效覆盖率的增大而缩小：当林草梯田有效覆盖率为 55%～65% 时，产沙指数仅相差 2～3t/(km²·a)，该差值对于无定河中下游相当于产沙模数相差 262～393t/(km²·a)；对于多年平均降雨量 P_{25} 为 95mm 的渭河北道以上，产沙模数仅相差 190～285t/(km²·a)。

2017 年，黄河主要产沙区共有梯田 3.266 万 km²，其中的 71.3%分布在渭河上游、泾河上中游、祖厉河、洮河和湟水等西部地区；在这些地区，现状梯田的 60%～76%建成于 2000 年以来。即使是梯田最多的渭河上游，20 世纪末梯田覆盖率也只有 17%，目前达 42%。目前，梯田占比达 40%～50%以上的地区主要分布在汾河上游、泾河中部的黄土塬区、渭河上游、祖厉河上中游、洮河下游和湟水，但其现状林草梯田有效覆盖率分别已达 64.5%、55%～71%、58%～70%、40%～68%、63%和 54%。

总之，从满足产沙模数计算的角度，将"林草有效覆盖率-产沙指数"关系曲线中的横坐标由"林草有效覆盖率"直接改为"林草梯田有效覆盖率"，不会显著"放大"产沙指数的计算结果，对宏观层面上评价黄土高原产沙情势影响很小。

第7章 降雨对流域产沙的影响规律

7.1 雨强对沙峰含沙量的影响

7.1.1 问题的提出

含沙量(kg/m^3)、输沙量(t)、流量(m^3/s)和洪量(m^3)都是黄土高原洪水的主要特征指标，其中含沙量不仅是洪水的特征指标和计算输沙量的关键参数，还与输沙模数$[t/(km^2 \cdot a)]$共同构成流域产沙强度的表征指标。表征含沙量的指标包括年平均含沙量、汛期平均含沙量、沙峰含沙量(也称年最大含沙量)等。其中，对于黄河干流和较大的支流，河川基流大小往往对年平均含沙量和汛期平均含沙量有较大影响，洪水期间的沙峰含沙量更能够反映流域产沙强度，因此被视为某流域水土流失严重程度的重要标志。

对比黄土高原各支流实测输沙量和沙峰含沙量发现，在林草植被变化不大的20世纪90年代以前，尽管年输沙量的年际变幅很大、流域之间沙峰含沙量差别也很大，但很多支流自身的沙峰含沙量年际变幅很小(图7.1)，存在明显的"极限含沙量"现象(王兴奎等，1982)。

次降雨的雨强，显然是最可能影响含沙量的降雨因子。基于对径流小区(面积$60m^2$)观测数据的分析，张旭昇等(2012)认为雨强越大，产沙越多，雨强与含沙量的相关性较差的原因是降水侵蚀过程因下垫面的不均一性而出现随机性。许炯

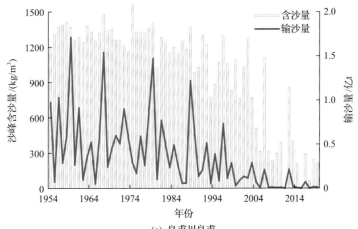

(a) 皇甫川皇甫

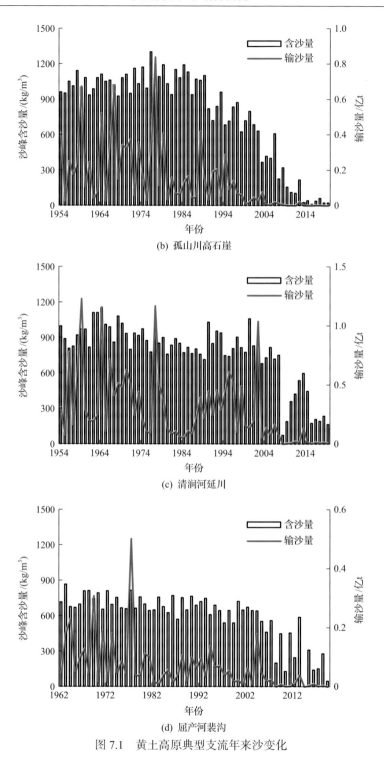

(b) 孤山川高石崖

(c) 清涧河延川

(d) 屈产河裴沟

图 7.1 黄土高原典型支流年来沙变化

心(1999b)点绘了黄河多沙粗沙区 12 条支流把口断面的最大含沙量与相对雨强(即最大一日降雨占年降雨量的比值)的关系，认为雨强越大，含沙量越高，但未说明"有观测资料以来的年最大含沙量"与"相对雨强"是否为同一年份以及其他影响因素的相关情况。但是，"雨强越大，含沙量越高"的认识，难以解释图 7.1 和图 3.36 的现象，即各支流沙峰含沙量的年际变化不大。自然界中，同一地区的雨强在年际间一般相差很大，如子洲团山沟 1962～1969 年的次雨雨强变化在 1.9～52.3mm/h，因此河流的最大含沙量年际变幅很小和极限含沙量现象的存在，预示含沙量并非随雨强的增大而无限增大。

以下以无定河中下游为例，分析雨强变化对含沙量的影响机制，以期揭示该区的极限含沙量现象。

7.1.2　样本流域及数据处理

表 7.1 是样本流域的概况，其中韭园沟和裴家峁均为无定河的一级支流，位于绥德县城附近，岔巴沟为无定河的二级支流，位于子洲县城附近，刘家沟和蛇家沟是岔巴沟的一级支流，而团山沟则为蛇家沟的子流域。微型流域的观测数据取自岔巴沟流域内的团山沟和水旺沟、韭园沟小流域内的团圆沟、裴家峁小流域内的桥沟。

表 7.1　典型流域的特征值

参数	微型流域				小流域		
	团山沟	水旺沟	团圆沟	桥沟	裴家峁	刘家沟	蛇家沟
流域面积/km²	0.18	0.107	0.491	0.44	39.5	21.0	4.72
数据时段/年	1961～1969	1959～1967	1958～1961	1990～1997、2007～2018	1990～1997、2007～2018	1960～1969	1963～1969
林草植被盖度/%		10～25		36～47、55～75	36～47、55～75	10～30	

选用的小区尺度观测数据取自蛇家沟小流域的团山沟 2～9 号径流场(以下简称团×场)、水旺沟的段川一场和段川二场(表 7.2)，土地利用方式均为农耕地，数据时段均为 1961～1969 年。

表 7.2　径流小区概况

参数	峁坡径流小区						峁坡和沟坡面积均衡的小区	
	团二场	团三场	团四场	团五场	段川一场	段川二场	团七场	团九场
坡长/m	40	60	20	20	7.57	20.1		
面积/m²	647	970	324	350	31.5	208	17200	4580

坝库拦沙和植被覆盖程度显然也是影响洪水含沙量的重要因素。已有研究表明，1998~2018 年是黄土高原植被改善速度最快的 20 年，1979 年以前的黄土高原淤地坝建设主要集中在陕晋两省，1979~1997 年淤地坝数量变化很小。本书选择的团山沟、水旺沟和团圆沟在 1969 年以前没有淤地坝，桥沟至今仍无淤地坝，故可排除淤地坝对含沙量的影响。蛇家沟流域原有 4 座淤地坝，但至 1962 年 6 月底均被淤满或冲毁，即淤地坝在 1963~1969 年对含沙量影响极小。1980~2020 年，裴家峁流域淤地坝的控制面积一直占流域面积的 30%，但目前 78%的淤地坝已基本失去拦沙能力。

据遥感调查结果(空间分辨率 30m)，在 1990~1997 年和 2007~2018 年，裴家峁小流域及其微型流域桥沟的林草植被平均盖度列于表 7.1。表 7.1 中的团山沟、水旺沟、团圆沟、蛇家沟和刘家沟等小(微型)流域的年最大含沙量平均为 900~1100kg/m^3，参考当年的地面调查数据和林草植被盖度-汛期沙峰含沙量关系(图 6.17)，估计这些流域在数据选用时段的林草植被盖度为 10%~25%。

本书选用的样本洪水是数据时段内记载的全部场次洪水，其降雨和水沙数据分别来自水利电力部黄河水利委员会革命委员会刊印的"黄河流域子洲径流实验站水文实测资料"(1959~1969 年)和黄河水利委员会黄河上中游管理局刊印的"黄河中游水土保持径流泥沙测验资料"。

降雨强度是指单位时段内的降雨量，单位为 mm/min 或 mm/h。对于径流场和微型流域，我们分别选用了沙峰出现之前的最大 1min 和最大 5min 降雨量作为相应沙峰的最大雨强，数据处理方法见 2.5.2 节。对于流域面积不足 0.5km^2、拥有 6~8 个雨量站的团山沟和桥沟微型流域，其最大雨强是区内各雨量站最大 1h 降雨量的平均值，记为"最大雨强"。

分析 1959~1969 年岔巴沟流域的实测数据发现，若无坝库拦沙，任何微型流域发生的中等高含沙洪水含沙量几乎都可以"完美"重现在小流域沟口。鉴于此，对于小流域，取本次降雨期间各雨量站"最大 1h 降雨量"中的最大值，作为该场降雨的最大雨强，记为"点最大雨强"。

7.1.3　不同空间尺度的雨强-含沙量响应关系

图 7.2 是峁坡尺度上场次洪水的最大雨强-沙峰含沙量关系，共 207 个点据。由图 7.2 可见，虽然各个小区的峁坡面积和坡长相差很大，但场次洪水的沙峰含沙量存在"随最大雨强增大而增大"的趋势——虽然点据有些散乱，但该结论与前人在更小的径流小区上得到的认识基本一致(张科利，1991；张旭昇等，2012；王栋栋等，2017；张锐波等，2018)。

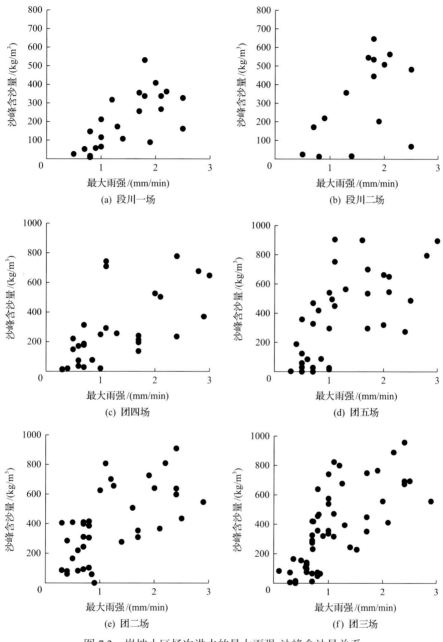

图 7.2　峁坡小区场次洪水的最大雨强-沙峰含沙量关系

　　然而，在既有峁坡也有沟坡(指峁边线以下的陡坡区)且峁坡和沟坡面积大体均衡的小区(以下简称自然坡沟小区)上，沙峰含沙量与最大雨强的关系与图 7.2 大不相同，见图 7.3，存在明显的阈值现象：在最大雨强小于 0.8～1mm/min 或

2.5mm/5min 的范围内，沙峰含沙量似乎随最大雨强的增大而急剧增大；但当最大雨强大于该临界值后，沙峰含沙量几乎与最大雨强无关，而是大体稳定在一定量级范围内。若把最大雨强的指标改为"最大 1h 降雨量"，情况也是如此，其临界雨强为 11～15mm/h。

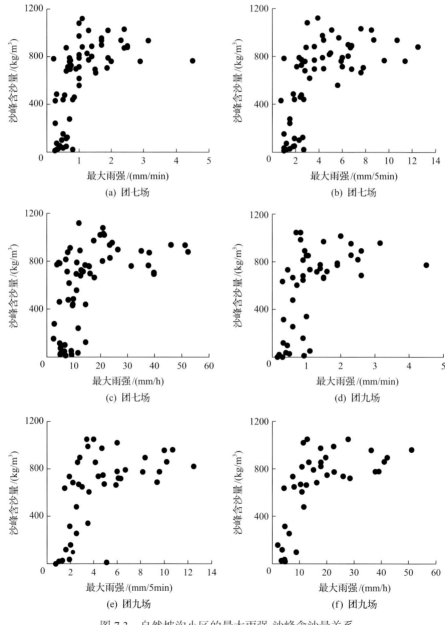

图 7.3　自然坡沟小区的最大雨强-沙峰含沙量关系

　　既有峁坡，也有沟坡的自然坡沟小区，可视为最低层级的"流域"，进一步提高其层级，即为微型流域。图 7.4 是微型流域的最大雨强-沙峰含沙量关系，其特点与图 7.3 相似，其中：①韭园沟流域内的团圆沟微型流域的临界雨强为

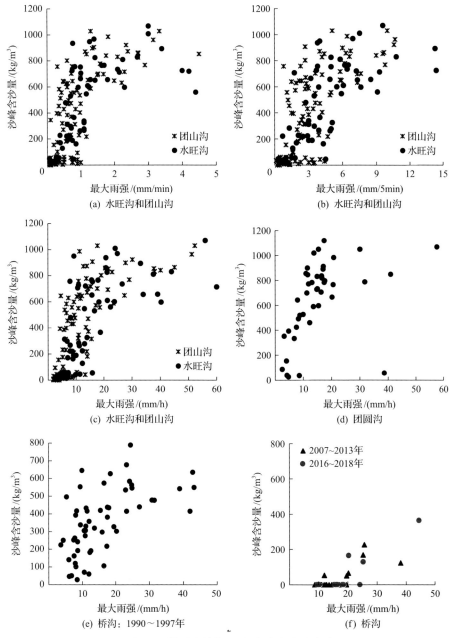

图 7.4　微型流域的雨强-沙峰含沙量关系

10~15mm/h，最大雨强大于该值后，增大最大雨强对沙峰含沙量影响极小。②对于岔巴沟流域内两个紧邻的微型流域，团山沟和水旺沟的临界雨强值相似，均为1mm/min、4.5mm/5min 或 15mm/h。对比可见，团山沟流域的临界雨强明显大于同时期的团七场和团九场(两径流场均位于团山沟流域内)。

到了 20 世纪 90 年代，虽紧邻韭园沟的团圆沟同为微型流域，但由于植被状况已明显好于 60 年代以前，该时期桥沟的临界雨强(25mm/h)明显大于 1956~1961 年的团圆沟，而且大于该阈值后的沙峰含沙量也明显低于团圆沟。2007 年以后，随着植被进一步改善，在日降雨大于 25mm 的年降水总量较 90 年代偏丰 30%的情况下，桥沟的产流降雨却由 90 年代平均每年 6~7 次减少为 2007 年以来的不足每年 1 次，最大含沙量降低约 50%，临界雨强很可能已超过 40mm/h。

在面积更大的小流域尺度上，最大雨强与沙峰含沙量的关系与图 7.3 和图 7.4相似，见图 7.5。图 7.5 中的蛇家沟和裴家峁小流域分别是团山沟和桥沟的"母流

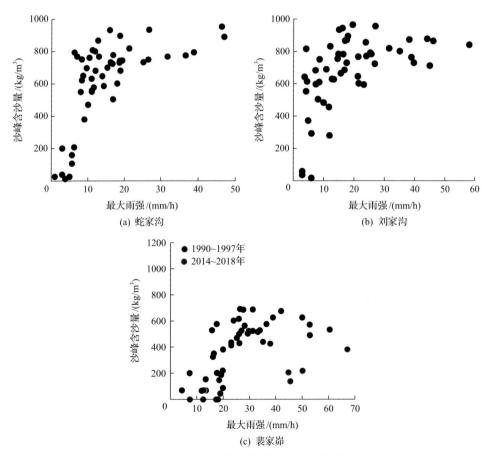

(a) 蛇家沟　　　　　　　　　　(b) 刘家沟

(c) 裴家峁

图 7.5　小流域的雨强-沙峰含沙量关系

域", 刘家沟与蛇家沟紧邻。由图 7.5 可见, 裴家峁小流域的临界雨强值略大于同期的桥沟, 这不仅与流域面积大小有关, 也与淤地坝拦沙有关: 20 世纪 90 年代, 裴家峁小流域坝控面积占流域面积的比例为 30%, 而桥沟没有淤地坝。

对比可见, 随着流域层级更高, 临界雨强也有所增大。例如, 团山沟的临界雨强普遍大于团七场和团九场, 裴家峁的临界雨强也大于桥沟, 这是因为泥沙在更高层级流域输送中的阻力更大。由于阻力更大, 含沙量也随流域层级增高而有所减小: 对蛇家沟 1963～1969 年 26 场洪水进行了统计, 结果表明, 其 "自然坡沟小区" 团七场和团九场的平均含沙量分别为 670kg/m³ 和 690kg/m³, 子流域团山沟为 634kg/m³, 至蛇家沟沟口只有 585kg/m³。

以上基于 20 世纪 50～60 年代的团圆沟、团山沟和水旺沟得到的临界雨强, 与前人提出的侵蚀性暴雨标准相近 (周佩华和王占礼, 1987; 唐克丽等, 2004), 这说明土壤一旦发生明显侵蚀, 很快就可达到其含沙量极值。

黄土高原的汛期降雨多为覆盖面积不大的局地暴雨。因此, 对于大中型流域, 由于雨量站密度不高, 加上水流传播时间和河床环境对含沙水流演进的影响, 均会对雨强与含沙量的对应关系造成干扰。不过, 从张翠萍等 (2017) 对马莲河上游的分析来看, 其最大雨强与沙峰含沙量的关系与以上结果基本一致。

7.1.4 极限含沙量出现的原因

以上分析表明, 在峁坡尺度上, 水流含沙量总体上随雨强的增大而增大; 然而, 在既有峁坡, 也有沟坡的各级流域尺度上, 无论流域层级高低或面积大小, 雨强对含沙量的影响均存在明显的阈值现象: 当雨强超过该值后, 增大雨强并不会进一步增大含沙量, 说明存在极限含沙量的现象。

事实上, 前人也曾发现过与图 7.2～图 7.5 类似的现象: 早在 20 世纪 80 年代初, 王兴奎等 (1982) 就发现了黄土高原的高含沙水流存在极限含沙量现象; 利用安塞全坡面径流小区 (裸地) 的观测数据, 张科利 (1991) 的研究成果表明, 在雨强小于 0.8～1mm/min 的范围内, 水流含沙量随雨强增加而增大, 但大于该值后坡面含沙量的变幅很小。不过, 迄今仍未见对该现象进行更多分析的文献。

坡面流挟沙能力是近年的研究热点之一 (张建军, 2007; 张光辉, 2018), 是指特定水动力条件下坡面径流可以输移的泥沙数量, 其与坡面水流的流速、流态, 以及地表坡度和坡长等因素有关。基于现有的认识, 坡面水流的流速越大 (即流量越大)、水流挟沙力越大, 若水流的实时含沙量小于相应流量的挟沙能力, 地表土壤就会被剥离冲刷, 即流量越大, 含沙量越大。然而, 现实情况是, 黄土区各支流的洪峰流量与沙峰含沙量并没有密切的响应关系 (图 7.6), 但洪峰流量与雨强的关系非常密切 (图 7.7)。

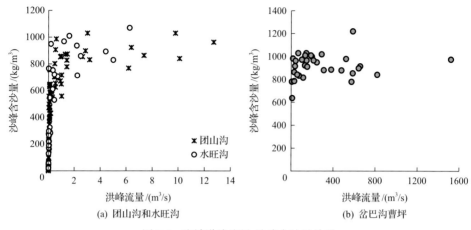

(a) 团山沟和水旺沟　　　　　　　　(b) 岔巴沟曹坪

图 7.6　流域洪峰流量-沙峰含沙量关系

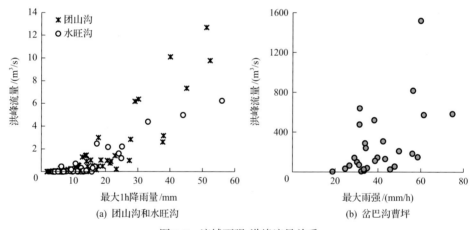

(a) 团山沟和水旺沟　　　　　　　　(b) 岔巴沟曹坪

图 7.7　流域雨强-洪峰流量关系

据遥感调查，1998 年以前，无定河中下游地区是黄土丘陵区植被最差的地方之一，其中 1998 年植被盖度与黄河中游其他地区 20 世纪 70 年代相当。而由图 7.4 和图 7.6 判断，团圆沟在 1956~1961 年的临界雨强为 10~15mm/h，20 世纪 60 年代团山沟和水旺沟的临界雨强为 15mm/h。我们对岔巴沟流域和河龙区间黄土丘陵区 1965~2011 年的最大 1h 降雨量进行了统计，结果发现，在流域尺度上，雨强大于 15mm/h 的降雨几乎每年都有发生（图 7.8）；在河龙区间 224 个雨量站 1966~2017 年 1.3 万个"最大 1h 降雨量"数据中，雨强≥10mm/h 的发生频率达 75%（图 7.9）。因此，各支流的洪水很容易达到其含沙量极值。

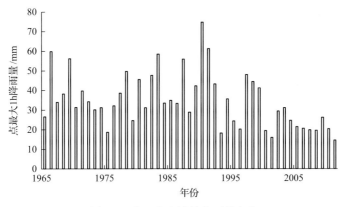

图 7.8　岔巴沟流域最大雨强变化

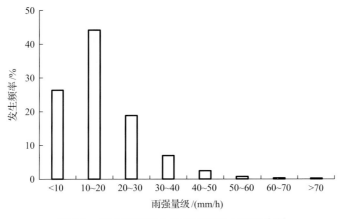

图 7.9　河龙区间黄土丘陵区年最大雨强分布

除雨强的发生频率特点外,独特的泥沙补给方式可能也是产生"极限含沙量"现象的原因。对于在黄河干流及较大支流河道内输移的含沙水流,水流在进入河道时已被"配置"了泥沙,因此有"流量越大,可以挟带的泥沙量越多"的特点。然而,在黄土高原,虽然 20 世纪 60 年代的小流域洪水含沙量可以达到 1100kg/m³左右,但雨滴击溅所形成的水流含沙量一般不大于 200~300kg/m³,即泥沙的产生主要靠坡面水流对地表土壤的冲刷,其单位面积冲刷量显然与近地表水流的流速成正比,与坡面植被覆盖状况成反比。也就是说,只有贴地表的水流才能参与"产沙"活动,其他水流只能从事"输沙"活动。而测验实践表明,当流量大于某量级后,贴地流速并不随流量的增大而无限增加。另外,无论是在峁坡,还是陡峭的沟坡,尽管增大雨强和雨量必然增加坡面的产流量,但由于没有河岸约束,即使没有植被阻滞,坡面水流的单宽流量也难以提高,故挟沙力也难以提高。因此,当雨强大于一定量级后,尽管洪水的流量仍进一步增加,但水流含沙量却基本稳定,甚至有所降低。水流进入河道后,河床的约束使水流单宽流量得到较大的增加空间,故使水流挟沙能力大幅提高,此时若有足够的泥沙补给,都将推高水流含沙量。但是,黄土高原河流的下游河床多有基岩出露,故进入该级河道的水流很难得到大量泥沙补给。

以上分析表明,在流域尺度上,雨强大于15mm/h的降雨几乎每年都有发生,20世纪50~80年代的林草植被变化不大,加上贴地表水流的流速不会随流量的增大而无限增加,因此形成了20世纪90年代以前黄土区支流的年最大含沙量基本稳定的现象。2000年以来,随着黄土高原林草植被的大幅改善,黄河大部分支流的入黄沙量都明显降低。

需要指出,当降雨的雨强大于本书所提到的临界雨强后,虽然洪水含沙量不会明显增大,但由于流域输(产)沙量是流量、含沙量和洪水历时的函数,且洪峰流量随雨强增大而增加(图7.7),流域产沙量仍将随雨强的增大而增大。

7.1.5　下垫面变化的影响

如第5.5节所述,因梯田可以把自身及其上方的水沙全部拦截,所以对水流含沙量影响不大。在林草植被盖度一定的情况下,林草地面积的变化会影响流域产沙量,但不会影响水流含沙量。因此,能够影响水流含沙量的因素,主要是林草植被盖度和具有拦沙能力的坝库库容。

对比分析图7.4和图7.5可见,流域土地的覆盖程度不同,可激发极限含沙量的临界雨强和极限含沙量的量级也有所不同:

(1)对于微型流域团圆沟、团山沟和水旺沟,其1959~1967年的林草植被盖度为10%~25%,极限含沙量为800~1000kg/m³,相应的临界雨强为10~15mm/h;在蛇家沟和刘家沟小流域,同期可导致极限含沙量的临界雨强为15~20mm/h。

(2)桥沟小流域在20世纪90年代的极限含沙量平均为507kg/m³、临界雨强约25mm/h;至2007~2013年,其临界雨强可能已超过40mm/h,沙峰含沙量未曾超过400kg/m³。两时期的林草植被盖度分别为36%~47%和55%~65%。

2016年以来,桥沟小流域林草植被盖度已经达到75%左右,基于图6.16推算的最大含沙量应约425kg/m³,而由图7.4(f)判断,出现该极限含沙量的临界雨强大约为50mm/h,该雨强量级的暴雨显然属稀遇暴雨,因此,即使在2017年"7·26"特大暴雨期间(最大雨强44.6mm/h),年最大含沙量也只有364kg/m³,故图7.4(f)仍没有看出清晰的拐点。

以上流域均无淤地坝和梯田,故临界雨强的变化显然是植被变化使然。若流域内有淤地坝,可激发极限含沙量的临界雨强可能更大,极限含沙量的量级可能更低。裴家峁流域的林草植被盖度与桥沟相似,2017年"7·26"特大暴雨期间的单点最大雨强为66.7mm/h,因受淤地坝拦沙影响(域内有14座淤地坝仍有拦沙能力），洪水期间的最大含沙量仅为 382kg/m³。邻近的岔巴沟流域（把口水文站控制面积 187km²，域内有 51 座淤地坝仍有拦沙能力）在 2017 年"7·26"特大暴雨期间，13 座雨量站中只有流域上游 2 座雨量站观测到了雨强大于 50mm/h 的降雨，其他雨量站最大雨强多在 30～42mm/h，因此洪水期间的沙峰含沙量只有 272kg/m³。

2016～2019 年，除黄河上游的湟水黄丘区、祖厉河中下游、清水河流域，以及马莲河上游外，其他黄土覆盖地区的林草植被盖度基本达到 65%～85%、局部为 55%～60%，基于以上分析，此类地区产生极限含沙量的临界雨强应约 40mm/h甚或更大，相应的极限含沙量为 400～600kg/m³（不含丘 5 区，不考虑坝库影响）。实际情况也是如此：对 2016～2019 年暴雨明显偏多的河龙区间、汾河上游和北洛河上游 42 座支流水文站实测最大含沙量进行了统计（不含受丘 5 区影响的绥德、青阳岔、吴起和刘家河水文站），结果表明，尽管该时期多次出现雨强大于 40mm/h的强降雨，但沙峰含沙量大于 600kg/m³ 的概率只有 3%。

目前林草植被盖度仍不足 50%的区域，主要集中在降雨量不足 400mm 的黄河上游湟水谷地、祖厉河中下游、清水河流域，以及黄河中游泾河流域的马莲河上游、无定河和北洛河等支流的源头区。在这些地区中，湟水流域暴雨极少，故其沙峰含沙量一般只有 100～200kg/m³。其他均以沟壑产沙为主的丘 5 区，原本极易产沙，加之植被较差，故高含沙洪水仍然频繁发生。通过对马莲河洪德以上（丘 5 区，水文站控制面积 4640km²）雨强-含沙量关系的分析，张翠萍等（2017）认为，该流域可产生极限含沙量的临界雨强约 18mm/h，且 1977 年以来变化不大，见图 7.10，该结论对丘 5 区河流具有重要参考价值。

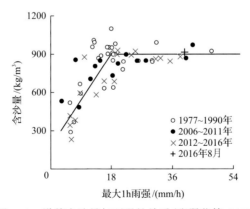

图 7.10　洪德含沙量与雨强的关系（张翠萍等, 2017）

砒砂岩的黏性矿物含量达黄土的 2 倍以上，且其 80%以上是比表面积更大的蒙脱石，因此更容易形成高含沙洪水。在皇甫川沙圪堵水文站控制区（面积 1351km²），沟谷出露的土壤几乎均为砒砂岩。1983 年以前，该区没有淤地坝和水库。从该区

1978～1983 年场次降雨最大雨强与相应沙峰含沙量的关系可见(图 7.11)，其沙峰含沙量与最大雨强的关系趋势与黄土丘陵区的小流域关系图相同，只是极限含沙量更高。1978～1983 年，沙圪堵以上林草植被盖度为 19%～20%，从图 7.11 判断，可产生极限含沙量的临界雨强为 18～20mm/h，与相似植被状况下黄土丘陵区的临界雨强相近。2016 年，沙圪堵以上林草植被盖度增大到 53.5%，该年 7～8 月发生了 3 次最大雨强为 26～32mm/h 的暴雨，实测最大沙峰含沙量为 598kg/m³，远低于之前的 1000～1300kg/m³，说明极限含沙量明显降低，相应的临界雨强明显增大。

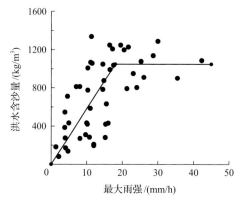

图 7.11　皇甫川沙圪堵水文站含沙量与雨强的关系

　　需要指出，在面积较大的流域，域内的植被、地形和土壤状况大多有一定差别，因雨量站数量有限，时段降雨观测数据难以完全反映域内降雨中心的雨强，加之淤地坝和水库等工程拦截的影响，采用以上方法寻找"可产生极限含沙量的临界雨强"有一定风险。未来，仍需要寻求更多林草植被盖度大于 60%的微型流域，跟踪观测其雨强与含沙量的关系。

7.2　雨强对流域产沙的影响

7.2.1　高雨强降雨对流域产沙量的贡献

　　通常认为，黄土高原的入黄泥沙主要产生于暴雨。不过，该结论可能与人们对暴雨标准的定义有关，也可能是将个别支流的情况当成了普遍现象。

　　基于 1966～1985 年黄河中游典型地区的场次降雨数据，按照"凡降雨覆盖区内任意一个雨量站的日降雨量大于 50mm 或 100mm，即把本次降雨的全部产沙量视为暴雨产沙量或大暴雨产沙量"的原则，统计了黄河中游各区暴雨产沙量占年产沙量的比例，结果见表 7.3 和表 7.4。由表 7.3 和表 7.4 可见，暴雨产沙占比达到 50%及其以上者均为河龙区间支流、最大占比约为 67%，其他地区均在 40%以下，只有马莲河上游略超过 40%；大暴雨产沙占比更少。

表 7.3　1966～1985 年黄河中游各区暴雨产沙占比　　(单位：%)

支流名称	产洪占比	产沙占比	支流名称	产洪占比	产沙占比
皇甫川	32.2	52.4	湫水河	23.8	42.7
孤山川	21.2	36.0	昕水河	24.0	66.1
窟野河	25.2	66.6	河龙区间 11 条支流加权平均	21.1	50.5
佳芦河	10.7	32.4	北洛河上游	16.3	38.7
延河	16.4	42.0	马莲河上游	23.5	40.7
清涧河	13.1	33.9	渭河上游	9.6	19.2

表 7.4　1966～1985 年黄河中游各区大暴雨产沙占比　　(单位：%)

支流名称	产洪占比	产沙占比	支流名称	产洪占比	产沙占比
皇甫川	6.3	10.2	湫水河	3.4	6.3
孤山川	7.2	12.7	昕水河	6.1	16.7
窟野河	14.4	41	河龙区间 11 条支流加权平均	7.1	21.5
佳芦河	6.3	17.7	北洛河上游	5	13.4
延河	4.8	12.5	马莲河上游	9.6	18
清涧河	4.2	10.4	渭河上游	0.6	1.4

利用不同流域在不同时期的实测降雨、泥沙、植被和梯田数据，第 6 章分析了不同暴雨占比(P_{50}/P_{10})情况下的林草有效覆盖率与产沙指数的关系，结果表明(图 6.3)：对于丘 1～4 区，雨强对流域产沙的敏感度与相应时期的林草梯田覆盖状况有关，覆盖率越高，产沙对暴雨占比越不敏感；而在沟壑产沙占比更大的丘 5 区，由于表面光滑的周边丘陵更容易产流，而沟壑产沙的主要驱动力来自入沟的径流量，暴雨占比的影响程度不如其他副区明显。

7.2.2　流域产沙量对雨强的敏感性

为进一步认识雨强对流域产沙的影响，以下基于场次降雨的实测数据，通过观察大于某雨强的降雨量与该场降雨的总产沙量的关系，分析不同下垫面情况下流域产沙对雨强的敏感性。分析思路如下：对于给定流域，设定 1mm/h、2mm/h、⋯、30mm/h 等多个雨强标准，分别统计各场次降雨中大于某雨强标准的超标准降雨量($P_{j累积}$)及其相应的平均雨强($P_{j累积}/T$)；分析超标准降雨量与次洪沙量的相关性(降雨因子为 $P_{j累积}$ 或 $P_{j累积} \times P_{j累积}/T$)，优选出降雨与产沙关系最优的雨强标准，即对产沙量最敏感或最关键的雨强，简称有效雨强；选择不同林草有效覆盖率的更多流域，重复以上过程，即可看出林草有效覆盖率变化与有效雨强的关系。

以孤山川为例，在其 1959～1970 年发生的所有洪水中，按洪水量级从大到小的顺序选取了 35 场洪水，分别统计各场次洪水在大于某雨强标准的累积雨量和累积历时，分别构建降雨与该次洪水水量和沙量的关系，如图 7.12(a) 所示，并得到其相关系数 R^2。结果发现，当雨强标准为 3mm/h 时，超标准降雨与次洪沙量的相关系数最大 [图 7.12(b)]；大于该雨强标准后，由于可产沙的有效降雨量未能完全计入统计，累积雨量与次洪沙量的关系反而更差。也就是说，在 1959～1970 年的林草有效覆盖率情况下（约 12%），孤山川的有效雨强为 3mm/h。

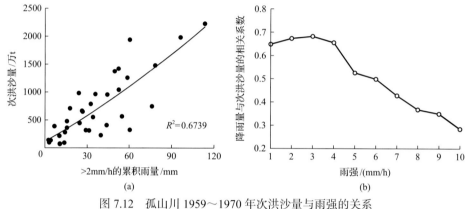

图 7.12　孤山川 1959～1970 年次洪沙量与雨强的关系

采用类似的方法步骤，我们选择了 21 条林草有效覆盖率不同的黄土丘陵区样本流域，利用场次降雨的次洪沙量和降雨摘录数据，对其有效雨强进行了识别，得到各样本流域的相关系数 R^2。将 21 条样本流域的林草有效覆盖率及其有效雨强点绘在一起，得到图 7.13。由图 7.13 可见，当林草有效覆盖率较小时，产沙对雨强非常敏感；但当林草有效覆盖率大于 40% 后，有效雨强变化不大。

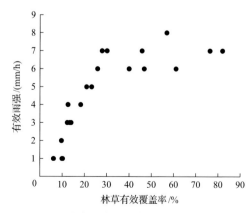

图 7.13　林草有效覆盖率与有效雨强的关系

该认识与植被良好的云岩河和合水川等流域的实测结果基本吻合，见图 7.14。

在 20 世纪 70～90 年代，发源于次生林区的云岩河和合水川流域易侵蚀区林草有效覆盖率基本稳定在 66%和 58%，此期间不乏降雨集中程度 P_{50}/P_{10} 远大于多年均值的年份，但其实测产沙量几乎与雨强无关；表 7.5 数据也表明，在 P_{25} 相近情况下，高雨强年份的产沙量并不突出。

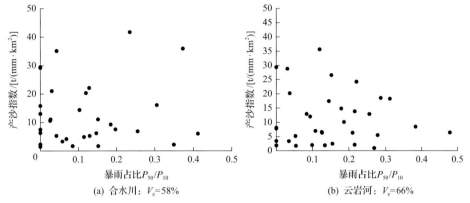

图 7.14　典型支流雨强-产沙关系

表 7.5　典型支流雨强对产沙的影响

支流名称	年份	P_{25}/mm	P_{50}/mm	P_{100}/mm	P_{50}/P_{10}	产沙量/万 t
合水川 V_e=58%	1975	181.8	115.6	68.1	0.256	232
	1996	178.9	59.8	0	0.152	316
	1990	181.5	46.4	4.63	0.043	150
	1991	173.1	60.3	0	0.185	490
云岩河新市河以上 V_e=66%	1978	222.5	100.4	0	0.260	207
	1988	234	58.9	0	0.143	1453
云岩河临镇以上 V_e=76%	1978	233.3	110.2	0	0.281	59
	1969	248.1	36.5	0	0.083	45

综合图 6.3 和本章分析可见，对于植被稀疏的流域，产沙对雨强确实很敏感；但对于林草有效覆盖率大于 40%～50%的流域，决定其产沙量的首要因素是有效降雨的雨量，雨强次之。

7.3　可致流域产沙的降雨阈值变化规律

7.3.1　问题的提出

黄河下游是黄河防洪防御的重点河段，对其威胁最大的洪水主要来自河龙区间、龙门—三门峡区间和三门峡—花园口区间，其中前两个区域也是黄河泥沙的主要来源区。在河龙区间和龙门—三门峡区间，在现状和未来下垫面背景下，多大的降雨会明显产沙，是黄河防汛和水库管理部门十分关心的问题。

由于黄土高原大多数的降雨并不产沙，识别可蚀性或侵蚀性降雨，是水土流失研究者关注的问题，其提出了不同降雨历时的雨量标准(方正三，1957；刘尔铭，1982；张汉雄和王万忠，1982；王万忠，1983；周佩华和王占礼，1987)。王万忠(1983)统计发现，在黄土地区，可引起侵蚀的日降雨量标准在坡耕地、人工草地和林地分别为 8.1mm、10.9mm 和 14.6mm，进而提出将 10mm 作为临界雨量标准。当日降雨达到 25mm 时，土壤侵蚀达到"强度"标准。在地表坡度为 20°、表层土壤被翻松、无植被覆盖的黄土坡面上，通过人工降雨试验，周佩华和王占礼(1987)提出了不同降雨历时的侵蚀性暴雨标准，其中历时 60min 的雨量阈值为 10.5mm。

不过，以上成果或是基于黄土丘陵区在 20 世纪 50～70 年代的观测数据提出的，或是无植被覆盖的坡耕地上的观测成果。经过 20 年退耕禁牧、40 年农牧人口结构调整和 60 余年水保努力，黄土高原的植被覆盖状况已在 2000 年以来得到快速和大幅改善，梯田的面积和质量也大幅增加。笔者近年通过数十次的实地调查发现，随着下垫面的改善，可致流域明显产沙的降雨阈值已大幅提高。例如，在河龙区间大部分地区，若发生雨量小于 50mm 的场次降雨，已很难看到洪水和泥沙。

另外，迄今有关黄土高原降雨阈值方面的研究成果多是基于坡面径流小区的观测数据提炼而成，反映的是植被或微地形变化对"本地"侵蚀强度的影响。但是，林草植被和微地形变化(如梯田或水平沟等)对流域产沙的影响范围不仅局限在"本地"，而且将通过改变地表径流的流量及其历时，改变其下游的坡面—沟谷—河道侵蚀(陈浩和蔡强国，2006；冉大川等，2010；刘晓燕等，2014a)，进而改变流域的产沙量。对照"土壤侵蚀量"和"产沙量"的定义(中国大百科全书水利卷编委会，1992)可见，在坡面尺度上得到的认识并不能直接应用于流域产沙层面。从更好地服务于黄河规划和防汛生产的角度，更多关注的是流域尺度上可致产沙的降雨阈值。

以下以黄土丘陵沟壑区为研究对象，利用其典型流域在不同时期的场次降雨和产沙量数据，分析不同下垫面情况下可致产沙的降雨阈值，为认识黄土高原现状下垫面的产沙情势提供科学支撑。

7.3.2　样本流域及其数据处理

本节研究对象主要为黄河潼关以上黄土丘陵沟壑区内的流域，个别流域内有少量残塬。黄土丘陵沟壑区是黄土高原九大类型区之一，包括了 5 个副区，是黄土高原水土流失最严重的类型区，地理位置见图 3.15。该区产沙量约占黄土高原总量的 90%，是黄土高原最主要的泥沙来源区。

由于植被和梯田数据可从遥感影像提取、淤地坝数据可从水保部门获取，从满足降雨阈值识别的角度，样本流域必须具备四个条件：一是流域的把口断面须设有水文观测断面，有场次洪水的流量和含沙量观测数据；二是流域内雨量站有汛期每场降雨的时间步长不大于 1h 的降雨摘录数据，且利用各雨量站观测数据推算的"流域面平均雨量"能基本反映该流域的降雨实况；三是可准确掌握流域内坝库的实际拦沙能力，以获取每场洪水期间的坝库拦沙量；四是流域内没有冲积性河道和较大的滩地，以掌握流域的真实产沙量，故样本流域不宜太大。据此，对潼关以上黄丘区内的流域进行了严格筛选，得到 30 条样本流域。

表 7.6 和图 7.15 是样本流域的空间分布及流域概况，样本流域在图中的编号与在表中的序号一致。图表中的"丘×区"表示黄土丘陵沟壑区第×副区，"残塬"指该流域的地貌类型主要属于黄土丘陵沟壑区，但有少量属于黄土塬区。在控制区面积一列，括弧中的数字为扣除淤地坝控制区后的水文站控制面积，其中无定河流域各支流的"淤地坝控制面积"采用的是 2017 年"7·26"特大暴雨后的逐坝调查结果，即仍可继续拦沙的有效淤地坝控制面积。在表 7.6 中，20 世纪 80 年代以来的林草梯田有效覆盖率均为遥感调查数据，但 1958～1969 年的林草梯田有效覆盖率均为估算值。

表 7.6　样本流域概况

序号	流域名称	控制区面积/km²	所属的黄河一级支流	水土流失类型区	数据时段	林草梯田有效覆盖率/%	雨量站数量/座
①	水旺沟	0.11	无定河	丘 1 区	1961～1967 年	5～15	2
②	团山沟	0.18	无定河	丘 1 区	1961～1969 年	5～15	7
③	圪坨店	0.4	特哈拉川	丘 1 区	2016～2018 年	64.5	2
④	桥沟	0.45	无定河	丘 1 区	1986～2018 年	15～72	5
⑤	团圆沟	0.49	无定河	丘 1 区	1959～1961 年	5～15	1
⑥	清水河	1.2	泾河（茹河）	丘 3 区	2016～2018 年	50	1
⑦	王洼沟	1.28	泾河（蒲河）	丘 3 区	2016～2018 年	63	1
⑧	蛇家沟	4.74	无定河	丘 1 区	1960～1969 年	5～15	3
⑨	王皮湾	5.13	延河	丘 2 区	2016～2018 年	77	2
⑩	纸坊沟	8.27（8.05）	延河	丘 2 区	2014～2017 年	80	2
⑪	安家沟	8.56	祖厉河	丘 5 区	2014～2018 年	73	1
⑫	刘家沟	21	无定河	丘 1 区	1960～1969 年	5～15	7
⑬	裴家峁	39.5（30）	无定河	丘 1 区	1990～2018 年	22～59	8
⑭	尔架麻	47.2	皇甫川	裸露砒砂岩区	2007～2017 年	36～51	2
⑮	西五色浪	74.4（22.8）	皇甫川	丘 3 区	2016～2018 年	50	2
⑯	城西川	79.6（30.1）	泾河（马莲河）	丘 5 区	2017～2018 年	38	3
⑰	岔口	126（55）	芝河	丘 1 区+残塬	2016～2018 年	63	2
⑱	岔巴沟	187（84.2）	无定河	丘 1 区	2012～2017 年	38.0	13

续表

序号	流域名称	控制区面积/km²	所属的黄河一级支流	水土流失类型区	数据时段	林草梯田有效覆盖率/%	雨量站数量/座
⑲	清凉寺沟	283(260)	清凉寺沟	丘1区	2010～2017年	50.4	6
⑳	马湖峪	371(141)	无定河	丘1区	2012～2017年	38.0	7
㉑	北洛河志丹以上	774(507)	北洛河	丘2区	2010～2016年	59.0	6
㉒	柔远川悦乐以上	528(528)	泾河	丘2区	2010～2017年	50.0	8
㉓	小理河李家河以上	807(371)	无定河	丘1区	2012～2017年	36.0	8
㉔	合水川板桥以上	807(767)	泾河	丘2区+残塬	2010～2017年	78.2	10
㉕	清涧河子长以上	913(685)	清涧河	丘2区	2012～2017年	64.3	8
㉖	佳芦河申家湾以上	1121(336)	佳芦河	丘1区	2012～2017年	43.0	7
㉗	屈产河裴沟以上	1023(685)	屈产河	丘1区	2010～2017年	48.2	5
㉘	大理河青阳岔以上	1260(991)	无定河	丘1区+丘5区	2012～2017年	49.5	6
㉙	纳林川沙圪堵以上	1351(825)	皇甫川	裸露砒砂岩区	2010~2018年	43.8	6
㉚	散渡河甘谷以上	2484(2347)	渭河	丘3区	2010～2017年	52.4	10

注：控制区面积一列无括弧者表示该流域没有任何拦沙工程。

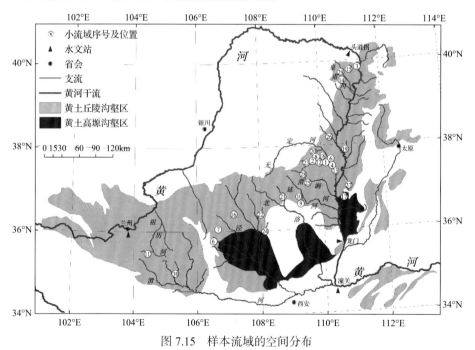

图7.15　样本流域的空间分布

　　在本节的数据时段内，团山沟、水旺沟、蛇家沟、刘家沟和团圆沟的年最大含沙量平均为 870～1100kg/m³，参考当年的地面调查数据和植被盖度-年最大含沙量关系[图 6.17(b)]，估计这些流域在数据选用时段的林草植被盖度为 10%～

30%；再参考 1978 年前后岔巴沟和韭园沟的林草地面积占比(44%和 49%)，推算这些微型流域在 1956～1969 年的林草有效覆盖率为 5%～15%。

由图 7.15 可见，样本流域主要分布在黄河河口镇至龙门区间，该区也是黄河防汛部门最为关注的区域。

在潼关以上的黄丘区，还有一些降雨和水沙数据均较丰富的小流域，但因淤地坝太多，难以准确掌握每场洪水期间的流域实际产沙量，所以未能入选。考虑到丘 3 区可利用的样本流域太少，散渡河流域的坝库极少，因此，尽管流域面积偏大，仍将散渡河作为研究样本。

以下采用的降雨数据均为场次降雨的逐时段观测值，即降雨摘录数据。将样本流域各雨量站的实测雨量平均值，作为该流域本场降雨的面雨量。其中，对于面积较大的流域，采用泰森多边形法计算流域的面雨量。降雨强度是指单位时段内降雨量，单位为 mm/min 或 mm/h，处理方法见 2.5.2 节。

若以"降雨量≥10mm"作为"有效降雨"的标准(王万忠，1983)，样本流域每年一般有 6～10 次有效降雨，即每个样本流域至少有 20 对观测数据，有的甚至达到 50 次以上，基本满足分析要求。只不过，在现状下垫面背景下，这些"有效降雨"中的绝大多数不会引起流域产水产沙。

原则上，流域产沙量(W_s)是把口断面实测的输沙量、淤地坝和水库的拦沙量、灌溉引沙量的总和。其中，输沙量的数据来源与降雨数据来源相同。不过，因样本流域无灌溉，所以"灌溉引沙量"可忽略。为减少输沙环节人类活动对流域产沙量还原的干扰，选用的样本流域均为基本没有冲积性河道且坝库极少或坝库拦沙量可知的流域。除裴家峁流域外，面积小于 $50km^2$ 的样本流域内均无淤地坝或水库。

对于淤地坝很多的无定河二级或三级支流，以及佳芦河流域和清涧河子长以上地区，其 2012～2017 年产沙量均参考无定河 2017 年"7·26"大暴雨期间的坝库实测拦沙量进行还原。无定河 2017 年"7·26"特大暴雨过后，黄河水利委员会下属的相关单位对大暴雨区的小理、岔巴沟、马湖峪和大理河青阳岔以上等区域的 2019 座淤地坝和水库进行了逐坝调查，测量了每座坝在大暴雨期间的淤积量和水毁排沙量(刘晓燕和高云飞，2021)。利用该实测数据和各流域把口水文站的实测输沙量，可推算出相关流域淤地坝拦沙量与把口水文站输沙量之间的比例关系。再利用该关系，可推算出本书样本流域的产沙量。

其他流域的淤地坝不多，且绝大多数建成于 1990 年以后，目前的淤积量平均只有总库容的 30%。在计算流域的单位面积产沙量时，采用的"控制区面积"均为扣除"坝库控制区"后的流域面积，见表 7.6。

7.3.3　降雨阈值识别方法

场次降雨及其产沙量是"可致流域产沙的降雨阈值"的研究对象。

　　要识别可致流域产沙的降雨指标，需界定"流域产沙"的内涵。张汉雄和王万忠(1982)、周佩华和王占礼(1987)将可产生坡面径流的降雨作为侵蚀性降雨；唐克丽等(2004)认为，可蚀性降雨是指能够产生径流且引起的土壤侵蚀模数大于 $1t/km^2$ 的降雨；王万忠和焦菊英(2018)认为，黄土高原的侵蚀性降雨是 80%发生频率所对应的降雨，相应的土壤流失量超过 $500t/km^2$。近十多年来，随着研究区下垫面大幅改善，绝大部分支流每年只发生 1~3 次洪水，而按《土壤侵蚀分类分级标准》(SL 190—2007)，黄土高原区的容许土壤流失量为 $1000t/(km^2 \cdot a)$。考虑黄土高原的容许土壤流失量、研究区现状产沙情势和前人对黄土高原降雨特点的认识(王万忠和焦菊英，2018)，从更好地服务于黄河防汛和规划部门应对决策的角度，本书将"场次降雨的流域产沙强度≥ $500t/km^2$"作为流域是否产沙的判定标准，相应的降雨条件即为"可致流域产沙的降雨阈值"。

　　"产沙强度≥ $500t/km^2$"可以作为流域是否产沙的判断标准，但该标准在黄土高原显然不足以引起生产部门的重视。为此，我们把"产沙强度≥ $2500t/km^2$"作为流域显著产沙的判断标准。

　　场次降雨的总降雨量和最大 1h 降雨量显然是重要的降雨指标，以下简称次雨量(P, mm)和最大雨强(I_{60}, mm/h)。考虑到场次降雨的产沙量是降雨历时和雨强的函数，将土壤侵蚀研究常用的"降雨侵蚀力"也作为降雨指标。1958 年，美国学者 Wischmeier 和 Smith(1958)首次提出了降雨侵蚀力(R)的概念，并将其应用于土壤侵蚀量的计算，计算公式为

$$R = \sum E \times I_{30} \tag{7.1}$$

式中，E 为一次降雨的总动能；I_{30} 为一次降雨过程中连续 30min 最大降雨量。随后，结合各地实际，式(7.1)中 E 常被简化成次降雨量 P，雨强也有 I_{10}、I_{15}、I_{30}、I_{60} 等多个变种(唐克丽等，2004；王万忠和焦菊英，2018)。考虑到如前所述的黄土高原降雨数据格式的实际情况，本书采用的降雨侵蚀力计算公式为

$$R = P \times I_{60} \tag{7.2}$$

　　确定了降雨指标和流域产沙的判断标准后，对于任意流域，可利用某时段的实测降雨和产沙数据，分别建立降雨-产沙强度的关系；然后，根据关系点群的外包线，识别出可致流域产沙的降雨阈值。显然，流域的林草梯田覆盖状况不同，降雨阈值必然不同。为揭示流域林草有效覆盖率和梯田规模变化对产沙降雨阈值的影响规律，一方面降雨阈值的识别方法要一致，另一方面涉及的林草梯田有效覆盖率的范围应宽，故本书选用的数据时段既有 20 世纪五六十年代，也有 20 世纪 90 年代至今。此外，考虑到 60 多年来黄土高原各流域的植被和梯田状况一直处于不断变化过程中，因此识别降雨阈值时，采用的林草梯田有效覆盖率、产沙和降雨数据在时段上必须对应。

以下以流域面积 1.2km² 的清水河小流域为例,说明 2016~2017 年下垫面情况下的降雨阈值识别方法。首先,利用 2016~2017 年实测数据,分别构建该流域次雨量、最大雨强和降雨侵蚀力等降雨指标与产沙强度之间的散点图,结果见图 7.16。据图 7.16 的外包线判断,当次降雨的面雨量超过 43mm 或最大雨强超过 28mm/h 或降雨侵蚀力大于 1150mm²/h 后,尽管有些场次降雨的产沙强度仍会低于 500t/km²,但流域产沙强度≥500t/km² 的概率越来越大。由此认为,在 2016~2017 年下垫面情况下,该流域的次雨量阈值、最大雨强阈值和降雨侵蚀力阈值分别约为 43mm、28mm/h 和 1150mm²/h。

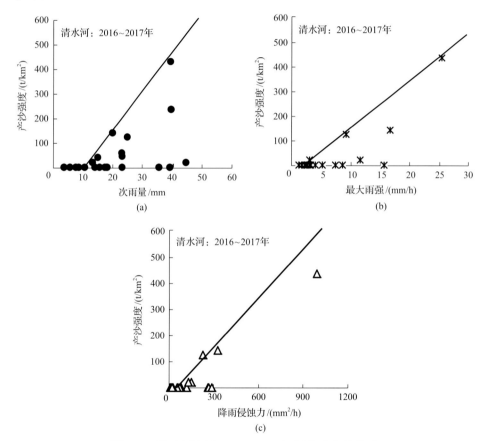

图 7.16　清水河流域 2016~2017 年的降雨-产沙关系

2000 年以来,黄土丘陵区大部分流域的植被和梯田覆盖状况都处于不断改善和快速改善的过程中,即使相差几年,同一条流域的林草梯田覆盖状况也相差很大。直至 2012~2016 年,林草梯田覆盖状况才先后趋于稳定。林草梯田覆盖状况的变化,必然导致降雨阈值变化。因此,要确定样本流域在某种下垫面情况下的降雨阈值,须根据其不同时期的下垫面状况对数据进行分组,使每组数据时段的下垫面大体相同。

对于小(微型)流域，采用流域内各雨量站的最大雨强均值，构建雨强-产沙强度关系图。对于流域面积较大的中小流域，采用降雨中心的最大雨强。

7.3.4 林草覆盖变化对降雨阈值的影响

本节以"场次降雨的流域产沙强度≥500t/km²"作为流域是否产沙的判定标准，分析植被变化对"可致流域产沙"的降雨阈值的影响。

在本书选用的样本流域中，团山沟、蛇家沟和刘家沟流域的数据时段为1960~1969年，三流域均位于无定河岔巴沟内，流域面积分别为0.18km²、4.74km²和21km²。在该数据时段，约55%的土地为坡耕地，且林草地的植被盖度极低，因此，在水文年鉴记载的227次洪水测验成果表中，产沙强度大于500t/km²和10000t/km²者分别占52%和8%。分别构建了各流域的次雨量-产沙强度、最大雨强-产沙强度、降雨侵蚀力-产沙强度关系，结果见图7.17。为便于识别降雨阈值，

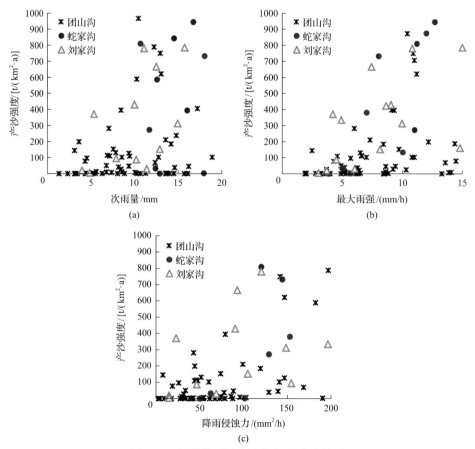

图 7.17　低林草覆盖流域的降雨-产沙关系

图 7.17 未显示产沙强度大于 1000t/km^2 的场次洪水信息。由图 7.17 可见，在植被很差的黄土丘陵区的小(微型)流域，一场次雨量 7mm 或最大雨强 6mm/h 或降雨侵蚀力 40mm^2/h 的降雨，就可能发生产沙强度达 500t/km^2 的产沙事件。

以上现象与植被良好的黄土丘陵区形成鲜明对照。图 7.18 是桥沟流域(2007～2018 年)、王皮湾流域(2016～2018 年)和纸坊沟流域(2016～2017 年)的降雨-产沙关系，其林草有效覆盖率分别为 62%、77% 和 80%，是植被优良的样本流域。由图 7.18 可见，在次雨量小于 100mm、最大雨强小于 63mm/h、降雨侵蚀力小于 4000mm^2/h 范围内，仅在无定河 2017 年 "7·26" 特大暴雨期间，桥沟流域的产沙强度达到 2229t/km^2(即图 7.18 中的最高点)，相应的次雨量和最大雨强分别为 113.2mm 和 44.6mm/h；其他各场次降雨的产沙强度均不足 100t/km^2。据图 7.18 推算，该时期桥沟流域的次雨量、最大雨强和降雨侵蚀力阈值分别约 95mm、40mm/h、2000mm^2/h；其他两流域降雨阈值可能更大，但仍难给出定量结论。

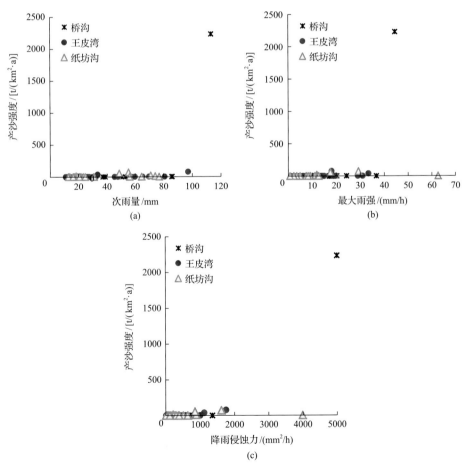

图 7.18　高林草覆盖流域的降雨-产沙关系

　　从桥沟流域 1986～2018 年降雨阈值的变化过程,可更清晰地看出林草植被变化对降雨阈值的影响。桥沟流域也是无定河流域的一条微型流域,流域面积 0.45km²,自 1986 年设站观测至今。20 世纪 80 年代末,桥沟流域的林草有效覆盖率为 15%,至 2016 年达到 74%。从桥沟流域不同时期的降雨-产沙关系可见(图 7.18 和图 7.19),随着植被改善,桥沟流域的次雨量、最大雨强和降雨侵蚀力阈值由 1990 年前后的 11mm、10mm/h、120mm²/h,达到 2018 年的 95mm、40mm/h 和 2000mm²/h。

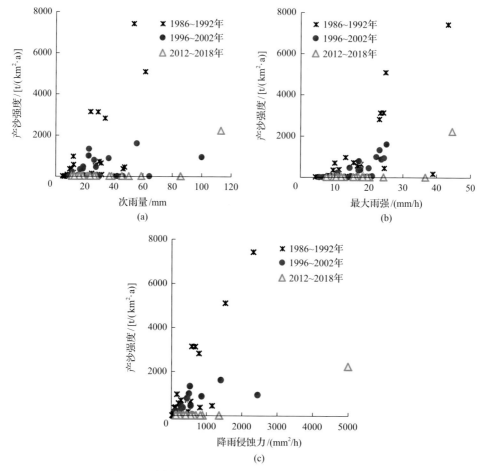

图 7.19　桥沟流域 1986～2018 年降雨-产沙关系变化

　　在所选的样本流域中,位于丘 3 区的王洼沟流域在 2017 年的梯田覆盖率为 21.9%;加上林草植被后,林草梯田有效覆盖率为 63.3%。将其 2016～2018 年的降雨-产沙关系与林草有效覆盖率为 64%的桥沟流域(2010～2016 年)进行对比,结果发现,至少在所采用数据的时段,两流域的降雨-产沙关系并无明显差异,见

图 7.20。当次雨量和最大雨强大于图 7.20 中的最大量级后，桥沟曾在 2017 年 "7·26" 大暴雨期间的产沙强度达到 2229t/km²，但王洼沟流域的降雨-产沙情况 仍待进一步观察。理论上，由于单位面积梯田的减沙能力大于林草地，王洼沟流 域的降雨阈值应大于桥沟。

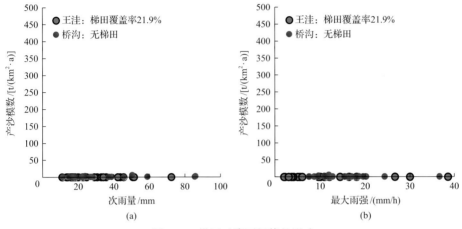

图 7.20　梯田对降雨阈值的影响

7.3.5　黄土丘陵区降雨阈值变化规律

以产沙强度 ≤500t/km² 为标准，对 30 个样本流域在不同时期的降雨阈值进 行了分析，并将降雨阈值与同期的林草梯田有效覆盖率点绘在图 7.21 中。其中， 图 7.21 右上方的两个点取自王皮湾和纸坊沟流域，因实测数据仍未出现产沙模数 大于 500t/km² 的降雨事件，故图中的降雨阈值为估算值；图中的趋势线是丘 1～3 区全部数据点的中线。考虑到 30 个样本流域的地形和地表土壤有所差别，作图时 以 "地形和土壤条件相近" 为原则进行了分组。

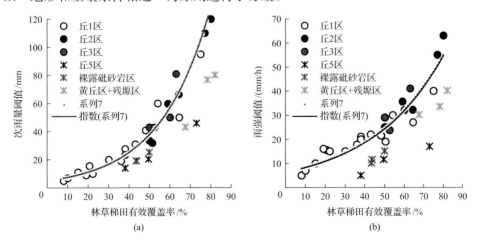

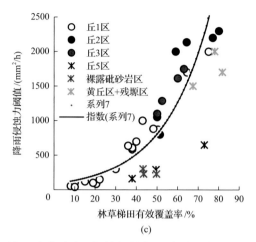

图 7.21　下垫面变化对降雨阈值的影响(以产沙强度 500t/km² 为标准)

由图 7.21 可见：

(1)无论地貌类型如何，随着林草梯田有效覆盖率的增大，降雨阈值均明显增加。由此可见，植被越好、梯田越多，流域越不易产沙。

(2)在同样的下垫面情况下，丘 1～3 区的降雨阈值差别极小。然而，丘 5 区、残塬区和裸露砒砂岩区的降雨阈值明显偏低，即相同下垫面情况下，此类地区更容易产沙。事实上，正如第 6 章所说，在相同下垫面和降雨情况下，丘 1～3 区的产沙强度差别很小；丘 5 区和砒砂岩区不仅更容易产沙，而且相同下垫面和降雨情况下的产沙强度更高。

(3)从表 7.6 来看，丘 1～3 区样本流域的面积变幅很大、个别达到 1000km² 以上，但从图 7.19 来看，流域面积的影响不明显，这不仅与雨量站密度较大、流域内没有冲积性河道和坝库拦沙数据可靠等有关，也与选用的流域产沙指标有关。本节采用的产沙指标是"单位面积的产沙量"，而非"产沙量"，因此，只要获取的降雨量和产沙量能够反映样本流域的实际情况，降雨阈值应与流域面积关系不大。

将丘 1～3 区的点子作为一个数据集，得到流域的林草梯田有效覆盖率与降雨阈值之间的关系曲线，见图 7.21。图中 3 条关系曲线的表达式分别为

$$P_{cv} = 4.85 \times e^{0.041 \times V_{et}} \tag{7.3}$$

$$I_{cv} = 6.3 \times e^{0.027 \times V_{et}} \tag{7.4}$$

$$R_{cv} = 85 \times e^{0.045 \times V_{et}} \tag{7.5}$$

式中，P_{cv}、I_{cv}、R_{cv} 分别为次雨量、雨强和降雨侵蚀力的阈值；V_{et} 为流域的林草

梯田有效覆盖率。考虑到 1959～1969 年的林草梯田有效覆盖率为估算值、王皮湾和纸坊沟流域的降雨阈值也是估算值(林草有效覆盖率分别为 77%和 80%),因此,以式(7.3)～式(7.5)的适用范围是"林草梯田有效覆盖率为 15%～70%",不宜外延。

由式(7.3)～式(7.5)可见,降雨阈值与流域林草梯田有效覆盖率之间呈指数函数关系,林草植被覆盖程度越高或梯田越多,可导致流域明显产沙的降雨阈值越大。基于式(7.3)～式(7.5)推算,当林草梯田有效覆盖率大于 80%后,丘 1～3 区的降雨阈值随林草梯田有效覆盖率的增大而急剧增大,次雨量和雨强阈值分别达130mm 和 55mm/h 以上,该量级降雨发生在黄土丘陵区的小范围是可能的,但鲜见在大范围发生。

针对丘 1～3 区的流域,利用式(7.3)～式(7.5)可推算出在不同下垫面情况下的降雨阈值,结果见表 7.7(数据已取整)。林草梯田有效覆盖率 V_{et} 为 40%～70%,正是黄土高原此类地区在 2018 年前后的下垫面实况,其中,V_{et} 为 40%左右的地方主要集中在无定河中游地区至佳芦河一带,V_{et} 达 70%的地方分布在延河上中游地区以及子午岭—黄龙山区周边和土石山区周边。在丘 1～3 区的大部分地区,其 V_{et} 大体在 50%～65%变化。

表 7.7　黄土丘陵沟壑区不同下垫面情况下可致流域产沙的降雨阈值

林草梯田有效覆盖率/%	40	50	55	60	65	70
次雨量阈值/mm	25	38	46	57	70	86
雨强阈值/mm	19	24	28	32	36	42
降雨侵蚀力(PI_{60})阈值/(mm²/h)	514	806	1010	1265	1583	1984
降雨侵蚀力(PI_{30})阈值/(mm²/h)	257	804	505	632	791	992

考虑到我国多数学者常用 I_{30} 计算降雨侵蚀力,因此,在表 7.7 的最后一行,还给出了与 "$R = P \times I_{30}$" 口径基本一致的降雨侵蚀力阈值,以方便成果应用。不过,由于现实中场次降雨的最大 1h 降雨量(I_{60})和最大 30min 降雨量(I_{30})并不一定是倍数关系,因此表 7.7 中基于 PI_{30} 的降雨侵蚀力阈值可能与实际情况有少量偏差,需在实践中进一步修正。

(4)黄土高原的砒砂岩主要分布在皇甫川流域、十大孔兑上游、窟野河上游、清水川流域,在黄河上游兰循区间的沿黄地区也有砒砂岩地层出露。不过,砒砂岩出露较多的区域主要分布在皇甫川流域的纳林川及其周边区域,面积约2500km²,其他区域砒砂岩出露面积占地表面积的比例很小。本节选择纳林川沙圪堵水文站以上区域和纳林川右岸的尔架麻小流域作为样本流域,两样本流域分别位于纳林川的上游和中游,面积合计约 1398km²、占裸露砒砂岩区的 56%,土壤、地形和植被可代表该区情况。目前,纳林川一带的林草有效覆盖率为 50%～

51%，从图 7.19 判断，相应的次雨量、雨强和降雨侵蚀力（PI_{60}）阈值分别约 25mm、15mm/h 和 300mm²/h。

（5）残塬区和丘 5 区的共同特点是，以重力侵蚀和河道冲刷为主要形式的河谷产沙量占流域产沙量的比例较大，塬面面积占比越大或河道越长，河谷产沙占比越大；而重力侵蚀量和河道冲刷量不仅与流域降雨有关，还与土壤干湿变化和灌溉水回归等因素有关。因此，基于图 7.19 可以得到"残塬区和丘 5 区的降雨阈值偏低"的定性认识，但林草梯田有效覆盖率与降雨阈值的定量响应关系仍待更多样本流域的数据支持。

需要说明的是，由于以上识别降雨阈值采用的是外包线原则，降雨量级达到本节提出的阈值，并不意味着必然产沙，只能说明产沙的可能性较大。

以黄河中游地区最普遍的丘 1～3 区为重点，采用同样的方法，将该产沙强度的标准提高至"2500t/km²"，并分析了不同下垫面条件的降雨阈值，结果见图 7.22。

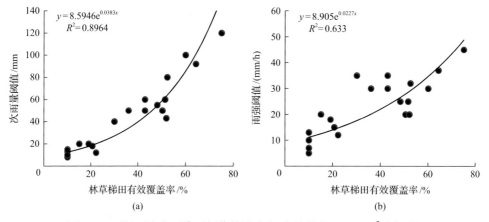

图 7.22　下垫面变化对降雨阈值的影响（以产沙强度 2500t/km² 为标准）

在我们采集到的小（微型）流域中，因设站以来未发生过"产沙强度 2500t/km²"的降雨，故无法推算出相应的降雨阈值，所以有 5 条小流域的数据未在图 7.22 显示。其中，北洛河志丹以上、王洼沟流域和圪坨店流域在 2013～2018 年林草梯田有效覆盖率为 59%～64%，期间发生的最大雨强为 39～52mm/h、次雨量为 70～87mm，但实测产沙强度均小于 800t/km²。而从图 7.22 判断，当林草梯田有效覆盖率达到 59%～64% 时，次雨量阈值为 82～100mm、雨强阈值为 34～38mm/h，说明图 7.22 的关系曲线与实际情况基本相符。由此可见，当林草梯田有效覆盖率达到 60% 后，只有发生日降雨大于 100mm 的大暴雨时，流域的产沙强度才可能达到 2500t/km² 以上。

基于图 7.22，当林草梯田有效覆盖率大于 75% 以后，次雨量和雨强阈值将大于 152mm 和 49mm/h，这意味着产沙强度大于 2500t/km² 的产沙事件发生概率极低。实际情况也是如此：2014～2019 年，位于延河流域的纸坊沟和王皮湾小流域的林草梯田有效覆盖率分别为 77%和 80%，期间发生的最大雨强为 34～63mm/h、次雨量为 77～97mm，但实测产沙强度均小于 100t/km^2。

以上结论均是基于流域尺度上的实测数据总结、提炼得到的，在近年植被大幅度改善和大规模梯田建成的背景下，该成果对认识林草梯田减沙机制、黄河水沙情势的评价与预测预报等具有较大的实用价值。但限于可利用的样本流域有限，加之近年可产流的降雨更少、样本流域观测到的洪水场次不多，因此所提出的成果仍需未来根据更多实测数据修正完善。

第8章 流域下垫面减沙作用计算方法

8.1 降雨和下垫面减沙作用分割方法

20 世纪 50 年代以来,黄土高原开始兴建水库、淤地坝和梯田等水利水保工程,并逐渐扩大灌溉面积。随着人类活动的增加,加之气候波动,黄土高原入黄沙量和潼关水沙量出现减少现象。进入 21 世纪,潼关来沙甚至减少约 90%。在此背景下,黄河水沙变化原因成为研究热点,识别气候与人类活动的贡献率是该研究的重点任务之一。然而,如 1.3 节所述,准确剥离气候变化和人类活动的减沙贡献是十分困难的。鉴于此,我们重点关注"下垫面变化"对流域输沙量的总影响量,暂不关注下垫面减沙量中的降雨因素、其他气候因素、人类活动、人类"不活动"的减沙贡献率;将重点关注"降雨"变化的直接影响,暂不关注因降雨导致下垫面改变所带来的间接减沙作用。

8.1.1 方法原理

本书采用降雨-产沙相关模型,以水利水保活动相对减少的"天然时期"为基准,识别不同时期下垫面和降雨的减沙贡献,俗称"水文法"。该方法的基本原理是:通过双累积曲线等数学工具,识别各支流降雨-产沙关系的转折年份,并将第一个转折年之前作为"天然时期";选择能够反映相应支流降雨-产沙机制的降雨指标和模型形式,建立各支流在"天然时期"的降雨-产沙响应关系模型,见图 8.1。

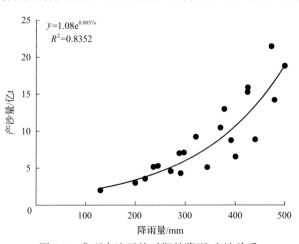

图 8.1 典型支流天然时期的降雨-产沙关系

将长系列降雨(如 1956～1959 年降雨)代入天然时期的降雨-产沙模型,可得到该支流的"天然产沙量 $W_{s天然产沙量}$";将现状年降雨量代入该模型,可计算得到现状降雨条件在"天然时期下垫面"的理论产沙量,记为"现状理论产沙量 $W_{s现状理论产沙量}$";"天然产沙量"与"现状理论产沙量"之差值,即现状年降雨变化对流域产沙的影响量;"现状理论产沙量"与"现状实测输沙量 $W_{s现状实测输沙量}$"之差值,是现状年非降雨因素变化对流域产沙的影响量。计算公式如下:

$$\Delta W_{s降雨}=W_{s天然产沙量}-W_{s现状理论产沙量} \tag{8.1}$$

$$\Delta W_{s非降雨}=W_{s现状理论产沙量}-W_{s现状实测输沙量} \tag{8.2}$$

式中, $\Delta W_{s降雨}$ 和 $\Delta W_{s非降雨}$ 分别为现状年降雨因素和非降雨因素减沙量。其中,非降雨因素减沙量可笼统视为下垫面变化导致的总减沙量,但实际上植被改善包含有降雨的促生因素。

分析式(8.1)可见,只要现状年降雨比天然时期偏枯,则"降雨"为减沙因素;若现状年降雨偏丰,则"降雨"为增沙因素。

构建出各支流在天然时期的降雨-产沙关系,显然是该方法的关键环节,由此涉及两个关键问题的处理:一是"天然时期下垫面"的认定,二是降雨指标的科学性和合理性。

理论上,各支流的"天然时期下垫面"是非常明确的,即与"黄河天然沙量 16 亿 t/a"对应的 1919～1959 年的下垫面和降雨,该时期的降雨-产沙关系即该支流天然时期的降雨-产沙关系。然而,这个时期降雨和产沙数据均十分匮乏,无法满足建模需要。因此,人们只能选择水文站设站年至第一个降雨-产沙关系的转折年份,作为相应支流的"天然时期"。利用双累积曲线,对黄河各支流水沙变化的转折年进行分析,结果表明,对于黄土高原绝大多数支流,其来沙变化的第一个转折年都在 20 世纪 70 年代中后期,最早在 1971 年(无定河),见表 8.1。

表 8.1 典型支流水沙变化转折年

支流名称	转折年	支流名称	转折年	支流名称	转折年	支流名称	转折年
皇甫川	1981 年	清涧河	1979 年	湫水河	1978 年	泾河庆阳	1977 年
孤山川	1977 年	延河	1979 年	三川河	1978 年	泾河毛家河	1980 年
窟野河	1979 年	浑河	1974 年	屈产河	1981 年	渭河北道	1974 年
佳芦河	1975 年	偏关河	1981 年	昕水河	1979 年	祖厉河	1978 年
无定河	1971 年	朱家川	1972 年	北洛河上游	1978 年	汾河兰村	1972 年

原则上,应将场次降雨量(或雨滴动能)与最大 30min 雨强的乘积或最大 60min 雨强的乘积(EI_{30} 或 EI_{60}),作为构建降雨-产沙关系的降雨指标。但是,在 20 世纪 70 年代以前,黄土高原降雨观测大多靠人工操作的雨量筒,且雨量站十分稀少,在大空间范围上,测雨数据无法满足 EI_{30} 或 EI_{60} 计算的要求。而且,黄土高原水文部门的大多数雨量站安置在群众家中,此类雨量站在早年很难做到按分钟或小

时测雨。

通过对黄土地区农用地的侵蚀性降雨分析，王万忠(1984b)认为，场次降雨量为 11.5mm 即可引起轻度侵蚀，降雨量为 25mm 时土壤侵蚀可达强度级别。大量研究证明，雨强对黄土高原降雨-产洪-产沙具有重要意义。本书第 7 章则发现，可致产沙的降雨量和雨强阈值与相应时期的林草梯田有效覆盖率密切相关，林草梯田有效覆盖率越低，降雨阈值越小。基于此，并考虑到黄土高原各地在早期的测雨技术实际，本章选用了 5 组雨量指标和 4 组雨强指标；雨量指标除 6~9 月降雨量($P_{6\sim9}$)和 7~8 降雨量($P_{7\sim8}$)外，还选取了日降雨大于 10mm、25mm 和 50mm 的年降雨总量(即 P_{10}、P_{25} 和 P_{50})，以尽可能兼顾雨量和雨强因素；将 P_{10}、P_{25} 和 P_{50} 除以相应降雨天数作为雨强，用 I_{10}、I_{25} 和 I_{50} 表示；P_{50}/P_{10} 也作为雨强指标之一。

土石山区因水土流失轻微，所以在降雨统计时应剔除土石山区内的雨量站点。

8.1.2　模型构建

考虑到不同区域地貌、土壤、植被等下垫面状况的差异，将研究区划分为若干单元进行建模。我们以水文站控制的支流或水文区间为基础，将黄河主要产沙区划分了 42 个计算单元，其中，河龙区间 18 条主要产沙支流分别作为计算单元；泾河上中游和渭河上游分别划分了 8 个计算单元和 5 个计算单元。

对含有风沙区的无定河、窟野河和秃尾河等支流，仅建立黄土区的降雨-产沙模型，以此推算全支流的降雨和下垫面减沙量。采用该方法还可规避无定河早年水库群拦沙的影响。1979 年以前，无定河流域建成了 26 座大中型水库和 68 座小型水库，但它们主要分布在上游风沙(盖沙丘陵)区。

建模时采用单自变量(不同量级的降雨量)和双自变量(雨量和雨强组合)两类降雨指标，分别与年输沙量建立响应关系。因为每个支流(分区)都有 6 组雨量指标和 4 组雨强指标，所以组合后每条支流都可得到 20~30 组模型。选取相关系数最优的 5 组，作为相应支流(分区)在"天然时期"的降雨-产沙关系表达式。

基于目前对黄土高原降雨-产沙规律的认识，降雨-产沙模型函数形式主要采用单调递增的指数函数形式。

表 8.2 为研究区支流的建模结果，限于篇幅，每条支流仅列出 3 组模型。研究区各支流模型的 R^2 最小值为 0.581(贾桥)，最大值为 0.911(清水河)，可基本满足分析要求。

表 8.2　研究区各支流在"天然时期"的降雨-产沙模型

河名	水文站名	建模时段	降雨指标	降雨-产沙模型	R^2
皇甫川	皇甫	56~81	$P_{6\sim9}$ & P_{50}/P_{10}	$W_s=0.0684\times P_{6\sim9}^{1.9632}\times(P_{50}/P_{10})^{0.1458}$	0.751
			P_{10}	$W_s=0.2725\times P_{10}^{1.7918}$	0.722
			P_{25}	$W_s=21.85\times P_{25}^{1.1422}$	0.713

续表

河名	水文站名	建模时段	降雨指标	降雨-产沙模型	R^2
孤山川	高石崖	56~77	$P_{6\sim9}$ & P_{50}/P_{10}	$W_s=0.0656\times P_{6\sim9}^{1.9074}\times(P_{50}/P_{10})^{0.3873}$	0.758
			P_{10}	$W_s=0.6058\times P_{10}^{1.4855}$	0.796
			P_{25}	$W_s=17.263\times P_{25}+243.05$	0.802
窟野河	温家川	56~79	$P_{7\sim8}$	$W_s=0.2379\times P_{7\sim8}^{1.8416}$	0.734
			$P_{7\sim8}$ & P_{50}/P_{10}	$W_s=0.4713\times P_{7\sim8}^{1.9073}\times(P_{50}/P_{10})^{0.4704}$	0.746
			P_{10} & P_{50}/P_{10}	$W_s=7.3011\times P_{10}^{1.3784}\times(P_{50}/P_{10})^{0.5396}$	0.651
秃尾河	高家川	56~77	$P_{7\sim8}$	$W_s=0.6502\times P_{7\sim8}^{1.4959}$	0.761
			$P_{7\sim8}$ & P_{50}/P_{10}	$W_s=0.9998\times P_{7\sim8}^{1.4676}\times(P_{50}/P_{10})^{0.1619}$	0.772
			P_{25}	$W_s=0.0113\times P_{25}^{2}+17.125\times P_{25}$	0.695
佳芦河	申家湾	58~75	$P_{6\sim9}$ & P_{50}/P_{10}	$W_s=0.0786\times P_{6\sim9}^{1.8633}\times(P_{50}/P_{10})^{0.2494}$	0.864
			P_{10} & P_{50}/P_{10}	$W_s=0.3080\times P_{10}^{1.7096}\times(P_{50}/P_{10})^{0.2710}$	0.853
			P_{25}	$W_s=5.6826\times P_{25}^{1.2243}$	0.821
无定河（无风沙区）	白家川	56~71	$P_{6\sim9}$ & P_{50}/P_{10}	$W_s=0.5308\times P_{6\sim9}^{1.8214}\times(P_{50}/P_{10})^{0.0807}$	0.748
			$P_{7\sim8}$ & P_{50}/P_{10}	$W_s=0.5593\times P_{7\sim8}^{1.9698}\times(P_{50}/P_{10})^{0.1074}$	0.763
			P_{25}	$W_s=0.5523\times P_{25}^{2}+60.749\times P_{25}$	0.842
清涧河	延川	56~79	$P_{年}$	$W_s=0.0042\times P_{年}^{2.2435}$	0.634
			$P_{6\sim9}$	$W_s=0.1121\times P_{6\sim9}^{1.8064}$	0.685
			P_{10}	$W_s=0.9777\times P_{10}^{1.4989}$	0.639
延河	甘谷驿	56~79	$P_{6\sim9}$	$W_s=0.536\times P_{6\sim9}^{2}-5.0842\times P_{6\sim9}$	0.655
			P_{10}	$W_s=0.0673\times P_{10}^{2}-5.0842\times P_{10}$	0.626
			P_{25}	$W_s=0.1164\times P_{25}^{2}+20.862\times P_{25}$	0.603
汾川河	新市河	59~79	$P_{6\sim9}$	$W_s=0.0027\times P_{6\sim9}^{2}-0.143\times P_{6\sim9}$	0.567
			P_{10}	$W_s=0.0043\times P_{10}^{2}-0.3648\times P_{10}$	0.675
			P_{25}	$W_s=0.0047\times P_{25}^{2}+0.9652\times P_{25}$	0.741
仕望川	大村	59~77	$P_{7\sim8}$	$W_s=0.0064\times P_{7\sim8}^{2}-0.2422\times P_{7\sim8}$	0.685
			P_{10}	$W_s=0.0032\times P_{10}^{2}-0.2034\times P_{10}$	0.621
			P_{25}	$W_s=0.0057\times P_{25}^{2}+0.7282\times P_{25}$	0.700

河名	水文站名	建模时段	降雨指标	降雨-产沙模型	R^2
浑河	放牛沟	56~74	$P_{6\sim9}$	$W_s = 0.019 \times P_{6\sim9}^{1.9903}$	0.794
			$P_{6\sim9}\& P_{50}/P_{10}$	$W_s = 0.1050 \times P_{6\sim9}^{1.7996} \times (P_{50}/P_{10})^{0.2422}$	0.658
			P_{10}	$W_s = 0.4524 \times P_{10}^{1.5288}$	0.760
偏关河	偏关	58~81	$P_{7\sim8}\& P_{50}/P_{10}$	$W_s = 0.0102 \times P_{7\sim8}^{2.2846} \times (P_{50}/P_{10})^{0.3038}$	0.656
			P_{10}	$W_s = 0.0192 \times P_{10}^2 + 0.5575 \times P_{10}$	0.657
			P_{25}	$W_s = 0.0376 \times P_{25}^2 + 8.2213 \times P_{25}$	0.674
朱家川	桥头	57~72	$P_{6\sim9}$	$W_s = 0.000045 \times P_{6\sim9}^{2.9546}$	0.779
			$P_{7\sim8}$	$W_s = 0.00054 \times P_{7\sim8}^{2.7271}$	0.809
			P_{25}	$W_s = 0.0834 \times P_{25}^2 + 3.4014 \times P_{25}$	0.762
清凉寺沟	杨家坡	58~77	P_{10}	$W_s = 0.1657 \times P_{10}^{1.348}$	0.720
			P_{25}	$W_s = 1.9696 \times P_{25}^{1.0493}$	0.733
			$P_{25}\& P_{50}/P_{10}$	$W_s = 2.7512 \times P_{25}^{1.0342} \times (P_{50}/P_{10})^{0.1511}$	0.729
湫水河	林家坪	56~78	$P_{6\sim9}\& P_{50}/P_{10}$	$W_s = 0.4502 \times P_{6\sim9}^{1.5276} \times (P_{50}/P_{10})^{0.2068}$	0.688
			P_{10}	$W_s = 1.4879 \times P_{10}^{1.3088}$	0.644
			P_{25}	$W_s = 0.0204 \times P_{25}^2 + 14.352 \times P_{25}$	0.679
三川河	后大成	57~70	$P_{6\sim9}\& P_{50}/P_{10}$	$W_s = 0.0033 \times P_{6\sim9}^{2.3956} \times (P_{50}/P_{10})^{0.1848}$	0.765
			$P_{7\sim8}$	$W_s = 0.00054 \times P_{7\sim8}^{2.7271}$	0.861
			$P_{7\sim8}\& P_{50}/P_{10}$	$W_s = 0.0192 \times P_{7\sim8}^{2.2833} \times (P_{50}/P_{10})^{0.2185}$	0.873
屈产河	裴沟	63~77	$P_{6\sim9}$	$W_s = 0.0008 \times P_{6\sim9}^{2.7347}$	0.741
			P_{10}	$W_s = 0.0122 \times P_{10}^{1.9932}$	0.743
			P_{25}	$W_s = 0.0308 \times P_{25}^2 + 3.2211 \times P_{25}$	0.859
昕水河	大宁	56~77	$P_{6\sim9}\& P_{50}/P_{10}$	$W_s = 0.0189 \times P_{6\sim9}^{1.9677} \times (P_{50}/P_{10})^{0.0721}$	0.675
			$P_{10}\& P_{50}/P_{10}$	$W_s = 0.7409 \times P_{10}^{1.4063} \times (P_{50}/P_{10})^{0.0697}$	0.685
			$P_{25}\&I_{25}$	$W_s = 27.2119 \times P_{25}^{0.7647} \times I_{25}^{0.1470}$	0.651
泾河	泾川	56~73	$P_{6\sim9}\& P_{50}/P_{10}$	$W_s = 0.0000716 \times P_{6\sim9}^{2.5206} \times (P_{50}/P_{10})^{0.2532}$	0.746
			$P_{7\sim8}\& P_{50}/P_{10}$	$W_s = 0.0123 \times P_{7\sim8}^{2.2211} \times (P_{50}/P_{10})^{0.1219}$	0.686
			P_{25}	$W_s = 0.3469 \times P_{25}^{1.7188}$	0.689

续表

河名	水文站名	建模时段	降雨指标	降雨-产沙模型	R^2
	袁家庵	65~78	$P_{6\sim9}$ & P_{50}/P_{10}	$W_s=0.00081\times P_{6\sim9}^{2.3964}\times (P_{50}/P_{10})^{0.5228}$	0.801
			$P_{7\sim8}$ & P_{50}/P_{10}	$W_s=0.0181\times P_{7\sim8}^{2.0908}\times (P_{50}/P_{10})^{0.5692}$	0.826
			P_{25}	$W_s=0.0135\times P_{25}^2+1.3972\times P_{25}$	0.807
	红河	59~77	$P_{6\sim9}$ & P_{50}/P_{10}	$W_s=0.0262\times P_{6\sim9}^{1.9367}\times (P_{50}/P_{10})^{0.5372}$	0.747
			P_{10}	$W_s=0.0187\times P_{10}^2-2.9905\times P_{10}$	0.756
			P_{25}	$W_s=0.0225\times P_{25}^2+5.0257\times P_{25}$	0.871
	毛家河	56~80	$P_{7\sim8}$	$W_s=0.1468\times P_{7\sim8}^2-9.2519\times P_{7\sim8}$	0.794
			P_{25}	$W_s=9.2747\times P_{25}^{1.2937}$	0.725
			P_{25} & I_{25}	$W_s=0.0149\times P_{25}^{1.0157}\times I_{25}^{2.1646}$	0.716
	杨家坪	56~80	$P_{6\sim9}$ & P_{50}/P_{10}	$W_s=0.6112\times P_{6\sim9}^{1.7692}\times (P_{50}/P_{10})^{0.4489}$	0.692
			P_{25}	$W_s=6.3827\times P_{25}^{1.4664}$	0.696
			P_{25} & P_{50}/P_{10}	$W_s=114.4613\times P_{25}^{1.0317}\times (P_{50}/P_{10})^{0.3687}$	0.665
泾河	洪德	59~77	$P_{7\sim8}$	$W_s=0.0806\times P_{7\sim8}^2-0.314\times P_{7\sim8}$	0.792
			P_{10}	$W_s=0.0583\times P_{10}^2-2.985\times P_{10}$	0.694
			P_{25}	$W_s=0.1212\times P_{25}^2+23.628\times P_{25}$	0.703
	庆阳	56~77	P_{25}	$W_s=19.564\times P_{25}^{1.2992}$	0.772
			P_{25} & I_{25}	$W_s=11.0845\times P_{25}^{1.1913}\times I_{25}^{0.2789}$	0.722
			P_{25} & P_{50}/P_{10}	$W_s=58.6468\times P_{25}^{1.1316}\times (P_{50}/P_{10})^{0.1598}$	0.730
	贾桥	56~78	$P_{6\sim9}$ & P_{50}/P_{10}	$W_s=0.0017\times P_{6\sim9}^{2.4477}\times (P_{50}/P_{10})^{0.2694}$	0.602
			P_{10} & P_{50}/P_{10}	$W_s=0.0011\times P_{10}^{2.5471}\times (P_{50}/P_{10})^{0.1950}$	0.693
			P_{25}	$W_s=19.564\times P_{25}^2+6.6201\times P_{25}$	0.581
	板桥	59~78	$P_{6\sim9}$	$W_s=0.0052\times P_{6\sim9}^2-1.3833\times P_{6\sim9}$	0.807
			$P_{7\sim8}$	$W_s=0.0113\times P_{7\sim8}^2-1.8043\times P_{7\sim8}$	0.788
			P_{25}	$W_s=0.0114\times P_{25}^{1.9563}$	0.729
	雨落坪	56~78	$P_{6\sim9}$ & P_{50}/P_{10}	$W_s=0.6678\times P_{6\sim9}^{1.7925}\times (P_{50}/P_{10})^{0.2782}$	0.651
			P_{10}	$W_s=0.0117\times P_{10}^{2.4245}$	0.746
			P_{25}	$W_s=14.58\times P_{25}^{1.4079}$	0.815

续表

河名	水文站名	建模时段	降雨指标	降雨-产沙模型	R^2
泾河	景村	56～78	$P_{6\sim9}$&P_{50}/P_{10}	$W_s = 1.1442 \times P_{6\sim9}^{1.8702} \times (P_{50}/P_{10})^{0.4768}$	0.719
			P_{25}	$W_s = 11.824 \times P_{25}^{1.5711}$	0.787
			P_{25}&P_{50}/P_{10}	$W_s = 58.6468 \times P_{25}^{1.1316} \times (P_{50}/P_{10})^{0.1598}$	0.704
渭河	武山	56～78	P_{10}	$W_s = 0.0652 \times P_{10}^2 - 8.9949 \times P_{10}$	0.807
			P_{25}	$W_s = 0.1553 \times P_{25}^2 + 15.739 \times P_{25}$	0.813
			P_{10}&P_{50}/P_{10}	$W_s = 0.0306 \times P_{10}^{2.1136} \times (P_{50}/P_{10})^{0.1817}$	0.707
	秦安	57～73	$P_{7\sim8}$&P_{50}/P_{10}	$W_s = 14.4249 \times P_{7\sim8}^{1.3024} \times (P_{50}/P_{10})^{0.3420}$	0.705
			P_{10}	$W_s = 0.0666 \times P_{10}^{2.0325}$	0.671
			P_{25}	$W_s = 33.244 \times P_{25}^{1.119}$	0.642
	北道	56～74	P_{25}	$W_s = 65.225 \times P_{25}^{1.1576}$	0.634
			$P_{7\sim8}$&P_{50}/P_{10}	$W_s = 17.021 \times 5P_{7\sim8}^{1.5354} \times (P_{50}/P_{10})^{0.4712}$	0.769
			P_{10}&P_{50}/P_{10}	$W_s = 19.266 \times P_{10}^{1.4753} \times (P_{50}/P_{10})^{0.6329}$	0.738
北洛河	刘家河	59～75	P_{10}&I_{10}	$W_s = 0.5321 \times P_{10}^{1.6582} \times I_{10}^{0.1478}$	0.752
			P_{10}	$W_s = 0.2872 \times P_{10}^{1.8316}$	0.657
			P_{25}	$W_s = 4.3898 \times P_{25}^{1.6085}$	0.761
清水河	泉眼山	58～72	$P_{6\sim9}$	$W_s = 48.586 \times P_{6\sim9} - 6754.4$	0.911
			$P_{7\sim8}$	$W_s = 61.47 \times P_{7\sim8} - 4483.2$	0.886
			P_{10}	$W_s = 52.598 \times P_{10} - 5289.5$	0.819
祖厉河	靖远	58～78	$P_{6\sim9}$	$W_s = 0.0286 \times P_{6\sim9}^{2.1946}$	0.695
			$P_{7\sim8}$	$W_s = 65.378 \times P_{7\sim8} - 3850.6$	0.848
			P_{10}	$W_s = 0.4757 \times P_{10}^{1.7742}$	0.710
汾河	兰村	56～72	$P_{年}$	$W_s = 0.00001 \times P_{年}^{3.0685}$	0.711
			$P_{6\sim9}$	$W_s = 0.00002 \times P_{6\sim9}^{3.0706}$	0.725
			P_{25}	$W_s = 2.3851 \times P_{25}^{1.3491}$	0.721
十大孔兑		58～73	$P_{6\sim9}$	$W_s = 0.0842 \times P_{6\sim9}^2 - 16.435 \times P_{6\sim9} + 708.63$	0.687
			P_{10}	$W_s = 0.084 \times P_{10}^2 - 8.96 \times P_{10} + 270.08$	0.831
			P_{25}	$W_s = 0.3049 \times P_{25}^{1.8128}$	0.611

续表

河名	水文站名	建模时段	降雨指标	降雨-产沙模型	R^2
湟水	民和	56～79	$P_{6\sim9}$	$W_s = 0.0005 \times P_{6\sim9}^{2.5962}$	0.754
			$P_{7\sim8}$	$W_s = 23.914 \times P_{7\sim8} - 2580.7$	0.822
			P_{25}	$W_s = 0.4064 \times P_{25}^{1.5658}$	0.705
洮河下游	红旗	56～92	$P_{年}$	$W_s = 0.0001 \times P_{年}^{2.6728}$	0.673
			$P_{6\sim9}$	$W_s = 0.01 \times P_{6\sim9}^{2.0804}$	0.640
			$P_{7\sim8}$	$W_s = 17.431 \times P_{7\sim8} - 1395.4$	0.666

分析表明,在单自变量模型中,用 P_{10} 和 P_{25} 模拟的效果最优,说明 P_{10} 和 P_{25} 能够综合反映雨量和雨强对产沙的影响。在双自变量模型中,以 $P_{6\sim9}$、$P_{7\sim8}$、P_{10} 与 P_{50}/P_{10} 组合模拟的效果最优,且在模型中 $P_{6\sim9}$、$P_{7\sim8}$、P_{10} 的权重高于 P_{50}/P_{10},说明所选雨量指标对产沙量的影响权重大于雨强;采用 I_{10}、I_{25} 和 I_{50} 作为雨强的关系式时相关系数普遍不如以 P_{50}/P_{10} 作为雨强,说明将 P_{50}/P_{10} 作为流域尺度反映雨强的指标更符合实际。

对于不同的支流,表 8.2 采用了多样的函数关系式,其原因不仅与早期雨量站太少(使面雨量难以真实反映流域的实际降雨情况)有关,也与建模时期的林草梯田覆盖程度有关:在建模期,表中支流的林草梯田有效覆盖率在 10%～34%变化,林区周边支流的林草梯田有效覆盖率甚至达到 60%～85%。

8.1.3　降雨指标的敏感性分析

以上水文模型采用的降雨指标多为日降雨或汛期降雨,一般认为,这样的降雨指标仍不能很好地反映黄土高原降雨-产沙机制的实际情况,应基于场次降雨,选用更小尺度的降雨指标,即采用降雨摘录数据(分钟时段的降雨量)更为科学。

为摸清降雨指标的时间尺度对计算结果的影响,以天然时期产沙量占比达 54%的河龙区间为重点,利用场次降雨的实测数据,对比论证采用不同降雨指标的计算结果差异。以 5min 作为统计时段,统计了某年 7～8 月大于 r mm/5min 的降雨量 $P_{r,5\text{min}}$。

对第 i 个雨量站,根据其第 j 条降雨摘录数据的起止时间计算该条数据的摘录历时 $d_{i,j}$;对摘录历时大于 5min 的降雨摘录数据,用摘录降雨量 $P_{i,j}$ 除以摘录历时 $d_{i,j}$,得到第 i 个雨量站的第 j 条降雨摘录数据的摘录雨强 $I_{i,j}$:

$$I_{i,j} = \frac{P_{i,j}}{d_{i,j}}, \qquad d_{i,j} \geqslant 5\,\text{min} \tag{8.3}$$

式中，$I_{i,j}$ 为第 i 个雨量站的第 j 条降雨摘录数据的摘录雨强；$P_{i,j}$ 为摘录降雨量；$d_{i,j}$ 为摘录历时，要求大于 5min。

将第 i 个雨量站的所有单站单条摘录雨强 $I_{i,j}$ 大于 r mm/5min 的摘录降雨量 $P_{i,j}$ 进行累加，并与泰森多边形法计算的该站控制面积权重 w_i 相乘，将相乘结果逐站累加得到流域大于 r mm/5min 的降雨量 $P_{r,5min}$：

$$P_{r,5\,\mathrm{min}} = \sum_{i=1}^{m}\left(w_i * \sum_{i=1}^{n} P_{i,j} \right), \qquad I_{i,j} \geqslant r\,\mathrm{mm/5\,min}, d_{i,j} \geqslant 5\,\mathrm{min} \qquad (8.4)$$

式中，$P_{r,5min}$ 为流域大于 r mm/5min 的降雨量；w_i 为根据泰森多边形法计算的雨量站控制面积权重；m 为满足单站单条摘录雨强 $I_{i,j}$ 大于 r mm/5min 要求的雨量站数；n 为满足摘录数据历时大于 5min 要求的降雨摘录数据条数。

日降雨数据的统计处理方法见本书第 2 章。为便于比较，两种建模方法采用的降雨数据均取自 7～8 月。

基于日降雨数据、月降雨数据和降雨摘录数据等不同时间尺度降雨资料，分别建立了天然时期的降雨量-输沙量模型，以对比不同时间尺度降雨数据的产沙模拟效应，结果见表 8.3。由表可见，与利用日降雨数据构建的模型相比，利用降雨摘录数据的模型相关系数更小，即敏感性更差。事实上，对有的支流采用降雨摘录数据构建模型的相关系数甚至远低于利用月降雨量构建的模型，见表 8.3 中的清涧河和延河。产生该现象的原因，主要是"天然时期"降雨摘录表的实际记录时段多为数小时，且观测间隔不统一，而建模采用的降雨指标"$P_{r,5min}$"并非实测值，而是推算值。

表 8.3　基于不同时间尺度降雨资料的降雨量-输沙量模型及结果对比

河名	站名	基于日降雨数据		基于降雨摘录数据	
		关系式	R^2	关系式	R^2
无定河	白家川	$W_s = 0.0442 P_{25(7\sim8)}^{0.5834} F_{25(7\sim8)}^{0.2805} I_{25(7\sim8)}^{0.3034}$	0.93	$W_s = 0.1907 P_{0.1,5\,\mathrm{min}}^{0.8172}$	0.85
窟野河	温家川	$W_s = 0.0099 P_{25(7\sim8)}^{0.7629} P_{\mathrm{max}3}^{0.2692}$	0.71	$W_s = 0.3883 P_{0.2,5\,\mathrm{min}}^{0.9095}$	0.41
泾河	张家山	$W_s = 2.4298 P_{10(7\sim8)}^{1.2816} F_{10(7\sim8)}^{0.8313}$	0.79	$W_s = 0.0808 P_{0.1,5\,\mathrm{min}}^{1.1072}$	0.53
清涧河	延川	$W_s = 4 \times 10^{-7} P_{6\sim9}^{2.3865}$	0.76	$W_s = 0.1273 P_{0.1,5\,\mathrm{min}}^{1.009}$	0.64
延河	甘谷驿	$W_s = 0.0023 P_{6\sim9}^{2.3815} F_{6\sim9}^{0.2161}$	0.60	$W_s = 0.1126 P_{0.1,5\,\mathrm{min}}^{0.9277}$	0.48

注：$F_{25(7\sim8)}$ 和 $F_{10(7\sim8)}$ 分别表示 7～8 月日降雨大于 25mm 或 10mm 的笼罩面积；$F_{6\sim9}$ 表示 6～9 月降雨笼罩面积；$P_{\mathrm{max}3}$ 表示年内最大 3 日降雨量；$I_{25(7\sim8)}$ 表示 7～8 月日降雨大于 25mm 相应时段的平均雨强。

考虑到早期降雨摘录数据的可获得性较差、雨量站稀少，且降雨摘录数据前后精度不一致等问题，我们推荐采用日月降雨数据构建模型，认为该精度基本满足大时空尺度上黄土高原产沙情势评价的要求。不过，因"天然时期"黄土高原各地植被状况差异较大且雨量站密度偏低，故支流之间选用的具体降雨指标有所区别。显然，如果研究成果的服务对象为场次降雨的产水产沙预报，仍应采用"降雨摘录数据"建模。

因降雨指标可变样组合，故每条支流可得 20~30 个模型。最终，选择相关系数最大的前 5 个模型的计算结果平均值，作为该支流"水文法"的计算结果。

8.2　沟道工程拦截沙量

在潼关以上的黄土高原，影响泥沙输送的主要因素有水库、淤地坝、引水、河道冲淤及采砂等。2011 年以来，我们对相关方面进行了大量细致的调查和分析，成果详见笔者撰写的《黄河近年水沙锐减成因》(刘晓燕等，2016)和《黄土高原淤地坝减沙作用研究》(刘晓燕和高云飞，2020)，以下简述其结论。

黄土高原水库建设始于 20 世纪 50 年代后期。截至 2019 年底，潼关以上黄土高原共有水库 1137 座，其中，大型 25 座、中型水库 124 座、总库容 506 亿 m³。现有水库多建成于 20 世纪 50 年代后期~70 年代末；80~90 年代中期，水库建设步伐明显放缓；90 年代后期以来，再次迎来建设小高峰，并逐步实施了病险水库的除险加固工作。基于前人调查成果(汪岗和范昭，2002；冉大川，2012；刘晓燕等，2016)，并补充近年淤积调查数据，图 8.2 给出近 70 年潼关以上黄土高原水库拦沙量变化。

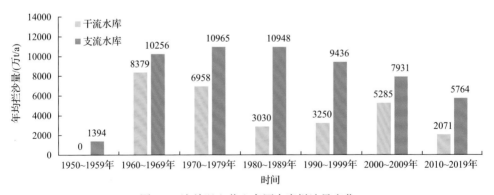

图 8.2　潼关以上黄土高原水库拦沙量变化

淤地坝是减少入黄泥沙的重要水保工程措施。2011~2019 年，我们对潼关以上黄土高原的淤地坝数量及其在不同时期的拦沙量等进行大量调查和分析。基于该成果，至 2016 年，该区共有淤地坝 55124 座，其中骨干坝 5546 座、中型坝 8596 座。32%的骨干坝、61%的中型坝和 82%的小型坝建成于 1989 年以前。河龙区间是淤地坝最多的地方，拥有 69%的骨干坝、78%的中型坝和 90%的小型坝；河龙区间也是老淤地坝的集聚区，44%的骨干坝、73%的中型坝、89%的小型坝建成于 1989 年以前。图 8.3 和图 8.4 分别是该区大中型淤地坝的空间分布和建成时间分布，表 8.4 是淤地坝在不同时期的拦沙量。

宁蒙灌区已经有两千多年历史，至 1949 年，内蒙古河套灌区和宁夏青铜峡灌区的灌溉面积分别有 291 万亩①和 192 万亩。在黄河中游的汾渭平原，灌溉农业同

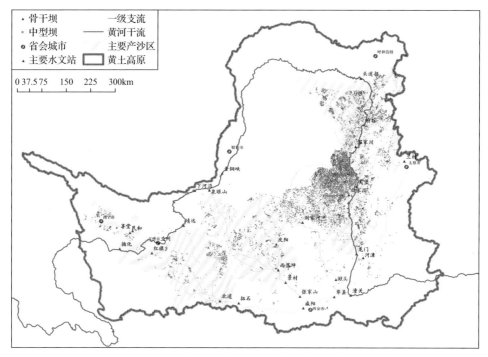

图 8.3　潼关以上黄土高原大中型淤地坝分布

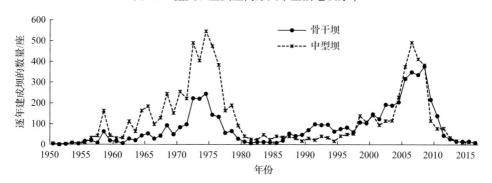

图 8.4　潼关以上黄土高原逐年建成的骨干坝和中型坝数量

———————————

① 1 亩≈666.67m²。

表 8.4　黄土高原淤地坝在不同时期的拦沙量

区域	1960~1969 年	1970~1979 年	1980~1989 年	1990~1999 年	2000~2009 年	2010~2019 年
湟水	0	0	2	12	119	218
洮河	0	0	0	0	36	25
祖厉河	0	0	19	74	172	75
清水河	0	0	15	93	151	161
十大孔兑	0	0	0	56	173	324
河龙区间	7954	19490	14063	9869	12513	9517
北洛河上游	250	1333	716	1158	940	458
汾河上游	0	0	18	78	156	77
泾河上中游	40	104	408	628	883	1375
渭河上游	0	38	52	106	397	346
潼关以上合计	8428	21153	15459	12359	15794	12900

样历史久远，民国时期李仪祉先生更是在关中开启了现代灌溉农业。因此，黄土高原的引水引沙问题一直存在。据统计，1919~1949 年年均引沙量约 3000 万 t/a。中华人民共和国成立后，灌溉面积及其用水量大幅增加，引沙量进一步提高，至 20 世纪 90 年代达到峰值(图 8.5)。2000 年以来，随着引水避沙技术的提高和河道水流含沙量的大幅降低，引沙量逐步降低，目前的引沙量甚至低于中华人民共和国成立前的水平。

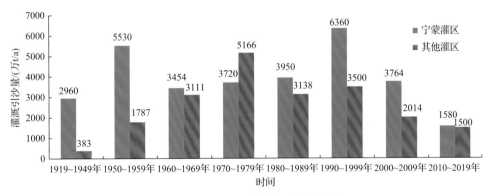

图 8.5　1919~2019 年灌溉引沙量变化

　　在图 8.5 中，潼关以上黄土高原范围内(图 1.3)的引沙占一半左右。统计表明，2000~2019 年，研究区引水引沙约 2080 万 t/a，其中面积为 21.5 万 km^2 的黄河主要产沙区范围约 1040 万 t/a。

　　河道冲淤和河道采砂显然也对潼关引沙量有一定的影响。实地调查表明，随着社会经济的发展，河道采砂业在 2000 年以来逐渐增加；2017 年以来，随着河道管理加强，采砂量大幅减少。近十几年的河道采砂主要发生在黄河干流府谷至潼关区间、渭河下游、泾河下游，以及窟野河、皇甫川和西柳沟等粗沙支流的中下游。其中黄河干流和渭河下游是采砂量最大的河段。

不过，从表 8.2 可见，我们在进行下垫面减沙总量计算时，水文模型并不涉及黄河干流、渭河和泾河下游。因此，除窟野河、皇甫川和西柳沟等少数粗沙支流外，河道冲淤和采砂对黄土高原入黄沙量的影响不大。

8.3　不同类型区产沙指数计算方法

8.3.1　黄土丘陵沟壑区

6.6 节指出，由于目前黄土高原绝大部分地区的林草梯田有效覆盖率 V_{et} 已超过 50%，未达 50% 者恰为少梯田区，从满足产沙情势评价角度，可以直接采用"林草有效覆盖率-产沙指数"关系式，计算林草改善和梯田共存情况下的产沙指数时，只需将"林草有效覆盖率"改为"林草梯田有效覆盖率"即可。

对于丘 1～4 区，在不同的暴雨占比情景下，流域的林草有效覆盖率-产沙指数关系线有所差别(图 6.3)，将这些关系线用于黄土高原现状或未来产沙情势评价时，涉及"暴雨占比"的选择问题。综合黄河主要产沙区各地 1966～2018 年的平均暴雨占比情况(图 3.2)及其与 P_{25} 的关系(图 3.3)，经反复核实和率定，推荐将式(8.5)～式(8.7)作为评价丘 1～4 区现状产沙情势的计算公式，其中：①对于六盘山以西的丘 3 区和丘 4 区，针对汛期有效降雨正常和偏丰情景，建议分别采用式(8.5)和式(8.6)。②对于六盘山以东的河龙区间、泾河、北洛河和汾河等地区，针对汛期有效降雨正常和偏丰情景，建议分别采用式(8.6)和式(8.7)：

$$S_i = 420 \times e^{-0.073V_{et}} \tag{8.5}$$

$$S_i = 450 \times e^{-0.072V_{et}} \tag{8.6}$$

$$S_i = 520 \times e^{-0.065V_{et}} \tag{8.7}$$

位于河龙区间北部的砒砂岩区，梯田和坡耕地均极少，过去一直被视为黄土丘陵沟壑区的丘 1 区。但从实测数据看，在相同的林草有效覆盖率情况下，其产沙指数均大于丘 1 区，见图 6.15。针对中等雨强和高雨强情况，分别采用以下公式：

$$S_i = 540 \times e^{-0.055V_{et}} \tag{8.8}$$

$$S_i = 504 \times e^{-0.048V_{et}}$$

因地形差别很大，丘 5 区的林草梯田有效覆盖率与产沙指数的关系与丘 1～4

区差别很大，相同下垫面情况下的产沙指数均明显偏大，见图 6.8；而且，该区地表径流来自周边的黄土丘陵、泥沙主要来自沟壑，周边丘陵非常光滑，降雨很容易形成地表径流，因此雨强的影响不太突出，见图 6.9。鉴于此，对于典型的丘 5区，如清水河流域的折死沟和双井子沟、泾河流域的马莲河上游和蒲河上游、北洛河源头区和无定河源头区等，推荐采用图 8.6 中的公式。

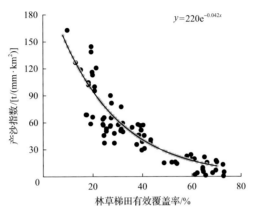

图 8.6　典型丘 5 区的产沙指数-林草梯田有效覆盖率关系

　　值得注意的是，丘 5 区涉及面积大，各地地形和土壤存在一定差异，很多地方的地形实际上介于丘 5 区与丘 2～4 之间；对于洮河下游，以及邻近的刘家峡水库—龙羊峡水库区间和渭河武山以上，不仅地形上与清水河折死沟和马莲河上游有较大差别，而且很多地区的土壤是黏性很强的红土。对于此类地区，采用图 8.6中的公式计算，很可能与实际有较大差别。为解决该问题，我们利用坝库极少的洮河下游实测数据，修正了此类地貌区的产沙指数-林草梯田有效覆盖率关系式，结果见式(8.9)。对于丘 5 区地形特点不太突出的其他地区，可采用图 8.6 中的公式和黄丘区的公式计算结果的平均值：

$$S_i = 190 \times e^{-0.044 V_{et}} \tag{8.9}$$

　　盖沙丘陵区和砾质丘陵区主要分布在河龙区间西北片和十大孔兑，该区几乎没有梯田。前面分析表明，在相同林草有效覆盖率情况下，该区产沙指数明显小于与之相邻的丘 1 区。对比 1966～2019 年系列年降雨量和年大暴雨雨量(P_{100})的空间格局(图 3.1)可见，与年降雨量相近的地区相比，该区的暴雨和大暴雨明显偏多。盖沙丘陵区和砾质丘陵区的林草有效覆盖率-产沙指数关系图的点群分布相近，见图 6.13 和图 6.14。鉴于此，参考以上对暴雨占比取值的处理方法，我们将图 6.13 和图 6.14 中暴雨占比为 0.2～0.4 的样本点合并，以其拟合的公式作为该区流域产沙计算公式，结果见图 8.7。盖沙丘陵区和砾质丘陵区的点据收敛程度明显较差，可能与该图采用的数据均为"一年数据"有关。

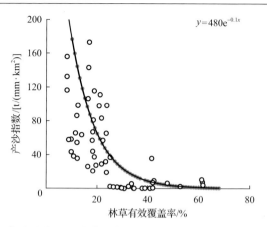

图 8.7　盖沙丘陵区和砾质丘陵区的林草有效覆盖率-产沙指数关系

　　基于以上研究，创建了不同林草梯田覆盖情况下的流域产沙计算模型，即遥感水文统计模型。对于任意流域，遥感提取其林草梯田有效覆盖率 V_{et}；采用公式"$S_i = a \times e^{-b \times V_{et}}$"，选用适宜的参数，如表 8.5 所示，计算其产沙指数 S_i；代入设定的有效降雨量（P_{25}）和流域易侵蚀区面积 A_e，即可得到流域产沙量 W_s，即"$W_s = S_i \times P_{25} \times A_e$"；不同时期的流域产沙量的差值，即植被梯田变化引起的减沙量。为方便模型应用，我们开发了基于 GIS 的产沙计算软件；通过五十余次野外考察，加之中高分辨率遥感调查，复核了黄土高原各地貌类型区的边界、地形和土壤特点，结果见图 3.15。

表 8.5　流域产沙指数公式 $S_i = a \times e^{-b \times V_{et}}$ 的参数取值

地貌类型区	高雨强情景		中雨强情景		低雨强情景	
	a	b	a	b	a	b
黄土丘陵沟壑区第 1~4 副区	520	0.065	450	0.072	420	0.073
黄土丘陵沟壑区第 5 副区	220	0.042	220	0.042	190	0.044
黄土丘陵盖沙区、砾质丘陵区	480	0.1	480	0.1	—	—
裸露砒砂岩区	504	0.048	540	0.055	—	—

　　值得注意的是，6.2 节构建各类型区的林草有效覆盖率-产沙指数关系图时，70%以上是暴雨占比相似的 2~3 年雨沙数据的均值，尤其在丘 1~4 区暴雨占比小于 0.3 的情景。这种处理方式，旨在尽可能减少雨型和降雨落区(涉及地形和土壤的差异)的影响。因此，所得到的关系曲线隐含了一个基本假定，即可致流域产沙的有效降雨在流域内均匀分布，或者说流域内各地雨强相同，但现实中黄土高原的汛期降雨分布很不均匀，即使是流域面积不大的支流，也很难保证年内各地的降雨量和雨强相同。因此，以上提出的产沙指数计算公式主要用于某种下垫面

情况下的流域产沙能力评价，是一种宏观评价黄土高原产沙情势的工具，而非场次洪水泥沙的实时预报工具。如果用于场次降雨的产沙预报，将涉及计算单元的细化和雨强因子的科学处理以及重力侵蚀的产沙贡献估算，相关问题本书未做深入研究。

8.3.2　黄土高塬沟壑区

黄土塬区的产沙机制与黄土丘陵区差别很大，产沙更加集中于沟壑，如南小河沟的沟壑产沙量甚至占流域产沙的 87%。与黄土丘陵区相比，相同植被覆盖情况下黄土高塬沟壑区的产沙指数更高：2013~2018 年，董志塬地区的林草梯田有效覆盖率已达 75%，但在暴雨占比为 0.14 的情况下，产沙指数仍达 25t/(km^2·mm)。由于黄土塬区可能下沟的地表径流主要来自塬面的硬化地面，该区产沙对雨强更不敏感，雨量不大的场次降雨即可引起产流。因此，利用泾河中游实测数据，把暴雨占比为 0.13~0.32 的实测数据合并，分析了流域产沙指数与林草梯田有效覆盖率的关系，见图 8.8。由图 8.8 可见，在林草梯田有效覆盖率大于 50% 以后，点据非常散乱，以至于相关系数 R^2 不足 0.4，因此直接采用图中公式计算流域产沙必然误差很大。

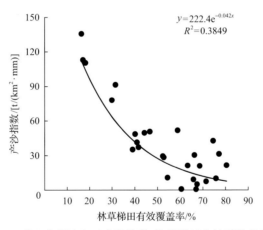

图 8.8　黄土高塬沟壑区产沙指数-林草梯田有效覆盖率关系

显然，塬面比越小，道路和庄院径流对流域产沙的影响程度越小。假定沟道面积占流域面积的比例不变、庄院道路面积占塬面面积的比例不变，利用南小河沟各类地块的实测径流系数，可推算出不同塬面比情况下的塬面产流量、坡面产流量及其占塬坡径流总量的比例(图 8.9)。由图 8.9 可见：当塬面比小于 43% 时，坡面产流逐渐占主导定位；当塬面比小于 10% 时(相当于残塬区)，庄院道路的产流量只有流域产流量的 9%，坡面产流占 86%，流域产沙的驱动力逐渐趋同于黄土丘陵区。

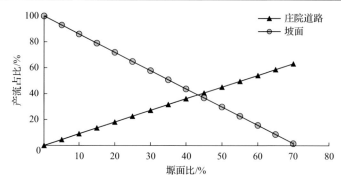

图 8.9　不同塬面比情况下典型地块产流量占流域产流量的比例变化

受图 8.9 启发，选择不同塬面残缺度的样本流域，我们首先采用丘 1~3 区公式[式(8.5)~式(8.7)]计算了不同时期的产沙指数，进而推算了该支流在相应降雨条件的产沙量，记为"计算产沙量"。然后，利用实测输沙量和同期实测的坝库拦沙量，得到"实测产沙量"。如果样本流域为没有塬面的典型黄土丘陵区流域，则计算值与实测值应该基本相同，即实测产沙量/计算产沙量=1；否则，二者必然不同。以此思路，我们计算了泾河流域 7 个样本流域的实测输沙量、坝库拦沙量、林草梯田有效覆盖率、产沙指数和破碎度指数等，结果表明，利用黄丘区模型计算得到的产沙量均比实测产沙量大。

黄土高塬沟壑区主要分布在泾河流域、北洛河中游、晋西南和祖厉河下游，各地塬面的完整程度差别很大。为此，引入"破碎度指数 Meff"，以反映各支流塬面的残缺程度，其计算公式为

$$\text{Meff} = \frac{1}{A_{j'}} \sum_{i'=1}^{n'} A_{i'j'}^2 \tag{8.10}$$

式中，$A_{i'j'}$ 为第 j' 条支流中第 i' 个塬面的面积；$A_{j'}$ 为第 j' 条支流中塬面总面积；n' 为第 j' 条支流中塬面个数。当破碎度指数值较小时，相邻塬面间类型均不同，破碎化程度较高；当破碎度指数较大时，塬面破碎化程度低，最大值为各支流塬总面积，此时塬面具有唯一类型。

分析发现，塬面破碎度指数 Meff 与实测产沙量/计算产沙量有较强的负相关性，其相关系数 R^2 达到 0.9649，见图 8.10，即塬面破碎度指数 Meff 越大，计算产沙量比实测产沙量越大，误差越大；塬面破碎度指数 Meff 越小，计算产沙量越接近实测产沙量。

由此可见，对于黄土高塬沟壑区，我们可以先利用黄土丘陵沟壑区模型进行计算；然后，针对对象流域的破碎度指数，乘以相应的折减系数（该系数与塬面破碎度指数呈负相关），从而可得到黄土高塬沟壑区的流域产沙计算结果。

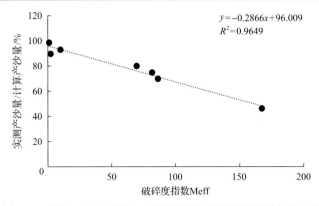

图 8.10　塬面破碎度指数与实测产沙量/计算产沙量拟合散点图

8.3.3　方法验证

基于遥感调查的林草植被和梯田数据，以及 2010~2018 年实测降雨数据，采用以上介绍的产沙指数计算方法，计算了典型支流(区域)在 2010~2018 年下垫面和降雨情况下的产沙量，并与实际产沙量进行对比，结果见表 8.6。表中的淤地坝拦沙量、水库拦沙量和灌溉引沙量来自本书第 8.2 节，其中清水河流域水库众多，且缺乏观测数据，故表中数据为估计值。

表 8.6　2010~2018 年流域产沙计算结果与实测值对比

| 区域 | 理论计算结果/万 t | 实测 2010~2018 年平均值/万 t | | | | 误差/% |
		实测输沙量	淤地坝拦沙量	水库拦沙和灌溉引沙	实际产沙量	
河龙区间	24975	9484(入黄)	10164	4325(支流)	23975	−4.18
北洛河上游	1385	980	495	0	1475	6.03
汾河上游	166	0	77	100	177	6.74
泾河景村以上	9503	6420	1443	793	8588	−10.6
渭河元龙以上	2037	1636	357	460	2442	16.6
清水河	3428	1113	175	1905	3193	−7.36
祖厉河	1170	898	82	90	1070	−9.55
洮河下游	543	480	25	102	607	10.4
湟水民和以上	603	360	230	180	770	21.7
黄河主要产沙区	45972	23233	13679	7932	44864	−2.47

由表 8.6 可见，计算的黄河主要产沙区产沙量为 45972 万 t，实际产沙量为 44864 万 t，相差−2.47%；对于绝大部分支流，理论计算结果与实际结果仅相差不足 10%。由此可见，本书提出的流域产沙量理论计算方法基本可靠。不过，在计

算中也看到，个别支流误差较大，如湟水民和以上达 21.7%，渭河元龙以上达 16.6%，这可能与我们掌握的坝库拦沙量和灌溉引沙量不准确有关。

8.4　下垫面各要素减沙贡献分割方法

以上分别介绍了降雨和下垫面减沙作用的分割方法、沟道工程拦沙量调查结果，以及不同林草梯田有效覆盖率情况下的流域产沙计算方法。进一步梳理，可得到"现状年"某时期下垫面各要素的减沙贡献分割方法。

第一，采用"水文法"，以水利水保活动相对减少的"天然时期"为基准，计算不同时期的下垫面总减沙量（ΔW_s）。可采用的水文模型见表 8.2。

第二，调查并计算研究区支流淤地坝和水库在不同时期的拦沙量、灌溉引沙量（$W_\mathrm{s引}$）、河道冲淤量和河道采砂量。其中，将淤地坝和水库在不同时期的拦沙量、河道冲淤量和河道采砂量等，合称为沟道工程拦沙量（$W_\mathrm{s沟拦}$）。

第三，将现状年某时期的下垫面总减沙量 ΔW_s，减去同期的沟道工程拦沙量（$W_\mathrm{s沟拦}$），即为植被、梯田和坝地等坡面要素的总减沙量，记为 $\Delta W_\mathrm{s坡}$，即

$$\Delta W_\mathrm{s坡} = \Delta W_\mathrm{s} - W_\mathrm{s沟拦} - W_\mathrm{s引} \tag{8.11}$$

分析式（8.11）可见，坡面要素减沙量的可靠度主要取决于水文和降雨数据是否无误、沟道工程拦沙量推算结果是否可靠。

植被、土壤、地形是影响流域产沙的核心要素，其中最可能发生变化的是植被和微地形。微地形变化主要来自梯田、坝地、水平阶、水平沟和鱼鳞坑等。因此，所谓"坡面要素"，是指流域易侵蚀区内坡面和沟道的所有林草植被、梯田和坝地，以及为植树造林而修建的水平沟、水平阶和鱼鳞坑等。不过，在基于遥感影像提取的土地利用分析结果中，水平沟、水平阶和鱼鳞坑等已被纳入"林草地面积"进行统计。

第四，计算坝地因减蚀而发挥的减沙作用（$\Delta W_\mathrm{s坝地}$）。理论上，坝地减蚀量与坝地面积、所在流域的沟道侵蚀模数成正比（冉大川等，2000；刘晓燕和高云飞，2020）。值得注意的是，坝地所在沟道的侵蚀模数并非定值：在梯田极少或坡面植被很差的时期，由于本地降雨、重力侵蚀和上方坡面来水的叠加作用，沟谷侵蚀模数很大；但是，若植被和梯田大幅削减了下沟的径流，沟谷侵蚀模数必然大幅降低；更何况，目前各地沟谷植被盖度也大幅改善（见 4.2.2 节），因此沟谷侵蚀模数更低。以北洛河上游、延河和清涧河为例，其天然时期产沙模数为 10000～11500t/（km²·a），还原坝库拦沙量后 2010～2019 年实际产沙模数只有 3900～4900t/（km²·a），这意味着沟谷产沙模数最多只有 3900～4900t/（km²·a）。

第五，分割林草和梯田的减沙作用。首先，针对天然时期和现状年，分别计算包括林草、梯田和坝地在内的坡面要素有效覆盖率，并计算现状年较天然时期的增量，记为ΔV_{et}；其次，分别计算现状年的林草有效覆盖率较天然时期的增量(ΔV_e)、梯田覆盖率(T_e)、坝地覆盖率(D_e) 3 个因素占ΔV_{et}的比例。将此比例分别与 $\Delta W_{s坡}$ 相乘，即可得到现状年林草、梯田和坝地的减沙量，记为 $\Delta W_{s林草}$、$\Delta W_{s梯田}$、$\Delta W_{s坝地}$。以林草植被为例，其现状年某时期减沙量的计算公式为

$$\Delta W_{s林草} = \Delta W_{s坡} \times \frac{\Delta V_e}{\Delta V_{et}} \tag{8.12}$$

需要指出，以上得到各下垫面因素减沙量与"1919～1959 年潼关沙量 16 亿 t/a"的口径不同。为客观认识黄土高原的产沙情势，还需要计算"现状年"林草、梯田和坝地在长系列降雨情况下的减沙贡献，方法步骤如下：

首先，采用 8.3 节介绍的不同类型区产沙指数计算方法，得到"现状年"林草梯田覆盖情况下的产沙指数 S_i。因面积很小，所以可将坝地计入梯田面积。

其次，基于 S_i 计算结果，代入 1919～1959 年长系列降雨的有效降雨量(P_{25})和易侵蚀区面积 A_e，可得到现状林草、梯田和坝地覆盖情况下的流域产沙量 W_s，即

$$W_s = S_i \times P_{25} \times A_e \tag{8.13}$$

再次，采用同样的降雨系列，计算河龙区间和其他较大支流 1919～1959 年下垫面在该降雨条件下的产沙量，即 $W_{s天然}$。相关内容详见本书 3.4 节。

显然，黄土高原各区（支流）的天然产沙量 $W_{s天然}$（见 3.4 节）与植被梯田变化后的产沙量 W_s 之差，即林草梯田的减沙量 $\Delta W_{s林梯}$，即

$$\Delta W_{s林梯} = W_{s天然} - W_s \tag{8.14}$$

最后，参照式(8.12)，计算林草、梯田和坝地在长系列降雨情况下的减沙能力，即：计算林草梯田有效覆盖率较天然时期的增量，记为ΔV_{et}。分别计算现状年的林草有效覆盖率较天然时期的增量(ΔV_e)、梯田覆盖率(T_e)、坝地覆盖率(D_e)等 3 个因素占ΔV_{et}的比例。将此比例分别与 $\Delta W_{s林梯}$ 相乘，即可得到长系列降雨情况下林草、梯田和坝地的减沙量，分别记为 $\Delta W_{s林草}$、$\Delta W_{s梯田}$、$\Delta W_{s坝地}$。

鉴于天然时期"1919～1959 年"并无遥感影像数据，可勉强将 20 世纪 70 年代末的林草梯田有效覆盖率视为天然 V_{et}。如此处理，不会影响坡面要素的总减沙贡献，但可能会对它们各自的减沙贡献分割有轻微影响。

需要注意的是：①从 8.3 节流域产沙计算方法的形成过程可见，计算采用的林草数据是基于空间分辨率为 30m 的卫星遥感影像、通过土地利用和林草植被盖

度分析得到的，如此获得的林草有效覆盖率与水保统计部门的林草地数据有很大差别。而且，遥感影像的空间分辨率也影响林草有效覆盖率的保真性。因此，应用 8.3 节给出的产沙指数计算公式时，必须采用相同空间分辨率遥感影像获取的林草数据。②"水文法"模型默认以"1956 年至第一个降雨产沙转折年"作为"天然时期"，但这隐藏了一个重要假定，即该时期的降雨-产沙关系与"1919~1959年"相同。实际上，两时期的产沙环境存在差异：20 世纪 50~70 年代，黄土高原大部分地区下垫面都较 1949 年以前发生了正负两方面的变化，一是垦荒扩耕等加剧了水土流失，二是大量坝库投运使实测输沙量远小于实际产沙量。如此的正负作用，都将影响计算结果的准确性，因此，水文法计算结果需要修正。③因位于沟坡的最下部，"将坝地视为梯田"的处理方式可能会低估坝地的减沙作用。例如，刘晓燕和高云飞(2021)采用其他方法计算的现状 850km² 坝地减沙量为 0.21亿~0.22 亿 t/a，但采用以上方法推算的减沙量只有 0.15 亿 t/a。所幸的是，目前坝地总面积不大，因此，该误差对黄土高原产沙情势的判断影响很小。

在后面章节，我们将采用以上方法，分析计算不同时期下垫面各因素的减沙贡献。

第 9 章　黄土高原入黄水沙变化原因

9.1　近 60 年下垫面减沙量变化

基于 1919～1959 年黄河陕县水文站实测输沙量和黄土高原汛期降雨量，3.4 节分析了黄土高原该时期下垫面在 1919～2019 年和 1933～1967 年长系列降雨情况下的入黄沙量，分别为 15.8 亿 t/a 和 18 亿 t/a。20 世纪 50 年代末期以来，随着水库和淤地坝建设、梯田修建、植被变化和灌区发展等，黄土高原的产沙量和输沙量都发生了重大变化。还原坝库拦沙和灌溉引沙后，图 9.1 给出了 1919～2019 年黄土高原产输沙量变化。

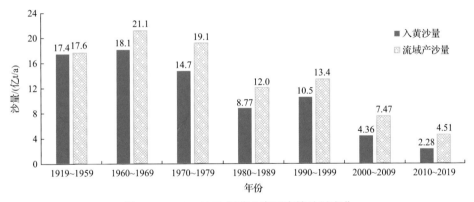

图 9.1　1919～2019 年黄土高原产输沙量变化

表 9.1 是黄土高原主要产沙支流 2000～2019 年实测输沙量减幅，比较基准期为水文站设站年份（一般为 20 世纪 50 年代中后期，有的更早）至 1975 年。由表 9.1 可见，2000～2019 年，实测输沙量减幅最小的是清水河和泾河，不过其 2010～2019 年减幅也接近 80%；其他绝大部分支流的实测输沙量减幅都在 90% 左右，其中河龙区间北部的皇甫川、孤山川、窟野河、秃尾河、佳芦河、浑河、偏关河和朱家川等，2000～2019 年的实测输沙量减幅几乎都在 90%～99%。

表 9.1　黄土高原主要产沙支流 2000～2019 年实测输沙量减幅　　　（单位：%）

支流及其水文站	2000～2019 年	2010～2019 年	支流及其水文站	2000～2019 年	2010～2019 年
皇甫川皇甫	88.8	93.9	湫水河林家坪	84.4	78.2
孤山川高石崖	95.0	98.8	三川河后大成	92.9	93.3

续表

支流及其水文站	2000~2019 年	2010~2019 年	支流及其水文站	2000~2019 年	2010~2019 年
窟野河温家川	97.2	99.0	昕水河大宁	91.8	97.1
秃尾河高家川	93.2	94.0	北洛河刘家河	81.2	89.4
佳芦河申家湾	91.7	90.8	汾河河津	99.5	99.5
无定河白家川	84.5	88.8	渭河北道	84.3	91.2
清涧河延川	74.5	94.0	泾河景村	67.1	77.0
延河甘谷驿	79.7	91.5	清水河泉眼山	62.7	78.3
浑河放牛沟	90.7	99.7	祖厉河靖远	79.0	86.9
偏关河偏关	93.4	95.7	洮河红旗	72.8	81.3
朱家川桥头	95.9	98.6	湟水民和	82.8	83.4

从图 9.1 和表 9.1 可见，黄土高原入黄沙量大幅减少已是不容置疑的事实。本章拟利用第 8 章提出的计算方法，分析 1970~2019 年不同时期下垫面各要素和降雨的减沙贡献。

首先，利用 8.1.2 节构建的各支流天然时期降雨-产沙模型（表 8.2），计算了 1970~2019 年不同时段降雨和下垫面变化的减沙量，结果见表 9.2，表中正值代表减沙，负值代表增沙。除 18 条有控支流外，河龙区间尚有缺乏水文站控制的大范围"未控区"，对此类地区，假定 18 条有控支流降雨和下垫面的总体减沙贡献率与未控区相同，利用未控区实测输沙量和降雨等信息，推算其降雨和下垫面变化减沙量。利用湟水和洮河计算结果，推算了循化至祖厉河口之间未控区的沙量。泾河庆阳、贾桥、板桥、毛河、洪河、泾川和袁家庵 7 站至景村区间属于较完整的黄土塬区，其降雨-产沙关系很差，该区减沙量由 7 站计算结果推算。

表 9.2　不同时期降雨和下垫面因素减沙量计算成果　　　（单位：万 t）

区域	时段/年	天然产沙量	实测输沙量	理论输沙量	下垫面减沙量	降雨减沙量
河龙区间	1970~1979		75429	92749	17320	−6148
	1980~1989		37220	70639	33419	15963
	1990~1999	86601	47490	70381	22891	16220
	2000~2009		18020	78496	60476	8105
	2010~2019		8880	118187	109307	−31586
泾河景村以上	1970~1979		25917	26211	294	−1695
	1980~1989		16091	18681	2590	5835
	1990~1999	24516	21742	22480	738	2035
	2000~2009		11408	25448	14040	−932
	2010~2019		6117	29617	23500	−5101

续表

区域	时段/年	天然产沙量	实测输沙量	理论输沙量	下垫面减沙量	降雨减沙量
渭河 拓石以上	1970~1979	15247	15118	16490	1372	−1243
	1980~1989		9739	12814	3075	2433
	1990~1999		6027	14687	8660	560
	2000~2009		3575	16456	12881	−1209
	2010~2019		1806	13311	11505	2000
北洛河 刘家河 以上	1970~1979	8087	5679	7660	1981	427
	1980~1989		5092	6347	1255	1740
	1990~1999		8487	8487	0	−400
	2000~2009		2314	6376	4062	1711
	2010~2019		906	10141	9235	−2054
汾河 上游	1970~1979	2740	1747	2150	403	590
	1980~1989		959	1871	912	869
	1990~1999		703	3018	2315	−278
	2000~2009		147	2741	2594	−1
	2010~2019		174	3369	3195	−629
十大 孔兑	1970~1979	2236	1907	1907	0	328
	1980~1989		3707	3707	0	−1472
	1990~1999		1869	2145	276	91
	2000~2009		726	1553	827	683
	2010~2019		389	1738	1349	498
清水河	1970~1979	5090	1915	5035	3120	55
	1980~1989		1795	4359	2564	731
	1990~1999		4447	5903	1456	−812
	2000~2009		2494	3716	1222	1374
	2010~2019		1021	7097	6076	−2007
祖厉河	1970~1979	5111	5081	5895	814	0783
	1980~1989		3825	4114	289	997
	1990~1999		4312	5115	803	−3
	2000~2009		1864	5107	3243	5
	2010~2019		847	4713	3866	398
湟水 民和以上	1970~1979	1976	2191	2191	0	−214
	1980~1989		1107	1578	471	399
	1990~1999		1055	1991	936	−14
	2000~2009		366	1991	1625	−14
	2010~2019		340	2255	1915	−279

区域	时段/年	天然产沙量	实测输沙量	理论输沙量	下垫面减沙量	降雨减沙量
洮河 红旗-李家村	1970～1979	1978	2320	2320	0	−342
	1980～1989		1877	1877	0	101
	1990～1999		1639	2018	379	−41
	2000～2009		719	1652	933	325
	2010～2019		465	1947	1482	31
黄河主要产沙区 合计	1970～1979	154787	138834	163984	25150	−9197
	1980～1989		82424	127039	44615	27748
	1990～1999		98685	137447	38762	17340
	2000～2009		42000	144618	102618	10169
	2010～2019		21218	193600	172382	−38813

前面提到,由于表8.2给出的降雨-产沙模型的建模期与1919～1959年的下垫面并不相同,以上计算的下垫面减沙量和降雨减沙量可能与实际情况存在一定差别。

为进一步认识不同时期的下垫面减沙量,我们将"潼关以上黄土高原"作为一个计算单元,利用1934～1959年有效降雨量,构建了同期有效降雨量-入黄沙量的响应关系,结果见图9.2。由于1934～1959年雨量站稀少,同期有效降雨量-入黄沙量的相关系数R^2不足0.57,远小于表8.2各支流模型的相关系数。

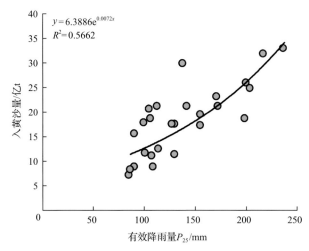

图9.2　黄土高原天然时期有效降雨量-入黄沙量关系

基于图9.2中的1934～1959年有效降雨量-入黄沙量关系,推算了1970～2019年不同时期的下垫面减沙量;然后,利用黄河主要产沙区沙量占潼关以上黄土高原入黄沙量的比例,推算了黄河主要产沙区不同时期的降雨和下垫面减沙量,结果见表 9.3。将其与"基于水文站设站年份至第一个转折年份的降雨量-输沙量关系"推算的进行对比，结果可见：

(1)①两种方法计算的 1970~1979 年和 2010~2019 年两时段的降雨减沙量均为负值(即降雨因素表现为增沙)；②1980~2009 年降雨减沙量均为正值，而且 20世纪80年代下垫面减沙量均大于90年代、2000年以后的下垫面减沙量的量级接近。

表 9.3　采用不同基准系列的推算结果对比　　　　　　(单位：万 t)

区域	时段/年	天然产沙量	实测输沙量	理论输沙量	下垫面减沙量	降雨减沙量
基于 1934~1959 年的降雨-产沙关系	1970~1979	148520	141500	151208	9708	−2688
	1980~1989		82694	140182	57488	8338
	1990~1999		93759	130491	36732	18029
	2000~2009		38396	147054	108658	1466
	2010~2019		21138	175868	154730	−27348
基于 1956 年或水文站设站年份至转折年份的降雨量-输沙量关系	1970~1979	154787(不含同期坝库拦沙量，右同)	138834	163984	25150	−9197
	1980~1989		82424	127039	44615	27748
	1990~1999		98685	137447	38762	17340
	2000~2009		42000	144618	102618	10169
	2010~2019		21218	193600	172382	−38813

(2)基于 1956 年(或水文站设站年份)至第一个转折年份的降雨-产沙关系，推算的长系列降雨情况下的"天然产沙量"为 154787 万 t，还原坝库拦沙后更大，故至少比黄河主要产沙区 1919~1959 年下垫面的天然沙量(148520 万 t)偏大 6267万 t。产生该问题的原因是垦荒扩耕，20 世纪 50~70 年代的水土流失程度比 20世纪上半期更严重。

由此可见，尽管构建天然时期降雨-产沙关系时采用的产沙量偏小(因大部分支流的坝库拦沙量难以还原)，但因 1956 年(或水文站设站年份)至第一个转折年份的植被更差，从而利用该模型计算的 1970 年以来不同时期的下垫面减沙量总体偏大 4.2%；对于具体支流，偏大程度不一。

鉴于此，利用各区 1919~1959 年天然沙量(见第 3.4 节)与表 9.2"模型推算的天然产沙量"的比例关系，对表 9.2 的下垫面和降雨减沙量进行折减处理，作为推荐成果，结果见表 9.4、表 9.5 和图 9.3。由表 9.4、表 9.5 和图 9.3 可见：

(1)下垫面减沙量取决于下垫面状况较水文建模期的改善程度。1970 年以来，黄河主要产沙区林草梯田的有效覆盖程度越来越高，因此下垫面减沙量越来越大。其中，20 世纪 80 年代和 90 年代中前期新建淤地坝和水库很少，70 年代及其以前建成的淤地坝和中小型水库大多在 90 年代淤满，因此 90 年代的下垫面因素减沙作用反而小于 80 年代；2000 年以后，随着植被大幅改善和大规模梯田建成投运，非降雨因素的减沙作用大幅度提高。在 2010~2019 年的降雨条件下，按照天然时段的降雨-产沙关系，该区应产沙 18.79 亿 t/a，但实测输沙量只有 2.05 亿 t/a，即现状下垫面的减沙量达到 16.74 亿 t/a。

表 9.4   下垫面减沙量推荐结果

时段/年	河龙区间	北洛河刘家河	泾河景村	渭河元龙	汾河兰村	十大孔兑	清水河	祖厉河	循化—靖远	合计
1970~1979	17000	2048	287	1411	324	0	2881	956	0	24907
1980~1989	32801	1297	2535	1928	733	0	2368	339	488	42489
1990~1999	22468	0	722	2807	1859	222	1344	942	1363	31727
2000~2009	59358	4041	13745	7691	2083	666	1128	3808	2653	95173
2010~2019	107286	9547	23005	10250	2565	1086	5610	4538	3522	167409

表 9.5   降雨减沙量推荐结果

时段/年	河龙区间	北洛河刘家河	泾河景村	渭河元龙	汾河兰村	十大孔兑	清水河	祖厉河	循化—靖远	合计
1970~1979	−6034	441	−1659	−1112	474	264	51	−920	−578	−9073
1980~1989	15668	1798	5712	2190	698	−1185	675	1171	518	27245
1990~1999	15920	−414	1993	508	−223	73	−750	−4	−56	17047
2000~2009	7956	1768	−913	−1081	0	550	1269	5	323	9877
2010~2019	−31002	−2124	−4994	1814	−505	401	−1853	468	−257	−38052

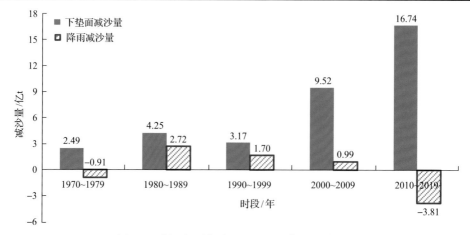

图 9.3   黄河主要产沙区下垫面和降雨的减沙量

(2)降雨是否为减沙因素，主要取决于相应时段降雨的丰枯情况。基于前面的分析结论，研究区 1980~1999 年有效降雨明显偏枯、2000~2009 年略偏枯，因此，计算得到的降雨减沙量基本为正值，即降雨也是相应时期减沙的重要因素。

但是，2010～2019 年降雨总体偏丰，故其平均减沙量为负值，即该时段降雨不再是减沙因素。未来，若黄土高原的汛期降雨再度进入少雨期，降雨因素还将成为减沙因素。

基于图 9.3，将各时期的下垫面减沙量扣除同期沟道工程拦沙量后，即可得到黄河主要产沙区坡面要素在不同时期的减沙量，结果见图 9.4。由图 9.4 可见：

(1)在 20 世纪 70 年代，由于植被破坏，加之梯田极少，坡面要素的减沙作用是负值。该时期支流坝库和灌溉共计拦截泥沙 3.49 亿 t/a，是 50 年代以来拦截沙量最多的时期，但约 29%被坡面环境破坏抵消了。

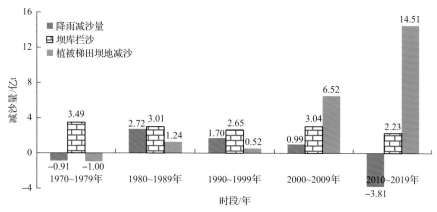

图 9.4　坡面要素变化对黄土高原入黄沙量的影响

(2)流域产沙环境在 20 世纪八九十年代得到改善。1980～1999 年，黄土高原汛期降雨明显偏枯，在此降雨背景下，该区下垫面变化对入黄沙量的影响量为 3.71 亿 t/a，其中的 23%为坡面要素改善所致。

(3)进入 21 世纪的前 10 年(2000～2009 年)，黄土高原降雨依旧偏枯。该时期下垫面减沙量为 9.52 亿 t/a，其中坡面要素改善的贡献占 68.5%。

(4)2010～2019 年是 1919～2019 年汛期降雨最丰的时段之一，是 20 世纪 70 年代以来降雨最丰的时段。在此降雨情况下，黄河主要产沙区应产沙 18.79 亿 t/a，但实际输沙量只有 2.05 亿 t/a，下垫面总减沙量为 16.74 亿 t/a，其中坡面要素改善所导致的减沙量约占 86.7%。

要剥离林草植被、梯田和坝地的减沙贡献，不仅要准确掌握各支流(子区)的林草有效覆盖率，还必须准确掌握各支流(子区)的梯田和坝地数据。然而，限于研究经费，我们只采用高空间分辨率遥感影像提取了黄河主要产沙区 2012 年和 2017 年的梯田面积数据。因此，只能以 2010～2019 年为现状年，分析其林草植被、梯田和坝地的实际减沙贡献。

首先，计算了各区 2010～2019 年林草有效覆盖率较天然时期的增量、梯田覆盖率、坝地覆盖率；其次，采用式(8.14)，按比例推算出 2010～2019 年林草、梯田和坝地的减沙占比，结果见表 9.6 和图 9.5。由此可见，在黄河主要产沙区，林草植被恢复和大规模梯田运用是 2010 年以来输沙量大幅度减少的主要原因，合计约占 85%。考虑干流水库拦沙等因素后，潼关以上黄土高原 2010～2019 年林草植被和梯田的减沙贡献合计达 82%，见图 9.5。

表 9.6　2010～2019 年潼关以上黄土高原下垫面要素减沙贡献

区域	下垫面减沙量/(万 t/a)	各因素减沙贡献/%			
		林草植被	梯田	坝地减蚀	坝库工程拦沙
河龙区间	107286	64.8	21.2	1.9	12.1
北洛河上游	9547	75.2	19.4	0.6	4.8
汾河上游	2565	29.6	64.4	2.1	3.9
泾河上中游	23005	19.6	71.0	0.3	9.1
渭河上游	10250	11.0	81.5	0.2	7.3
十大孔兑	1086	58.7	0	2.3	39.0
清水河	5610	31.7	34.1	0.2	34.0
祖厉河	4538	16.2	81.9	0.1	1.8
兰循区间	3522	5.0	41.5	0.1	53.4
黄河主要产沙区合计	167409	51.0	34.1	1.3	13.5
潼关以上合计	171343	50.1	34.1	1.3	14.5

注：①十大孔兑泥沙粒径特粗，在其淤地坝拦沙量中，2/3 以上为无效拦沙，故表中的植被减沙贡献率偏低；
　　②"坝库工程拦沙"中，不仅包括水库和淤地坝拦沙，也包括支流灌溉引沙和河道采砂，合计约 2800 万 t/a。

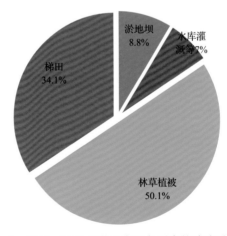

图 9.5　2010～2019 年黄土高原各因素的减沙贡献率

　　以上计算隐含一个基本假设，即假定单位面积林草、梯田和坝地的减沙作用相同。实际上，单位面积梯田和坝地的减沙作用比林草地更大。因此，以上计算的梯田减沙量和坝地减沙量可能略偏小。

此外，尽管以上计算不涉及黄河干流，但在窟野河、皇甫川、西柳沟、无定河、泾河和渭河等支流河道，目前也存在河道采砂的现象。从多次实地调查情况看，在龙门、河津、洑头、张家山和咸阳以上的支流流域，高峰年份的河道采砂量超过 1000 万 t/a。不过，2017 年以来，随着河道管理的加强，采砂量急剧减少。

总体上看，降雨是否为减沙因素，与其丰枯情况有关。从下垫面角度看，下垫面各因素在不同时段的减沙贡献差别很大：20 世纪主要靠坝库；21 世纪主要靠林草梯田，其中 2010~2019 年林草梯田减沙占 82%。

9.2　现状下垫面在长系列降雨下的产沙情势

以上分析认为，2010~2019 年，黄土高原下垫面总减沙量为 16.74 亿 t/a。不过，该结果是 2010~2019 年降雨条件下的下垫面减沙量，这与"黄土高原天然时期入黄沙量 15.8 亿 t/a"的口径并不相同，后者是 1919~1959 年下垫面在 1919~2019 年长系列降雨条件的多年平均沙量。也就是说，以上分析结论可以回答过去几十年泥沙减少的原因，但不能回答不同时期下垫面在长系列降雨情况下的减沙量或产沙量。

为深入认识现状下垫面的产沙情势，以下利用 8.3 节提出的流域产沙计算方法，分析其现状下垫面在长系列降雨情况下的可能产沙量。

9.2.1　降雨和下垫面情景设计

根据黄土高原的降雨特点，设计了三种长系列降雨情景：一是 1966~2019 年实测降雨系列，二是 1933~1967 年降雨系列，三是 1933~1967 年降雨系列的放大情景，分别称为平雨情景、多雨情景 A、多雨情景 B。统计黄土高原两个网格区内(图 2.7)6~9 月降雨量可见，1919~2019 年、1966~2019 年和 1933~1967 年该区年均汛期降雨量分别为 312mm、310mm 和 331mm，即 1966~2019 年汛期降雨情况较百年系列略枯，而 1933~1967 年的年均汛期降雨量是 1966~2019 年均值的 1.07 倍，是过去百年降雨最丰的长系列。

不过，1933~1967 年黄土高原雨量站非常稀少，需要考虑各支流(子区)该系列年均降雨量(P_{25})的取值问题。研究发现，2010~2019 年也是黄土高原汛期降雨丰沛的时段，其网格区的汛期降雨量为 338mm/a，略丰于 1933~1967 年。利用 2010~2019 年汛期降雨最丰的河龙区间、北洛河上游和泾河流域实测降雨数据，分析了汛期降雨量与有效降雨量(P_{25})的关系，结果表明，如果汛期降雨量是 1966~2019 年系列均值的 1.07 倍，有效雨量(P_{25})需达 1966~2019 年系列均值的 1.2 倍左右。鉴于此，我们将各雨量站 1966~2019 年的有效降雨量(P_{25})放大 1.2

倍,作为 1933～1967 年降雨系列的有效雨量,即"多雨情景 A"。

2010～2019 年,黄土高原两个网格区的年均汛期降雨量为 338mm,略大于 1933～1967 年的年均汛期降雨量,是 1966～2019 年均值的 1.1 倍。因此,宏观上可以将 2010～2019 年的年均降雨量(P_{25})作为 1933～1967 年设计降雨系列的年均 P_{25}。不过,从空间格局看(图 4.32),尽管黄河主要产沙区在 2010～2019 年的汛期降雨总体偏丰,但祖厉河、洮河下游和河龙区间东北部仍明显偏枯。鉴于此,我们对 2010～2019 年各支流(子区)有效雨量(P_{25})进行了对比分析,对有效雨量不足多年均值 1.2 倍者均放大 1.2 倍,大于多年均值 1.2 倍者维持实测数据,进而生成一个各支流降雨均明显偏丰的降雨系列,作为 1933～1967 年降雨系列的放大版,即"多雨情景 B"。

与"多雨情景 A"相比,"多雨情景 B"的降雨偏大地区主要反映在河龙区间、十大孔兑、北洛河上游、泾河上中游和清水河,这些区域 2010～2018 年的年均 P_{25} 实际达 1966～2018 年均值的 1.4 倍左右,其中河龙区间中部达 1.6 倍。不过,在六盘山以西地区,因其 2010～2018 年实际汛期降雨量偏枯,故两种多雨情景的有效降雨量几乎相同。表 9.7 是三种降雨情景的各区有效降雨量(P_{25})。

表 9.7　三种降雨情景的降雨(P_{25})设计结果　　　　　　　　(单位：mm)

区域	平雨情景	多雨情景 A	多雨情景 B	区域	平雨情景	多雨情景 A	多雨情景 B
河龙区间	143	171	196	十大孔兑	81	97	132
北洛河上游	113	137	142	清水河	85	102	118
汾河上游	155	187	193	祖厉河	59	71	71
泾河景村以上	140	168	180	洮河下游	90	108	108
渭河元龙以上	103	123	123	湟水黄丘区	49	59	61

本书第 4 章讨论了近 40 年梯田面积和林草植被的变化,结果表明:

(1)1998 年以来,随着机修梯田技术的普及,梯田建设速度明显加快。不过,2012 年以后,除渭河上游无定河中游和马莲河上游外,黄河主要产沙区梯田面积均趋于稳定。

(2)1998 年以来,河龙区间和北洛河上游的林草地面积增幅分别为 28.6%和 22.8%,十大孔兑流域的林草地面积略有增加,但其他地区总体表现为减少。

(3)2000 年以来,黄土高原林草植被盖度快速增加。不过,2012～2013 年以来,黄土高原植被盖度提高的速度总体明显变缓;这种情况在河龙区间大部、汾河流域和北洛河上游非常明显,其植被盖度似乎在 2018 年已达到峰值。

水流含沙量对植被盖度变化非常敏感,因此,还分析了各支流汛期沙峰含沙量的变化特点(图 9.6)。限于篇幅,图 9.6 中仅给出 6 条典型支流的沙峰含沙量变化过程。由图 9.6 可见,2000 年以来,各支流沙峰含沙量先后出现大幅降低;绝大部分支流的沙峰含沙量均在 2006～2009 年后基本稳定在较低水平，偶有波动。

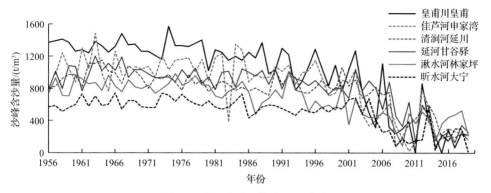

图 9.6　典型支流汛期含沙量变化

综合考虑梯田、植被和实测水沙变化情况，本章将 2010～2019 年的下垫面作为"现状下垫面"。

分析 2000～2019 年的林草植被盖度变化过程(图 4.10 和图 4.11)可见，2010 年以来，研究区林草植被盖度总体处于不断改善的过程中，但因降雨严重偏枯使植被绿度降低，基于 NDVI 反演的 2019 年林草植被盖度反而小于 2018 年。鉴于此，为客观反映 2010～2019 年的下垫面平均情况，采用 2010 年和 2018 年林草植被盖度的平均值作为 2010～2019 年下垫面的林草植被盖度；采用 2010 年和 2016 年两次土地利用分析得到的林草地面积平均值作为 2010～2019 年下垫面的林草地面积；采用 2012 年和 2017 年两次遥感调查的梯田面积平均值作为 2010～2019 年下垫面的梯田面积；采用 2011 年和 2016 年坝地面积均值作为 2010～2019 年下垫面的坝地面积。表 9.8 是现状下垫面各区林草、梯田和坝地的有效覆盖率。

表 9.8　2010～2019 年各地区林草、梯田和坝地的有效覆盖率　　　(单位：%)

区域	2010～2019 年	区域	2010～2019 年
河龙区间黄丘区	56.9	十大孔兑	41.3
北洛河上游	59.1	清水河	35.3
汾河上游	72.9	祖厉河	49.4
泾河上中游	53.8	洮河下游	58.7
渭河上游	61.0	湟水黄丘区	52.2

9.2.2　产沙量计算结果

针对潼关以上黄土高原，采用以下步骤，计算其现状下垫面在长系列降雨情况下的产沙量：

第一，根据各支流的地貌特点，将诸如泾河和无定河这样的大支流分割成若干子流域或子区域。

第二，提取各子流域或子区域的林草有效覆盖率、梯田面积和坝地面积，计算各子流域或子区域的林草梯田有效覆盖率 V_{et}；进而，计算其 2010～2019 年林草梯田有效覆盖率 V_{et}。

第三，利用第 8 章提出的产沙指数计算模型，计算各子流域或子区域的产沙指数 S_i。

第四，分别代入各子流域或子区域的易侵蚀区面积 A_e 和不同降雨情景的有效降雨量 P_{25}，利用公式"$S_i = \dfrac{W_s}{A_e} \times \dfrac{1}{P_{25}}$"，可得到现状下垫面在三种长系列降雨情景下的可能产沙量（W_s）。

利用笔者团队在"十二五"期间开发的产沙指数和产沙模数计算软件，计算了黄河主要产沙区现状下垫面在不同降雨系列的产沙指数、产沙模数和产沙量，产沙量结果见表 9.9。其中：①表中祖厉河下游（即郭城驿水文站以下）和清水河下游（即王团水文站以下），采用的是 2010～2019 年实测输沙量。②黄河主要产沙区内还分布着约 2 万 km² 的石质山区（未纳入易侵蚀区），天然时期多年平均产沙量约 2920 万 t/a，该区原本水土流失轻微，且植被变化不大、梯田极少，故没有考虑其沙量变化，直接将其天然沙量"2920 万 t/a"视为现状下垫面的产沙量。③计算 1933～1967 年降雨条件下的产沙量时，考虑了 1933 年特大暴雨的产沙量。④"坝库拦引沙量"中包括了灌溉引沙和采砂影响。

表 9.9 现状下垫面在长系列降雨条件下的产沙量推算结果　　　　（单位：万 t）

区域	计算产沙量			实测产沙量		
	平雨情景	多雨情景 A	多雨情景 B	实测输沙量	坝库拦引沙量	流域产沙量
河龙区间	14724	26170	29824	8880	13507	22387
汾河上游	215	293	293	0	180	180
北洛河上游	873	1451	1515	906	458	1364
泾河上中游	7633	12673	13493	6117	2135	8252
渭河上游	1929	2633	2633	1585	916	2501
清水河	2878	3758	4127	1021	1907	2928
祖厉河	1054	1640	1640	847	80	927
兰循区间黄丘区	2138	2729	3329	1460	805	2265
十大孔兑	410	664	680	363	325	688
黄河主要产沙区合计	31854	52011	57534	21180	20313	41493

由表 9.9 可见，在 2010～2019 年下垫面条件下，如果重现 1966～2019 年降雨条件，黄河主要产沙区产沙量可能达 3.2 亿 t/a；如果重现 1933～1967 年降雨条件，产沙量可能会达到 5.2 亿～5.7 亿 t/a。

需要说明的是：

（1）考虑龙羊峡等仍有很长拦沙寿命的大型水库的拦沙作用后，青藏高原还有 350 万～450 万 t/a 下泄沙量。

（2）以上计算的是流域产沙量，没有考虑坝库的拦沙作用。2000～2019 年，潼关以上黄土高原的支流坝库拦沙量为 2.5 亿 t/a。由于大量淤地坝已失去拦沙能力，未来十年，该量值将减少 1/3 以上。

（3）黄土高原泥沙入黄后，因河道冲淤和沿途引水引沙，潼关沙量还会更少些。

9.2.3　合理性分析

在 1919～1959 年下垫面背景，和 1919～2019 年、1933～1967 年降雨条件下，黄河主要产沙区多年平均产沙量为 15 亿 t/a 和 17.1 亿 t/a。以上分析表明，在 2010～2019 年下垫面和长系列降雨情况下，黄河主要产沙区的产沙量可能为 3.19 亿～5.75 亿 t，较天然时期减少 66.4%～78.2%。本节从该区下垫面变化、降雨-产沙特点、2010～2019 年实际降雨-产沙关系等方面，论证该结论的合理性。

1. 基于下垫面变化的定性分析

现有研究成果及本次小区试验均表明，当林草植被盖度达到 60%，即可基本遏制侵蚀；梯田几乎可完全遏制"本地"产沙。因此，从遏制流域产沙的角度，前面 4.4 节把林草植被盖度大于 60% 的林草地和梯田称为"优质土地"，把林草植被盖度小于 30% 的林草地和坡耕地称为"劣质土地"，把林草植被盖度为 30%～60% 的林草地称为"中质土地"。结合黄土高原中游地区实际情况，假定劣质土地的侵蚀模数为 $20000\text{t}/(\text{km}^2\cdot\text{a})$、优质土地的侵蚀模数为 $800\text{t}/(\text{km}^2\cdot\text{a})$、中质土地的侵蚀模数为 $5000\text{t}/(\text{km}^2\cdot\text{a})$，粗略估算黄河中游地区在 1978 年和 2018 年的产沙量，可知该区减沙幅度应为 63%，与现状年坡面要素的减沙幅度接近。

据统计，在黄河中游主要产沙区，绝大部分地区的林草梯田有效覆盖率达到 55%～70%，仅马莲河庆阳以上和无定河大理河一带只有 35%～50%（多属丘 5 区），见图 9.7。根据第 7 章提出的"林草梯田有效覆盖率-降雨阈值"响应关系，在林草梯田有效覆盖率为 55%、65% 情况下，以次降雨产沙强度 $500\text{t}/\text{km}^2$ 为标准，丘 1～4 区可致产沙的次雨量阈值分别为 46mm 和 70mm；以次降雨产沙强度 $2500\text{t}/\text{km}^2$ 为标准，则次雨量阈值分别为 71mm 和 104mm。对比可见，在目前下垫面情况下，当发生量级为 50mm 左右的暴雨时，除马莲河上游等丘 5 区外，黄河中游其他地方几乎不会明显产沙，这与我们近年实地考察了解到的情况基本一致：只有降雨量级达到 70～80mm 后，流域把口水文站才能观测到高含沙洪水。

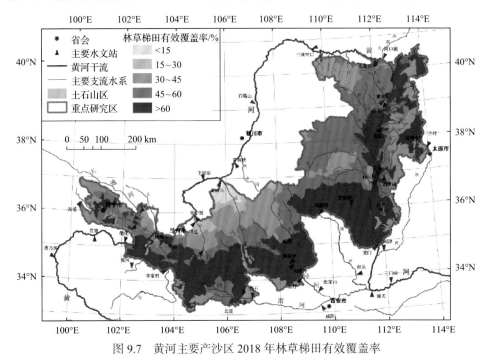

图 9.7　黄河主要产沙区 2018 年林草梯田有效覆盖率

由此可见，原来由大中降雨导致的产沙现象基本消失，这一原因涉及黄河中游约一半以上的产沙量（表 7.3），原来由雨量为 50～99mm 的暴雨导致的产沙量也将大幅减少（表 7.4）。

以上分析，不仅说明表 9.8 的计算结果基本合理，而且也证明本书提出的流域产沙计算方法基本可靠，可以用于黄土高原产沙情势的宏观评价。

2. 基于现状下垫面的降雨-产沙关系推算

参照 8.1.1 节的方法原理，根据各支流 2010～2019 年实测输沙量及降雨数据，可建立现状下垫面下降雨量与输沙量的相关关系；代入 1966～2019 年降雨量，即可推算出现状下垫面在长系列降雨情况下的可能输沙量；还原坝库拦沙量，即可得到现状下垫面的产沙量。表 9.10 是构建出的现状下垫面降雨量-输沙量关系及其相关系数。利用表 9.10 的模型，计算了各支流现状下垫面在 1966～2019 年和 1956～1969 年降雨情况下的可能输沙量，结果见表 9.11。由于每条支流都有 2～4 个降雨量-输沙量模型，表 9.11 中分别给出了计算结果的最大值和最小值；河龙区间未控区间的输沙量参照该区 22 条有控支流推算。

表 9.10　各支流在 2010～2019 年下垫面背景下的降雨量-输沙量关系

河流名称	把口水文站或区域	函数关系	R^2
洮河下游	李家村—红旗	$W_s = 0.0003 P_{7\sim8}^{2.6451}$	0.80
		$W_s = 1 \times 10^{-10} P_{年}^{4.6179}$	0.80
湟水	民和	$W_s = 0.0018 P_{7\sim8}^{2.2475}$	0.68
		$W_s = 3 \times 10^{-7} P_{6\sim9}^{3.5096}$	0.50
祖厉河	靖远	$W_s = 0.1445 P_{6\sim9}^{1.6124}$	0.61
		$W_s = 0.2723 P_{6\sim9}^{1.5201} (P_{25}/P_{10})^{0.1}$	0.60
		$W_s = 0.0105 P_{6\sim9}^2 + 1.6048 P_{6\sim9}$	0.61
清水河	泉眼山	$W_s = 0.357 P_{7\sim8}^{1.5822}$	0.74
		$W_s = 0.9531 P_{7\sim8}^{1.4815} (P_{25}/P_{10})^{0.5036}$	0.80
		$W_s = 2.0735 P_{7\sim8}^{1.3565} (P_{25}/P_{10})^{0.2126}$	0.87
皇甫川	皇甫	$W_s = 3.8188 P_{50}^{1.2229}$	0.67
		$W_s = 0.025 P_{50}^2 + 8.0322 P_{50}$	0.67
		$W_s = 1.9348 \times 10^{-8} P_{7\sim8}^{4.3218}$	0.61
孤山川	高石崖	$W_s = 0.0229 P_{50}^{1.9215}$	0.61
		$W_s = 1.9069 P_{50}^{1.4647} (P_{25}/P_{10})^{3.2685}$	0.79
		$W_s = 0.095 P_{25}^{2.0861} (P_{50}/P_{10})^{2.2683}$	0.78
窟野河	神木	$W_s = 5.0007 P_{50}^{0.8027}$	0.62
		$W_s = 19.4594 P_{50}^{0.6203} (P_{25}/P_{10})^{0.8419}$	0.62
		$W_s = 236.0772 P_{年}^{0.2602} (P_{25}/P_{10})^{1.274}$	0.64
	神木—温家川区间	$W_s = 0.146 P_{50}^{1.5427}$	0.65
秃尾河	高家川	$W_s = 1.4534 P_{50}^{1.078}$	0.79
		$W_s = 0.0212 P_{7\sim8}^{1.7123} (P_{25}/P_{10})^{0.3758}$	0.85
		$W_s = 0.2144 P_{25}^{1.3695} (P_{25}/P_{10})^{0.3814}$	0.80
佳芦河	申家湾	$W_s = 0.0109 P_{50}^{1.9533}$	0.75
		$W_s = 0.0155 P_{50}^{1.9121} (P_{25}/P_{10})^{0.312}$	0.75
		$W_s = 1.2523 P_{25}^{1.3156} (P_{50}/P_{10})^{2.0874}$	0.75

河流名称	把口水文站或区域	函数关系	R^2
无定河	赵石窑	$W_s = 25.497 P_{50}^{0.2896}$	0.62
		$W_s = 2.2036 P_{年}^{0.6747} (P_{25}/P_{10})^{0.7942}$	0.57
		$W_s = 1.3808 P_{年}^{0.7527} (P_{50}/P_{10})^{0.2862}$	0.54
	赵石窑—白家川区间	$W_s = 0.0003 P_{25}^{2.8789}$	0.70
清涧河	延川	$W_s = 0.0007 P_{7\sim8}^{2.2244}$	0.53
		$W_s = 0.0115 P_{50}^{2.6571} (P_{25}/P_{10})^{4.7284}$	0.68
		$W_s = 1.9213 \times 10^{-12} P_{年}^{5.1901} (P_{50}/P_{10})^{0.2927}$	0.73
延河	甘谷驿	$W_s = 0.0136 P_{50}^{2.2442}$	0.73
		$W_s = 11.6633 P_{50}^{1.1954} (P_{25}/P_{10})^{2.8938}$	0.73
		$W_s = 0.5482 P_{25}^{1.6379} (P_{50}/P_{10})^{1.4638}$	0.73
云岩河	新市河	$W_s = 4 \times 10^{-5} P_{50}^{2.9272}$	0.77
		$W_s = 1.169 \times 10^{-5} P_{7\sim8}^{3.649} (P_{50}/P_{10})^{4.2064}$	0.76
		$W_s = 0.0004 P_{25}^{3.2339} (P_{50}/P_{10})^{4.6745}$	0.74
仕望川	大村	$W_s = 0.0122 P_{50}^{1.6328}$	0.71
		$W_s = 4 \times 10^{-10} P_{25}^{4.4965}$	0.88
		$W_s = 1 \times 10^{-14} P_{7\sim8}^{6.0751}$	0.83
浑河	放牛沟	$W_s = 1.9366 P_{50}^{0.7368}$	0.66
		$W_s = 2.2234 P_{50}^{0.72} (P_{25}/P_{10})^{0.1}$	0.65
		$W_s = 0.2163 P_{7\sim8}^{1.099} (P_{50}/P_{10})^{0.4535}$	0.77
偏关河	偏关	$W_s = 0.2485 P_{25}^{1.2181}$	0.49
		$W_s = 15.8909 P_{50}^{0.6023} (P_{25}/P_{10})^{0.1107}$	0.58
		$W_s = 568.8287 P_{50}^{0.1} (P_{50}/P_{10})^{0.8214}$	0.61
县川河	旧县	$W_s = 0.0498 P_{50}^{1.7273}$	0.61
		$W_s = 1.9406 P_{50}^{2.0673} (P_{25}/P_{10})^{7.4534}$	0.79
		$W_s = 0.0868 P_{50}^{1.6356} (P_{50}/P_{10})^{0.10}$	0.60

河流名称	把口水文站或区域	函数关系	R^2
朱家川	桥头	$W_s = 0.0134 P_{25}^{1.5396}$	0.71
		$W_s = 0.0005 P_{6\sim9}^{1.9866}(P_{25}/P_{10})^{0.7809}$	0.75
		$W_s = 0.0001 P_{6\sim9}^{2.1643}(P_{50}/P_{10})^{0.1541}$	0.74
岚漪河	裴家川	$W_s = 7.1329 P_{25}^{0.552}$	0.77
		$W_s = 0.0089 P_{年}^{1.5571}(P_{25}/P_{10})^{0.4862}$	0.87
		$W_s = 9.9755 P_{25}^{0.5022}(P_{25}/P_{10})^{0.1}$	0.75
蔚汾河	碧村	$W_s = 1.5778 P_{25}^{1.1213}$	0.58
		$W_s = 5.0994 P_{7\sim8}^{0.9743}(P_{25}/P_{10})^{0.7967}$	0.62
		$W_s = 4.5979 P_{7\sim8}^{1.0053}(P_{50}/P_{10})^{0.3554}$	0.76
清凉寺沟	杨家坡	$W_s = 0.0143 P_{25}^{1.6488}$	0.77
		$W_s = 8.2616 \times 10^{-5} P_{6\sim9}^{2.4511}(P_{25}/P_{10})^{1.3699}$	0.82
		$W_s = 1.497 \times 10^{-4} P_{6\sim9}^{2.3615}(P_{25}/P_{10})^{0.445}$	0.86
湫水河	林家坪	$W_s = 5.3918 P_{50}^{1.0323}$	0.72
		$W_s = 884.407 P_{6\sim9}^{0.3493}(P_{50}/P_{10})^{1.6869}$	0.80
		$W_s = 104.3365 P_{25}^{0.632}(P_{50}/P_{25})^{1.9236}$	0.83
三川河	后大成	$W_s = 5.7852 P_{50}^{0.8293}$	0.50
		$W_s = 8662.5917 P_{50}^{0.2081}(P_{25}/P_{10})^{8.3381}$	0.85
		$W_s = 29.6166 P_{7\sim8}^{0.584}(P_{50}/P_{10})^{0.776}$	0.51
屈产河	裴沟	$W_s = 5.2618 \times 10^{-10} P_{6\sim9}^{4.2703}$	0.76
		$W_s = 2.074 \times 10^{-9} P_{7\sim8}^{4.3402}(P_{25}/P_{10})^{0.5598}$	0.68
		$W_s = 3.8124 \times 10^{-10} P_{6\sim9}^{4.3623}(P_{50}/P_{10})^{0.1342}$	0.76
昕水河	大宁	$W_s = 7.7135 \times 10^{-12} P_{50}^{6.4049}$	0.79
		$W_s = 0.0812 P_{50}^{1.9141}(P_{25}/P_{10})^{2.075}$	0.76
		$W_s = 0.0187 P_{25}^{2.0911}(P_{50}/P_{10})^{1.6623}$	0.76
州川河	吉县	$W_s = 2 \times 10^{-9} P_{7\sim8}^{3.5108}$	0.63
		$W_s = 2 \times 10^{-5} P_{25}^{1.9365}$	0.57
		$W_s = 0.0005 P_{7\sim8}^{1.49}(P_{50}/P_{10})^{0.4285}$	0.48

河流名称	把口水文站或区域	函数关系	R^2
鄂河	乡宁	$W_s = 1 \times 10^{-9} P_{6\sim9}^{3.7761}$	0.82
		$W_s = 2 \times 10^{-5} P_{7\sim8}^{2.3206}$	0.57
		$W_s = 5 \times 10^{-8} P_{10}^{3.1639}$	0.59
汾河	兰村	$W_s = 0.0002 P_{50}^{2.7788}$	0.65
		$W_s = 5 \times 10^{-9} P_{25}^{4.1215}$	0.50
北洛河	刘家河	$W_s = 1.5811 P_{25}^{1.3024}$	0.64
		$W_s = 17.8062 P_{25}^{1.0482} (P_{50}/P_{10})^{0.5528}$	0.70
		$W_s = 0.0133 P_{25}^2 + 5.0776 P_{25}$	0.64
渭河	拓石	$W_s = 0.8845 P_{25}^{1.6022}$	0.93
		$W_s = 0.0446 P_{6\sim9}^{2.0495} (P_{25}/P_{10})^{1.4187}$	0.94
		$W_s = 0.0048 P_{6\sim9}^{2.3669} (P_{50}/P_{10})^{0.4457}$	0.94
泾河	雨落坪	$W_s = 7.7313 P_{6\sim9}^{1.1587}$	0.72
		$W_s = 9.183 P_{年}^{1.1583} (P_{25}/P_{10})^{0.6393}$	0.82
		$W_s = 19.0584 P_{6\sim9}^{1.0565} (P_{50}/P_{10})^{0.113}$	0.81
	杨家坪	$W_s = 0.0077 P_{50}^{2.5589}$	0.71
		$W_s = 0.4169 P_{6\sim9}^{1.666} (P_{25}/P_{10})^{3.794}$	0.69
		$W_s = 0.0649 P_{50}^{2.9857} (P_{50}/P_{10})^{2.9477}$	0.81
	雨落坪/杨家坪—景村区间	$W_s = 0.0032 P_{50}^{2.9227}$	0.65
		$W_s = 0.0033 P_{50}^{2.9266} (P_{25}/P_{10})^{0.1}$	0.65
		$W_s = 0.2191 P_{50}^2 + 3.0974 P_{50}$	0.86

表9.11 2010～2019年下垫面在长系列降雨情况下的输沙量推算结果 （单位：万 t/a）

区域名称	1956～1969年降雨条件		1966～2019年降雨条件	
	最大值	最小值	最大值	最小值
洮河下游	611	557	513	502
湟水民和	278	239	296	293
祖厉河靖远	1315	1302	1052	1049
清水河泉眼山	1085	1097	946	932

续表

区域名称	1956~1969 年降雨条件		1966~2019 年降雨条件	
	最大值	最小值	最大值	最小值
皇甫川皇甫	823	406	286	321
孤山川高石崖	362	231	113	87
窟野河温家川	255	243	174	164
秃尾河高家川	174	149	110	102
佳芦河申家湾	33	34	79	72
无定河白家川	851	837	798	795
清涧河延川	204	134	138	151
延河甘谷驿	224	205	256	246
云岩河新市河	44	37	61	55
仕望川大村	95	62	22	19
浑河放牛沟	21	17	18	16
偏关河偏关	122	102	116	92
县川河旧县	106	41	115	36
朱家川桥头	41	36	32	27
岚漪河裴家川	112	112	108	107
蔚汾河碧村	735	607	571	504
清凉寺沟杨家坡	84	79	73	69
湫水河林家坪	362	363	366	341
三川河后大成	150	145	140	128
屈产河裴沟	71	63	60	56
昕水河大宁	1201	182	36	62
州川河吉县	1	1	1	1
鄂河乡宁	12	10	7	7
河龙区间已控区	6084	4095	3679	3458
河龙区间未控区	2251	1515	1352	1272
河龙区间合计	8335	5610	5032	4729
汾河兰村	28	23	17	12
北洛河上游	843	957	844	829
泾河景村	8009	7492	7231	6755
渭河元龙	1912	1867	1611	1535
黄河主要产沙区合计	22415	19145	17542	16637

由表 9.11 可见，按照 2010～2019 年的降雨量-输沙量关系，在 1966～2019 年长系列降雨条件下，以上区域的输沙量应为 1.66 亿～1.75 亿 t。若按 1956～1969 年的降雨条件，输沙量应为 1.91 亿～2.24 亿 t。1956～1969 年的降雨条件与 2010～2019 年相似，但黄河上游地区和渭河上游偏丰、河龙区间和北洛河偏枯。

需要说明的是：①因水文数据限制，以上计算未涉及黄河上游未控区、十大孔兑和大通河享堂至连城区间，据 2010～2019 年实测值，该区实测输沙量分别约 970 万 t/a、360 万 t/a、110 万 t/a，合计 1440 万 t/a。②以上采用的是各支流 2010～2019 年的实测降雨量与实测输沙量的响应关系，未还原坝库拦沙量和灌溉引沙量。

如果考虑黄河上游未控区、十大孔兑和大通河享堂以上地区的产沙，并还原该时段的坝库实际拦沙量和灌溉引沙量(22200 万 t/a)，则在 1956～1969 年系列降雨条件下，黄河主要产沙区的产沙量应为 42785 万～46066 万 t/a。该结果较表 9.9 在相似降雨条件(多雨情景 A)推算的结果"5.6 亿 t/a"偏小 20.7%。二者产生差异的原因在于 2010～2019 年黄河循化—青铜峡区间和渭河上游汛期降雨偏少，故而坝库拦沙量偏少。

以上通过定性和定量分析，证明表 9.9 的计算结果基本合理。该分析结果也再次证明，本书提出的流域产沙计算方法基本可靠，可以用于黄土高原产沙情势的宏观评价。

9.3 含沙量变化原因

9.3.1 高含沙水流的特征与形成

一般认为，黄河主要产沙区河流所产洪水多属高含沙洪水。关于高含沙洪水的定义，钱宁和万兆惠(1985)、张瑞瑾等(1989)及钱意颖等(1993)曾分别给出过他们的见解，虽不完全一致，但都认为"含沙量高"并非高含沙洪水的核心特点，关键在于水流的物理特性、运动特性和输沙特性等不再符合牛顿流体的规律，而更倾向于宾厄姆流体。

在流体力学中，人们把速度梯度变化时动力黏度 μ 为定值、屈服应力为 0 的流体，称为牛顿流体。对于非牛顿流体(宾厄姆流体)，流体黏度会随着剪切速率的变化而变化。牛顿流体与宾厄姆流体的最大区别，在于后者的动力黏度为变数、存在屈服应力(或称宾厄姆剪切力)。

据 1954～1975 年实测数据，皇甫川和窟野河把口水文站的多年平均沙峰含沙量分别为 1320kg/m³ 和 1200kg/m³，是黄土高原含沙量最高的河流。然而，该区地形并不比无定河中下游更破碎，滑塌体也不如无定河上游更多，故 Wan(1985)认为泥沙粒径粗是含沙量高的原因。不过，在同样来沙很粗的榆溪河和秃尾河上游，却鲜见高含沙洪水，可见粗泥沙是形成高含沙水流的充分条件，而非必要条件。

以往认为,导致水流由牛顿流体转为宾厄姆流体的关键物质是粒径小于 0.01mm 的极细颗粒泥沙。然而,王兆印和钱宁(1984)通过实验发现,尽管磨细的石英粉中粒径小于 0.01mm 者含量高达 32%、水体的石英粉浓度高达 33%,但水体仍然表现为典型的牛顿体,黏滞系数仅是清水的 15 倍;高岭土沙的粒径虽比石英粉大十几倍且完全不含小于 0.01mm 的粒径,但体积浓度为 32%时的悬浮液已经具有很高的宾厄姆极限剪切力、黏滞系数达清水的 400 多倍,成为宾厄姆流体。根据对高岭土和蒙脱石的试验结果,Wan(1985)发现,在悬浮液浓度相同情况下,以蒙脱石作为分散相要比以高岭土作为分散相的屈服应力值高出很多。由此可见,仅靠"颗粒细"并不能使水流由牛顿流体转为宾厄姆流体,可将水流由牛顿流体转为宾厄姆流体的关键物质是黏性矿物,泥沙的矿物成分对悬浮液物理性质起着比粒径更为重要的作用。

石英和长石等非黏性矿物基本上是岩石物理风化的产物,但黏性矿物颗粒是化学风化的产物,物理结构表现为层状硅酸盐。常见的黏性矿物有蒙脱石、伊利石和高岭土。与非黏性矿物相比,黏性矿物的比表面积更大,该特点不仅使其容易在颗粒表面吸附水分子,而且可以提高悬浮液的内摩擦力,从而增大水流的黏滞性。表 9.12 是黏性矿物和非黏性矿物的特点(王兆印和钱宁,1984),由表可见,蒙脱石的比表面积、湿润热和阳离子吸附量最大,其次是伊利石和高岭土,说明蒙脱石的悬浮液黏性更强。

表 9.12　不同矿物成分的物理性质

特征指标	常见的非黏性矿物	蒙脱石	伊利石	高岭土
比表面积/(m²/g)	0.02~0.2	810	80	20
吸附水膜厚/分子	1 个水分子厚	4~40	4~40	4~40
湿润热/(cal/g)	近似 0	22.1	4.0	0.95~1.87
膨胀性	无	显著	—	—
阳离子吸附量/(mg/100g)	长石 2.5,云母 6.5	70~150	20~40	3~15

注:1cal(热化学卡)=4.184J。

为搞清高含沙洪水的形成机制和影响因素,我们采集了黄土高原各地的地表土壤样本,试验分析了粒径、矿物成分、悬浮液的黏滞性和剪切应力。

黄土和砒砂岩是黄土高原最常见的地表土壤,其中砒砂岩的颗粒粒径一般大于黄土。在皇甫川、窟野河、秃尾河、佳芦河、无定河、偏关河、县川河、北洛河和泾河的马莲河流域等地,采集了 41 个地表黄土样本和 14 个地表砒砂岩样本,检测表明,黄土和砒砂岩的非黏性矿物成分均为石英,其次为长石;砒砂岩的黏性矿物含量略少于黄土,但砒砂岩的黏性矿物成分主要为蒙脱石,其次是伊利石,而黄土的黏性矿物成分主要是伊利石,其次是绿泥石,见表9.13(表中数据为样品监测结果的平均值)。利用扫描电镜,在放大10000倍情况下,观察了砒砂岩和黄土的电镜图,结果表明,砒砂岩颗粒表面非常不光滑,而且层次感强,表明其比表面积显著大于黄土颗粒,见图9.8。正是由于砒砂岩的矿物成分以蒙脱石为主,而蒙脱石的比表面积大、湿润热和阳离子吸附量高,水流黏性更大。

表 9.13　黄土和砒砂岩的矿物成分和粒径

样本名称	样本数量/个	非黏性矿物含量/%	黏性矿物含量/%	典型黏性矿物含量/%				粒径大于0.05mm的比例/%
				蒙脱石	伊利石	绿泥石	高岭土	
黄土	41	77	23	0	13	8	2	56
砒砂岩	14	75	25	13	6	4	2	82

(a) 白色砒砂岩

(b) 红色结块砒砂岩羊肝石

(c) 红色粉末砒砂岩

(d) 黄土——泾河上游(洪德)

(e) 黄土——北洛河中游

图 9.8　砒砂岩和黄土的同倍比电镜图(放大10000倍)

一般情况下,黄土中的黏性土粒径小于0.01mm,因此黏性矿物含量≤土样中粒径小于0.01mm的细沙比例,见图9.9,这可能是人们常把黄土的黏性矿物含量等同于细沙含量的原因。但是,由于砒砂岩的黏性矿物主要为蒙脱石,其黏性矿物含量明显大于土样中的细沙比例(指粒径小于0.01mm者)。

利用立管式流变仪,测定了黄土和砒砂岩悬浮液的流变特性,表9.14为用于流变试验的沙样粒径和黏性矿物含量,图9.10是不同土壤类型下黏滞系数随水体含沙量变化的过程。

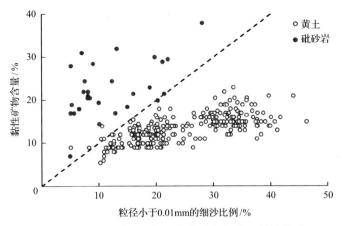

图 9.9　地表土壤的黏性矿物含量与细沙比例的关系

表 9.14　试验沙样的特征值

沙样编号	沙样名称	中数粒径/mm	黏性矿物含量/%
1	白色砒砂岩	0.283	28
2	红色砒砂岩	0.058	50
3	黄土粗泥沙	0.045	13
4	黄土细泥沙	0.017	17

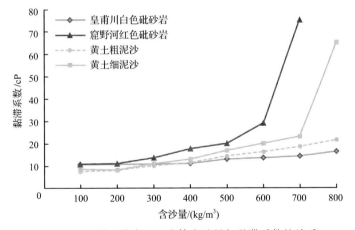

图 9.10　不同土壤类型下水体含沙量与黏滞系数的关系

由图 9.10 可见：①当含沙量小于 200kg/m^3 时，随着含沙量增加，浑水的黏滞系数变化不大，而且不同沙样浑水的黏滞系数也相差不大。②当含沙量为 200～500kg/m^3 时，黏滞系数随含沙量增加而缓慢增加。③浑水含沙量大于 500kg/m^3 后，随着含沙量增加，红色砒砂岩悬浮液和黄土细颗粒悬浮液的黏滞系数出现快速增加的趋势，其中红色砒砂岩的拐点含沙量和黏滞系数明显更大。限于仪器的测试能力，未测出其他沙样的拐点。

前面说到，牛顿流体与宾厄姆流体的区别在于后者的动力黏度为变数、存在屈服应力(或称宾厄姆剪切力)。悬浮液产生宾厄姆剪切力的原因是黏性细颗粒形成的絮网结构具有一定的抗剪能力，出现宾厄姆剪切力的最低浓度是悬浮液从牛顿流体变为宾厄姆流体的临界浓度。钱宁(1989)、费祥俊(1994)研究认为，粒径小于 0.01mm 的黏性颗粒含量对流型起到重要的作用，不同粒径组成的悬浮液临界浓度差异较大。图 9.11 是本次试验获取的表 9.14 中 4 种土样悬浮液的剪切速率与表观黏度的关系曲线，图中的"表观黏度"是指仪器直接测定的黏度值。在温度一定的情况下，由于宾厄姆流体的黏度会随剪切速率的变化而变化，而牛顿流体的黏度是恒定的，凡关系线有明显下凹者即可认为是宾厄姆流体。由图 9.11 可见，对于不同粒径和不同黏性矿物含量的土样，关系线有明显下凹者相应的含沙

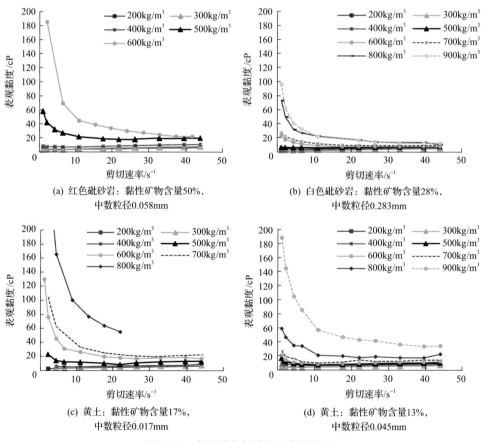

(a) 红色砒砂岩：黏性矿物含量50%，中数粒径0.058mm

(b) 白色砒砂岩：黏性矿物含量28%，中数粒径0.283mm

(c) 黄土：黏性矿物含量17%，中数粒径0.017mm

(d) 黄土：黏性矿物含量13%，中数粒径0.045mm

图 9.11 表观黏度与剪切速率的关系

量差别较大：对于红色砒砂岩和白色砒砂岩，相应的含沙量分别为 500kg/m³ 和 600kg/m³；对于粒径较细的黄土，相应的含沙量介于 500～600kg/m³。

结合图 9.10 和图 9.11 判断，在以红色砒砂岩为主的砒砂岩区，水流含沙量大于 500kg/m³ 即具有高含沙洪水的性质；对于白色砒砂岩和黄土，相应的水流含沙量约 600kg/m³。而对于粒径较粗且黏性矿物含量偏低的黄土，相应的含沙量甚至达 700～800kg/m³。如果对比红色砒砂岩和粗颗粒黄土的黏度-剪切速率关系曲线还可看出，在粒径相近情况下，黏性矿物含量越高，成为高含沙水流所需要的含沙量越低。

通过以上试验，并结合王兆印和钱宁(1984)对磨细的石英粉和高岭石沙的悬浮液黏滞性的测试结果可见，黏性矿物成分及其含量是含沙水流由牛顿流体转为宾厄姆流体的关键物质，其对悬浮液黏度的影响远大于泥沙粒径的影响。遗憾的是，限于研究时间，试验的土样和组数不够多，相关问题仍待今后进一步探讨。

综上分析可见，形成高含沙水流的关键是黏性矿物的含量及成分，黏性矿物含量越大、蒙脱石越多，越容易形成高含沙水流；对于地表物质为黄土和砒砂岩的流域，含沙量大于 500～600kg/m³ 即具有典型高含沙水流的性质。

9.3.2 影响含沙量的主要因素

为综合反映黏性矿物成分、含量和粒径等对水流含沙量的影响，在 Einstein (1941)、褚君达(1980)和费祥俊(1982)等学者对浑水黏滞系数与含沙量关系研究的基础上，增加考虑不同黏性矿物成分和粒径的影响，Feng 等(2021)提出了黄土高原含沙水流的极限含沙量预测公式：

$$C_{\mathrm{VM}} = \cfrac{1}{1 + 6\sum\cfrac{P_{i,c}}{d_i}(\delta + a)\left[1 - \sum P_i + (11P_1 + 3P_2 + P_3)\varLambda\right]} \tag{9.1}$$

式中，$P_{i,c}$ 中的 i 为泥沙类别，c 为粒径级次；C_{VM} 为水流可能达到的极限含沙量；P_1、P_2、P_3 分别为蒙脱石、伊利石、高岭土占整个泥沙样本的比例；$\varLambda$ 为黏性矿物的影响因子，可通过高岭土黏性实验测定，若无条件测定，可采用 $\varLambda = 1.2$ 进行试算；δ 为约束水层的厚度；a 为形状参数。

为验证式(9.1)的可靠性，针对皇甫川皇甫水文站、窟野河温家川水文站、无定河白家川水文站、泾河张家山水文站，选取实测含沙量接近最大的 6 个测次泥沙级配，并借用野外沙样的矿物含量，利用式(9.1)计算了极限含沙量。结果表明，计算值与实测值基本一致，见图 9.12。

分析式(9.1)可见：

(1)黏性矿物含量越大，浑水所能达到的极限含沙量越高。这主要是由于黏性

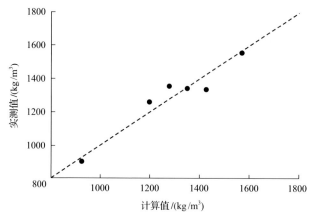

图 9.12　典型水文站极限含沙量计算值与实测值对比

矿物与非黏性矿物在结构上有着本质差异，黏性矿物的四面体和八面体相间结构对水体的吸附能力是影响水流黏性的根本原因，这种影响使得挟沙水流在运动过程中对水分子不单单具有物理吸附能力，还具有一定的化学活性，进而影响输沙能力。

(2)在黏性矿物总量相同的情况下，蒙脱石含量越大，极限含沙量越大。因此，与黄土区相比，皇甫川流域(域内大部为砒砂岩区)的沙峰含沙量远大于其他地区，见表 9.15。

表 9.15　1954～1973 年典型支流的多年平均沙峰含沙量　　　　　(单位：kg/m³)

水文站名称	含沙量	水文站名称	含沙量	水文站名称	含沙量	水文站名称	含沙量
皇甫川皇甫	1308	无定河岔巴沟	970	偏关河偏关	1057	泾河雨落坪	941
窟野河温家川	1189	无定河马湖峪	993	朱家川桥头	1047	泾河杨家坪	686
秃尾河高家川	1139	无定河殿市	965	湫水河林家坪	831	泾河庆阳	1032
佳芦河申家湾	1078	无定河青阳岔	1131	三川河后大成	711	泾河芦村河	604
孤山川高石崖	1034	清涧河延川	1012	昕水河大宁	613	祖厉河靖远	951
无定河白家川	1118	延河甘谷驿	993	北洛河刘家河	1051	湟水民和	496
无定河绥德	1185	云岩河新市河	590	渭河北道	719	洮河红旗	357

(3)一旦高含沙水流形成，粗泥沙含量越大或泥沙粒径越粗，浑水所能达到的极限含沙量越高，原因在于高含沙水流比清水水流有着更强的挟沙能力(齐璞，1982；钱宁，1989)，实际情况也是如此。分析悬移质泥沙粒径与沙峰含沙量的关系可见，悬移质泥沙中粗泥沙占比越多，沙峰含沙量越大，见图 9.13。

综上分析可见，一旦黏性矿物和粗泥沙补给困难，洪水含沙量必将降低，进而降低水流的挟沙能力。因此，凡能够减少黏性矿物和粗泥沙补给的因素，均为影响含沙量的因素。黏性矿物主要赋存于黄土或砒砂岩地层中；而粗泥沙不仅来源于黄土和砒砂岩，而且源于风沙和风化岩石(张平仓等，1990；冯国安，1992)。

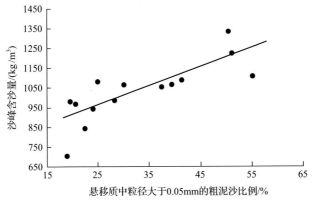

图 9.13　粗泥沙含量与沙峰含沙量的关系

当然，式(9.1)未考虑降雨对含沙量的影响，相关问题笔者已经在 7.1 节讨论过。式(9.1)也未考虑坝库拦截对沟口含沙量的影响。刘晓燕等(2018a)研究认为，坝库拦截对洪水含沙量的影响是暂时的，一旦坝库淤满，含沙量必然反弹。

9.3.3　近年含沙量锐减原因

图 9.14 是河龙区间典型支流设站以来的沙峰含沙量变化，由图可见，2000年以来，河龙区间各支流沙峰含沙量均大幅度下降，减幅达 65%～95%。2017～2019 年，河龙区间西北片黄土丘陵区（年降雨量≤400mm）的林草植被盖度为60%～65%、其他地区为 75%～90%，按图 6.17(b)中的公式推算，西北片年最大含沙量应为 520～580kg/m³、其他地区为 270～430kg/m³。不过，在如此植被状况下，可产生沙峰含沙量的雨强已由 20 世纪 70 年代的 10～15mm/h，增大到 40mm/h左右甚或更高，推算的年最大含沙量（520～580kg/m³ 或 270～430kg/m³）只能在发生高强度暴雨时出现。基于以上对高含沙洪水的形成机制的分析，当砒砂岩区含沙量达到 500～600kg/m³、黄土区含沙量达到 600～800kg/m³，水流才具有高含沙洪水的性质。因此，在林草植被盖度大于 60%的地区，综合考虑林草植被变化对沙峰含沙量的影响规律、可导致沙峰含沙量的临界雨强等，高含沙洪水的发生概率必然很低。

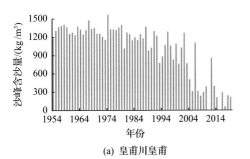

(a) 皇甫川皇甫

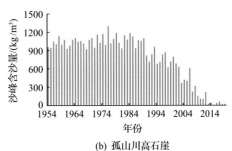

(b) 孤山川高石崖

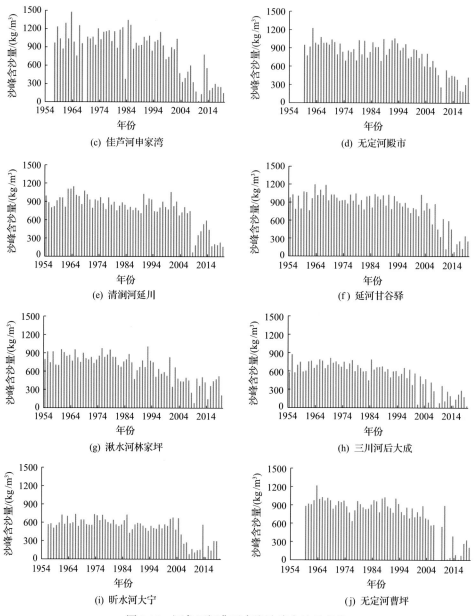

图 9.14　河龙区间典型支流沙峰含沙量变化

　　对于流域地形多属丘 5 区的支流，其沙峰含沙量减幅很不明显（图 9.15）。无定河流域大部分二级或三级支流的沙峰含沙量都下降了 65%～75%，但部分位于丘 5 区的青阳岔以上含沙量只下降 39%；在北洛河刘家河以上地区，虽然其实测输沙量已经减少了 89%，但沙峰含沙量仅下降 25%；而在典型的丘 5 区马莲河洪德以上，沙峰含沙量甚至只减少 6%。产生该现象的原因，在于丘 5 区沟壑产沙占比远大于黄土丘陵区的其他副区。

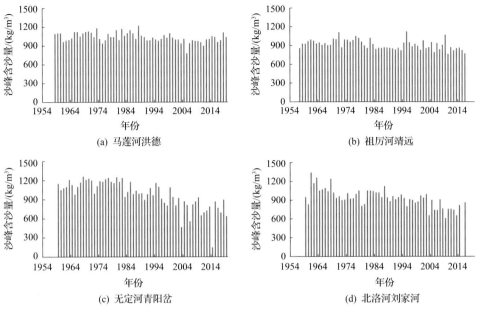

(a) 马莲河洪德　　　　　　　　　　　(b) 祖厉河靖远

(c) 无定河青阳岔　　　　　　　　　　(d) 北洛河刘家河

图 9.15　丘 5 区典型支流沙峰含沙量变化

　　由于沟壑产沙占比约 87%、沟壑产沙动力主要来自塬面集中下沟的硬化陆面径流，黄土塬区的含沙量变化更小。以地处董志塬腹地的砚瓦川流域为例，如果去除 15 座淤地坝拦沙的影响，1976 年设站以来，其各年的沙峰含沙量减少不明显，2006 年以来城市中水排入沟道有时还使含沙量增大，见图 9.16。因此，在地貌以黄土塬区和丘 5 区为主的马莲河流域，其把口水文站雨落坪的沙峰含沙量至今仍不见明显降低，见图 9.17。

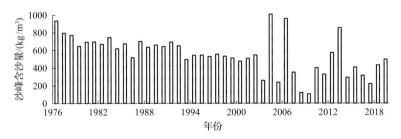

图 9.16　砚瓦川小流域沙峰含沙量变化

　　此外，还有林草植被盖度变化不大的渭河上游和祖厉河等梯田集聚区，沙峰含沙量也变化不大，其原因在于梯田能够把自身及其上方坡面的地表径流全部截留，能够出沟的地表径流几乎全部来自无梯田的坡面和沟谷。相关问题已经在 5.5节讨论过。

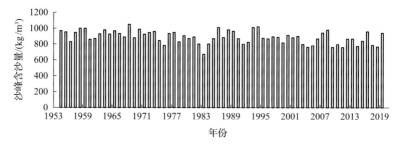

图 9.17　马莲河雨落坪断面沙峰含沙量变化

综上可见，尽管各区输沙量都较天然时期大幅度减少，但洪水的沙峰含沙量降低主要发生在丘 1～4 区和以往被划入丘 1 区的砒砂岩分布区、盖沙丘陵区和砾质丘陵区，植被改善是近 20 年含沙量大幅降低的主要原因。而在以沟壑产沙为主的黄土塬区和丘 5 区，含沙量变化不大。

9.4　坡面要素变化对洪量的影响

黄土高原的泥沙必然随洪水而来，因此，除洮河下游等少数特殊地区外，绝大部分水土流失区的洪量与沙量往往呈现出非常好的响应关系，见图 9.18。因此，通过剖析水土流失区的降雨-产洪关系变化，对认识来沙减少原因具有重要意义。

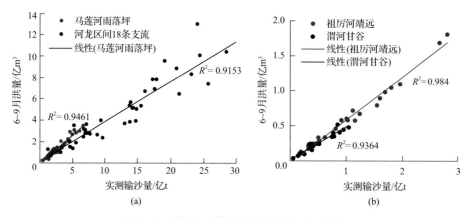

图 9.18　黄河中游典型区域的洪量-沙量关系

为分析洪量变化，采集了祖厉河靖远、清水河泉眼山、河龙区间、汾河兰村、北洛河刘家河、泾河景村、渭河北道 1959 年以来的逐月实测径流量和汛期洪量(洪量计算方法见 2.6 节)；利用兰州、青铜峡、河口镇、龙门、咸阳、张家山、洑头和河津等水文断面 1934～1958 年实测水沙数据，以及各区天然时期洪量与沙量的关系，推算出了黄河主要产沙区各子区(支流)的汛期洪量。在此基础上，利用图 2.7 两网格区的汛期降雨量，点绘了黄河主要产沙区(不含兰州以上和十大孔兑)不同时期的汛期洪量与汛期降雨量的关系,结果见图9.19。然后,利用图9.19(a)1934~1957年和2010~2019年的洪量-降雨量关系式,逐年代入1919~2019年网格区汛期降雨量,可得到该区1934~1957年下垫面和2010~2019年下垫面在过去百年长系列降雨情况下的年均洪量,分别为49.3亿m³和22.6亿m³。由此可见,与天然时期(1934~1957年)相比,该区现状下垫面的产洪能力下降了54%。不过,由于2010~2019年汛期降雨偏丰约5%,该区实测的汛期洪量为26.4亿m³/a。

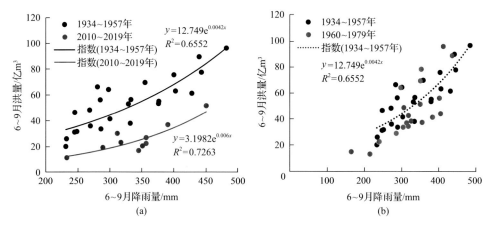

图9.19　黄河主要产沙区降雨-产洪关系变化

因水文站少且设站时间短,图9.19未计入十大孔兑。十大孔兑径流和洪水主要产自上游的砾质丘陵区,1956~2000年天然径流量约2亿m³/a,汛期径流约占87%,洪量约1.72亿m³/a。

如图3.34所示,黄河兰州以上黄丘区的汛期径流出现在7~10月,其中9~10月径流多为地下水排泄所致,因此图9.19也未包括该区。由图9.20可见(图中

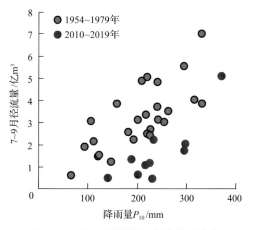

图9.20　湟水下游降雨-产洪关系变化

区域为湟水西宁—民和区间），在相同降雨情况下，湟水下游 2010～2019 年的汛期洪量也明显减少。

尽管林草梯田有效覆盖率已由 1978 年前后的 33.5%增加到 2018 年的 62.8%，但因降雨更易入渗且暴雨不多，洮河下游降雨量与汛期洪量的关系仍未见明显变化；事实上，因基流增加，2010 年以来相同降雨情况下的年径流量甚至有所增加，见图 9.21。

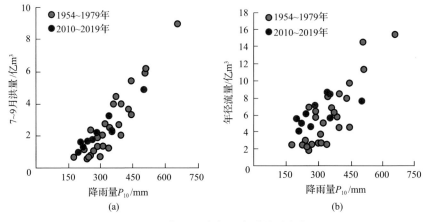

图 9.21　洮河下游降雨-产洪关系变化

在图 9.19 涉及的黄河主要产沙区内，不仅包括了少量石质山区，如河龙区间和汾河流域的吕梁山脉、泾渭河流域的六盘山和秦岭等，还有大片风沙区（位于河龙区间西北部，其汛期洪量不足年径流量的 10%）。由于石质山区和风沙区的降雨-产洪关系变化很小，黄土区的产洪减幅必然更大。例如，尽管北道以上黄丘区的降雨-产洪关系已经发生了明显变化、减幅高达 72%[图 9.22(a)]，但北道以上总洪量减幅只有 42%[图 9.22(b)]，实际上两座水文站控制区近 10 年的输沙量减幅均

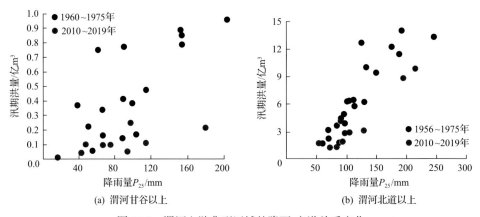

(a) 渭河甘谷以上 　　　　　　　 (b) 渭河北道以上

图 9.22　渭河上游典型区域的降雨-产洪关系变化

为 87% 左右。再如，尽管二者近 10 年的输沙量减幅相同（89%），但有石质山区分布的河龙区间近年洪量减幅（51%）明显小于"纯"黄丘区的北洛河上游（74%），见图 9.23。因此，要深入认识下垫面变化对产洪量的影响，还需要借助其他工具。

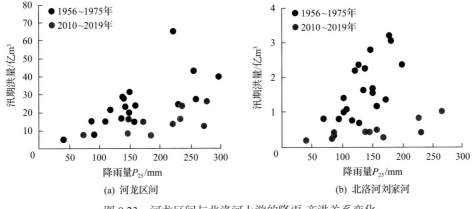

图 9.23　河龙区间与北洛河上游的降雨-产洪关系变化

利用前面构建的黄丘区林草有效覆盖率-产洪系数响应关系（图 6.16），并假定单位面积梯田的减洪量与林草地相同，将梯田覆盖率和坝地覆盖率等量计入，可以大体推算出现状下垫面的减洪量。以流域内均为黄土丘陵的北洛河上游为例，其 1978 年前后的林草梯田有效覆盖率为 27.3%，2010～2018 年平均为 59.1%，采用图 6.16 的中线公式计算的产洪系数分别为 0.141 和 0.043，即 2010～2019 年产洪能力较 1978 年前后减少约 70%。该结果与利用降雨-洪量关系推算的结论基本一致：基于 1956～1975 年和 2010～2018 年的有效降雨量（P_{25}）-汛期洪量之间的响应关系，在 1956～2019 年降雨条件下，推算的刘家河站汛期洪量分别为 1.481 亿 m^3 和 0.395 亿 m^3，减幅为 73%；若将降雨指标改为 P_{10}，推算的减幅略大于 73%。

利用图 6.16 中的关系曲线，测算了黄河主要产沙区各地产洪系数变化，结果见表 9.16。由表 9.16 可见，1978 年前后，黄河主要产沙区的产洪系数大体在 0.1～0.3，平均约 0.2；而在 2010～2019 年下垫面条件下，该区产洪系数已经降低至 0.038～0.104，平均约 0.06，较 20 世纪 70 年代末减少约 70%；减幅最大的是河龙区间北部窟野河—朱家川以北地区（不含皇甫川），一般达 80%～85%。

表 9.16　黄河主要产沙区的产洪系数变化

支流名称	1978 年前后	2010～2019 年	减幅/%	支流名称	1978 年前后	2010～2019 年	减幅/%
皇甫川	0.273	0.064	76.6	偏关河	0.231	0.043	81.4
孤山川	0.356	0.060	83.1	朱家川	0.289	0.047	83.7
窟野河黄丘区	0.306	0.053	82.7	河龙区间黄丘区	0.162	0.048	70.4

续表

支流名称	1978 年前后	2010~2019 年	减幅/%	支流名称	1978 年前后	2010~2019 年	减幅/%
佳芦河黄丘区	0.255	0.072	71.8	汾河上游	0.109	0.045	58.7
无定河中下游	0.282	0.072	74.5	北洛河上游	0.141	0.043	69.5
清涧河	0.196	0.045	77.0	泾河洪德以上	0.263	0.104	60.0
延河甘谷驿以上	0.158	0.038	75.9	泾河贾桥以上	0.171	0.052	69.6
湫水河	0.123	0.043	65.0	泾河景村以上	0.151	0.05	66.9
三川河	0.109	0.044	59.6	渭河元龙以上	0.161	0.042	73.9
屈产河	0.107	0.062	42.1	祖厉河	0.129	0.056	56.6
昕水河	0.081	0.039	51.9	清水河	0.247	0.103	58.3

利用得到的产洪系数推算,在 1966~2019 年长系列降雨条件下,在 1978 年前后的植被状况(即不考虑梯田)、2010 年前后和 2018 年前后的植被梯田状况下,潼关以上黄土高原(不含苦水河和庄浪河等干旱区支流,以及风沙区和土石山区)汛期产洪量分别为 47.7 亿 m^3/a、15.1 亿 m^3/a 和 11.7 亿 m^3/a,其中黄河主要产沙区(不含风沙区和土石山区)汛期产洪量分别为 44.2 亿 m^3/a、13.6 亿 m^3/a 和 10.5 亿 m^3/a,即 2010~2019 年较 20 世纪 70 年代减洪 34.3 亿 m^3/a。

需要指出,20 世纪六七十年代是过去百年黄土高原植被覆盖最差的时期,因此,以此为比较基准的现状年洪量减幅(76%)可能与实际有一定差别。遗憾的是,由于大量水库和淤地坝对汛期径流的调蓄、有些年份淤地坝大量垮坝、植被破坏等多重因素的干扰,该时期的汛期降雨量-洪量关系非常散乱[图 9.19(b)],实测洪量难以反映流域产洪量,据此无法推算该时期下垫面在 1919~2019 年长系列降雨的洪量。

还原坝库拦沙量后,黄土高原 1970~1979 年产沙量约 18 亿 t/a,该值恰与 1919~1959 年下垫面在 1933~1967 年丰雨系列情况的"天然沙量"相同(见 3.4 节)。受此启发,考虑到沙量和洪量几乎呈直线关系,黄土高原 1919~1959 年下垫面在 1919~2019 年降雨情况的入黄沙量为 15.8 亿 t/a(黄河主要产沙区为 15.1 亿 t/a),按比例估算,潼关以上黄土高原(不含苦水河、庄浪河、大黑河等干旱区支流,以及风沙区和土石山区)1919~1957 年下垫面在 1919~2019 年降雨情况的汛期洪量约 42 亿 m^3,其中黄河主要产沙区(不含风沙区和土石山区)约 38 亿 m^3/a,即 2010~2019 年下垫面较天然时期的减洪幅度约 62%。

综上分析可见,在 2010~2019 年下垫面和 1919~2019 年长系列降雨情况下,黄河主要产沙区洪量较天然时期减少约 54%,其中黄土区的汛期洪量减少约 62%,土石山区和风沙区变化不大。以上计算采用的汛期洪量为"6~9 月径流量减基流"所得,与利用场次洪水切割基流得到的洪量有一定区别,后者的洪量概念显然更科学。因此,关于现状洪水情势,以上计算出的减洪绝对值不一定准确,洪量减幅更具参考价值。

9.5　径流情势变化

在流域尺度上，刘昌明和钟骏襄(1978)早已发现，黄土林区的径流系数普遍比非林区小 30%~50%，并指出气候条件是影响森林植被减水与否的重要因素。在黄河主要产沙区，现状植被仍以灌草为主，区域的干旱指数在 1.2~5，如何定量描述不同气候条件下林草植被改善的河川径流响应仍待论证。"十二五"期间，我们对流域尺度上林草植被变化与河川径流的关系进行了初步探讨(刘晓燕等，2016)，并初步测算了 2010~2013 年植被和梯田的减水作用。

在"十二五"工作的基础上，结合近年实地调查和水文分析取得的新认识，我们对林草植被变化与河川径流的响应关系进行了深化分析，结果见图9.24。由图9.24可见：①在研究涉及的气候背景下，无论地表土壤类型如何，流域的径流系数均随林草有效覆盖率增加而减小，即改善植被覆盖均导致河道径流减少。②对于地表土壤均为黄土的地区，在干旱指数为 1.3~2.1 时，各支流林草有效覆盖率与径流系数的响应关系相差不明显；但当干旱指数大于 2.4 以后，在相同林草有效覆盖率情况下，气候越干旱、产水越少。③在盖沙丘陵区和砒砂岩区，植被改善的减水量更大。

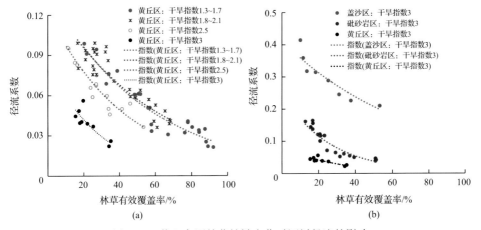

图 9.24　黄土高原林草植被变化对河川径流的影响

河川径流主要包括汛期洪量和基流两部分。我们在第 6 章讨论了流域林草有效覆盖率与产洪系数的关系，其中暴雨占比为 0.14~0.24 情景的关系曲线见图9.25。延续"十二五"期间的分析方法，以干旱指数为 1.5~2.1 的黄土丘陵区为对象，我们进一步核实了相关数据，补充了一些样本流域，点绘了林草植被变化与基流系数的关系图，见图9.26(未包括洮河下游)。由图9.26可见，随着林草植被改善，流域的洪量呈负指数下降，即基流略有增加。由此可见，对于黄土分布地区，上节讨论的汛期减洪量基本上就是相应流域的汛期减水量。如果将图9.25 和图9.26叠加，可以发现，当林草有效覆盖率大于 60%~65%后，单位降雨的产水量趋于稳定，即径流系数基本稳定，见图 9.27。

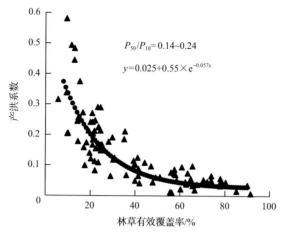

图 9.25　黄丘区植被变化对洪量的影响

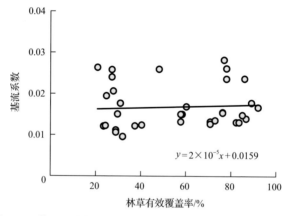

图 9.26　黄丘区植被变化对基流的影响(干旱指数为 1.5～2.1)

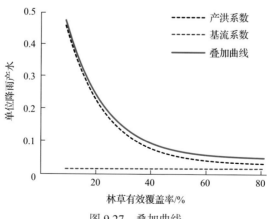

图 9.27　叠加曲线

图 5.11 分析了散渡河梯田覆盖率变化与减水幅度的关系，结果发现，当梯田覆盖率大于 40%后，流域的减水幅度趋于稳定。而从图 5.6 各样本数据的"梯田覆盖率"和相应年份的"林草梯田有效覆盖率"的关系看，"梯田覆盖率 40%"大体相当于"林草有效覆盖率 60%～65%"，见图 9.28。

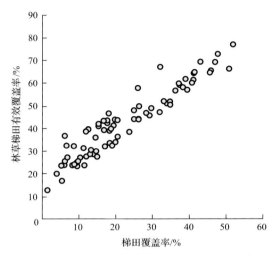

图 9.28　样本流域梯田覆盖率与林草梯田有效覆盖率的关系

"林草梯田有效覆盖率大于 60%后径流系数基本稳定"的分析结果得到了实测数据的证实，见图 9.29。2016～2019 年，黄河主要产沙区林草梯田有效覆盖率平均已达 60%，其中，北洛河上游为 61%，河龙区间黄河以东和清涧河以南的绝大部分地区已超过 60%。采用各支流的实测径流量计算其逐年径流系数发现(近十几年黄丘区支流的用水量增幅不大)，凡林草梯田有效覆盖率达到 60%的地区，2007 年以来径流系数渐趋稳定，其中 2015～2019 年的径流系数基本稳定在 0.03～

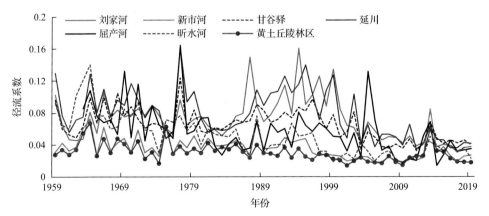

图 9.29　河龙区间和北洛河上游典型支流径流系数变化

0.04，与 1959～1989 年用水很少的河龙区间黄土丘陵林区(新市河临镇以上，V_e=60%～74%)径流系数(0.036)相当。

在潼关以上黄土高原范围内，1978～2018 年近 40 年来植被大幅改善的还有风沙区。以河龙区间的风沙区为例，1978 年、2010 年、2018 年的林草有效覆盖率分别为 15.2%、39.1%、49.4%，计算表明，2010～2018 年林草植被可较 1978 年多耗水 4.4 亿 m^3/a。

考虑土石山区植被改善程度不大，且干旱半干旱区径流系数对林草覆盖变化不敏感，故不再计算土石山区的植被减水量。

由此可见，在 2010～2019 年下垫面和 1966～2019 年长系列降雨情况下，由于植被改善、梯田建设和坝地等因素，潼关以上黄土高原的河川径流减少了 40.57 亿 m^3/a，见表 9.17。

表 9.17 2010～2019 年林草植被和梯田的减水作用 (单位：亿 m^3/a)

植被类型	河龙区间	汾河	北洛河	泾河	渭河	祖厉河	清水河	兰州以上	合计
梯田	2.47	1.18	0.84	3.16	5.51	0.41	0.17	0.82	14.56
林草	18.18	2.39	1.01	2.38	0.84	0.40	0.44	0.55	26.19
合计	20.65	3.57	1.45	5.54	6.35	0.81	0.61	1.37	40.75

此外，前期研究证明(刘晓燕等，2016)，由于淤地坝集聚的陕北地区蓄水运用的比例只有 10.9%，淤地坝因蓄水导致的蒸发损失只有 2888 万 m^3/a，但坝地生产将增加耗水 2.55 亿 m^3。由此可见，在 2010～2019 年黄土高原下垫面情况下，林草植被、梯田和淤地坝的减水量合计约 44 亿 m^3/a。

第 10 章　未来水沙情势预测

黄土高原的地表土壤和宏观地形难以大范围改变，因此，未来的黄土高原产水产沙情势，主要取决于未来的降雨、梯田和植被情势；而水库和淤地坝拦截、引水引沙等对黄河泥沙量的影响，主要体现在流域水沙的输送环节。因此，本章从未来降雨、植被和梯田的预测入手，分析黄土高原未来的产沙情势。

10.1　气候情景设计

据联合国政府间气候变化专门委员会(IPCC)2018 年发布的《IPCC 全球升温1.5℃特别报告》，目前全球气温较工业化前水平已经增加了 1℃；最快有可能在2030 年达到全球升温 1.5℃。对于黄土高原，现有的共识是，未来气温很可能进一步升高；王国庆等(2020)认为，2021～2050 年黄河流域气温将持续升高，升高率为 0.24～0.35℃/10a，是全球气候变暖较为敏感的流域。

气候模式对降雨预估结果的不确定性较大。尽管多数气候模式预估不同排放情景下黄河流域以增湿为主，但仍有一些气候模式预估黄河流域未来降雨可能减少。王国庆等(2020)认为，就多模式平均结果而言，在中等排放情景下，黄土高原降雨量总体呈现为缓慢增多趋势，在 2021～2050 年，不同阶段降雨量分别增多3.6%、5.8%和 7.9%，见图 10.1。康丽莉等(2015)认为，在 RCP4.5(表示辐射强度为 4.5W/m^2，代表 CO_2 中等排放情景)和 RCP8.5(表示辐射强度为 8.5W/m^2，代表CO_2 高排放情景)排放情景下，黄河流域 21 世纪降雨、气温将增加，2019～2048 年降雨增加 6%、气温上升 1.2～1.5℃，2069～2098 年降雨增加 1.4%～5.6%、气温上

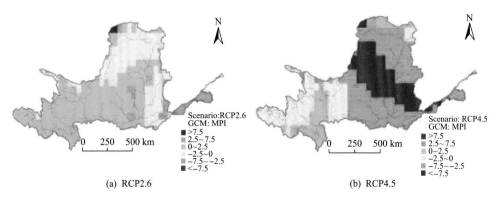

(a) RCP2.6　　　　　　　　　　　　　　　　(b) RCP4.5

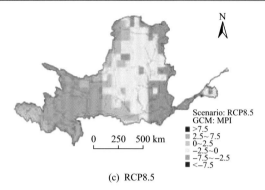

(c) RCP8.5

图 10.1　三种排放情景下黄河流域 2021～2050 年降雨量
较 1961～1990 年变化的空间分布（王国庆等，2020）

升 2.19～3.9℃、蒸发增加 9.6%。不过，也有专家认为黄土高原未来气候将更趋于暖干化（刘晓东等，2002）。

　　分析黄河主要产沙区（不含兰州以上地区）1919～2019 年汛期降雨的变化过程也可看出（图 4.1），在宏观态势上，该区降雨似乎有"丰-平-枯-平-丰"的周期特点；2012 年以来，似乎处于过去百年中的第二个丰水周期中。也就是说，未来 20～30 年，黄土高原可能会重复 1933～1967 年那样的汛期降雨情景。

　　基于以上分析，推荐三种降雨系列作为未来可能的降雨系列，即第 9.2.1 节推荐的 1933～1967 年系列多雨情景 B（以下简称 1933～1967 年丰雨系列）、1919～1959 年次丰雨系列、1966～2019 年平雨系列。其中，1966～2019 年平雨系列的降雨量为实测数据，其多年平均汛期降雨量与 1919～2019 年平均值相当；选用1919～1959 年降雨系列，目的在于方便与人们已习惯的"黄河天然沙量 16 亿 t/a"进行比较。与 1966～2019 年降雨量相比，设计的 1933～1967 年丰雨系列和 1919～1959 年次丰雨系列的 6～9 月汛期降雨量分别偏丰 12.5%、10%，有效降雨 P_{25} 分别偏丰 34%、28%，见图 10.2。而与 2010～2019 年实测值相比，两个丰雨系列的

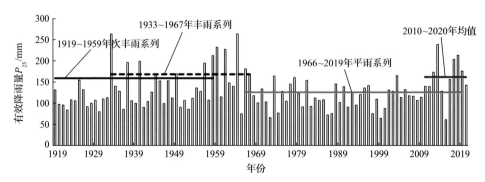

图 10.2　三个设计降雨系列的丰枯程度示意图

汛期降雨分别偏丰 4.4%、–1.5%，主要表现为黄河上游地区和泾渭河上游偏丰，详见表 10.1。

表 10.1　三种降雨情景的降雨（P_{25}）设计结果　　　（单位：mm）

区域	2010～2019 年实测	1933～1967 年丰雨系列	1919～1959 年次丰雨系列	1966～2019 年平雨系列
河龙区间	186	190	179	143
北洛河上游	143	142	135	114
汾河上游	204	198	187	116
泾河上中游	186	185	175	140
渭河上游	108	123	117	103
十大孔兑上游	132	132	125	81
清水河	110	118	112	85
祖厉河	57.5	71.2	67.2	59
洮河下游	78.6	108	102	90
湟水黄丘区	51.8	60.7	57.4	49

丰沛的汛期降雨是侵蚀产沙的主要驱动力，但也可为植被生长提供更有利的气候条件；反之，若未来降雨维持平雨情景，产沙动力虽然降低，但不利于为植被生长提供有利的气候条件，进而降低流域产沙的阻力。

10.2　梯田发展趋势

梯田的发展趋势主要取决于两大因素：一是现状坡耕地的规模，二是当地农民的需求。

基于遥感解译得到 2016 年土地利用分析得到的旱耕地分布信息和 2017 年梯田分布信息（空间分辨率分别为 30m 和 2.1m），叠加得到 2017 年年黄河主要产沙区的坡耕地分布，结果见图 10.3。由图 10.3 可见，河龙区间中部的无定河中下游和蔚汾河—湫水河—三川河—屈产河一带，以及泾河流域北部、渭河上游和祖厉河等，是坡耕地较多的区域；与黄土高原各县区人口密度和构成对照可见，这些区域的共同特点是农村人口密度大。统计表明，黄河主要产沙区现有坡耕地 31743km^2，其中坡度 25°以下者 26866km^2，占 84.6%，见表 10.2。

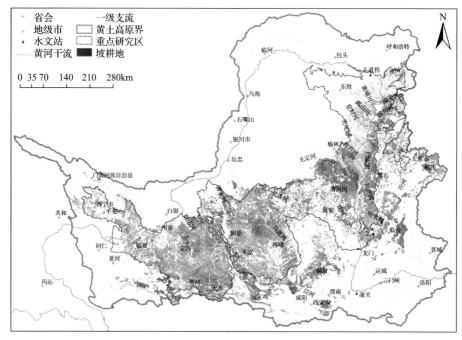

图 10.3　2017 年黄河主要产沙区的坡耕地分布

表 10.2　现状年黄河主要产沙区的坡耕地分布　　　　　（单位：km²）

坡度	河龙区间	北洛河上游	泾河上中游	渭河上游	汾河上游	祖厉河	清水河	兰循区间	合计
<15°	5449	348	3341	2926	503	1297	1681	251	15796
15°~25°	3970	424	2462	2167	304	791	744	208	11070
>25°	1806	278	1383	751	84	291	172	112	4877
合计	11225	1050	7186	5844	891	2379	2597	571	31743

在现状梯田中，坡度<25°者显然是梯田发展的潜力区域。在此类坡耕地中，从高效遏制水土流失角度，应优先考虑坡度较大者作为梯田建设区域。若从有利于梯田的机械化修建、便于耕种和管护角度考虑，梯田布局还应尽可能近村、近路。

按照近村、近路和确有需求的原则，近期，黄河上中游管理局发布的"黄土高原地区旱作梯田专项调研评估报告"中分析了未来梯田建设的潜力，结果表明，至2050 年，黄河流域还可发展梯田 10812km²，其中黄河主要产沙区 5504km²。2017年，黄河主要产沙区保有梯田 31521km²，因此未来该区梯田还可新增 17.5%。其中，北洛河上游、汾河上游、清水河流域和兰循区间的梯田建设潜力很小，未来梯田建设的发展潜力主要分布在甘肃省的泾河、渭河和祖厉河一带，以及河龙区间中部，详见表 10.3 和表 10.4。

表 10.3 黄河主要产沙区梯田发展的理论潜力

区域	河龙区间	北洛河上游	泾河景村	渭河元龙	汾河上游	祖厉河	清水河	兰循区间	合计
坡耕地, <25°/km²	9419	772	5803	5093	807	2088	2045	459	26866
现有梯田/km²	5625	457	7193	9112	829	1920	801	5584	31521
梯田建设 潜力/km²	1303	20	2015	1245	46	528	135	212	5504

表 10.4 典型支流梯田建设的理论潜力 （单位：km²）

区域名称	河龙区间			泾河流域				渭河静宁以上
	无定河中下游	佳芦河	屈产河裴沟以上	洪德以上	洪德—庆阳区间	贾桥以上	毛家河以上	
现有梯田	719.4	74.1	71.5	281.6	710.8	490.7	1023.0	785.4
增加潜力	181.8	30.5	12.4	4.24	148.6	30.6	234.3	246.1

不过，限于建设资金，加之城镇化发展可能使留守农民的数量进一步减少、耕种能力有限等因素，未来能够实现的新增梯田面积不会超过梯田建设潜力。例如，马莲河上游的环县是梯田建设潜力较大的地区，2019 年底已经建成梯田 196 万亩，人均梯田面积已达 6 亩，远超过甘肃人均梯田 2.5 亩的目标，如果继续大量增加梯田，可能受到农民耕种能力的限制。

即将实施的"十四五"黄土高原坡耕地改造项目，为梯田的未来情景设计提供了很好的参考。该项目拟新建梯田 2800km² 该值只有其理论潜力的一半；其中，黄河主要产沙区拟建梯田 1480km²，较 2017 年增加 4.4%。鉴于此，本书取"十四五"期间新增梯田的两倍，作为未来梯田的新增潜力。实现该潜力后，黄河主要产沙区的梯田面积将由 2017 年的 3.3 万 km²，增加到 3.6 万 km²。

10.3 林草植被变化趋势

影响林草植被变化的因素并非单一的人为活动或气候变化，而是多种因素共同作用的结果，耕作、放牧、人工造林以及其他各种人类活动和气候变化均会对其产生影响，总体上可概括为自然因素和人为因素两大类。自然因素主要包括气温、降雨、地形、土壤等因素，奠定了植被空间分布的总体格局；人为因素主要包括农业人口数量及其分布、农业活动、经济增长、城市扩张以及城镇化过程等，可引起植被的某时段或局部变化。以下通过回顾近 20 年植被大幅改善的自然驱动力和社会驱动力、观察自然修复情况下植被盖度发展的自然规律等，预测分析黄土高原林草植被的未来发展趋势。

10.3.1　近年植被改善的驱动力

从百年尺度来看，黄土高原的宏观地形和土壤不会发生较大的变化，影响植被变化的自然因素主要是气候。降雨和气温显然是影响植被生长状况的关键气候因素，在植被发育和生长的关键期，降雨越多、气温越高，植被生长越茂盛，相应的 NDVI 越大。在气温低、降雨少的黄土高原主要产沙区，4~9 月降雨对植被发育和生长非常重要。

由图 10.4 可见，1981 年以来，4~9 月降雨大体经历了三个过程，1981~1996年降雨表现为平略偏枯，1997~2011 年偏枯，2012~2018 年明显偏丰。与降雨变化有所不同，20 世纪后半期，气温一直处于缓慢上升状态，其中 1998~2018 年气温较 20 世纪 70 年代以前偏高 1.2℃。由此可见，2012 年以来，黄土高原的降雨和气温条件均有利于林草植被生长。

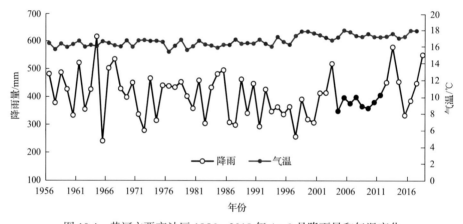

图 10.4　黄河主要产沙区 1956~2018 年 4~9 月降雨量和气温变化

有关降雨偏丰和气温偏高对近年黄土高原植被改善的贡献，有研究认为，水热因素是近年黄土高原植被改善的主要原因(张翀等，2013)。不过，值得注意的是，在降雨明显偏枯的 2004~2011 年，恰是黄土高原主要产沙区植被覆盖状况快速改善的时期(图 10.5)。由此可见，2004 年以来，除降雨因素外，还有更重要的因素在促使植被覆盖状况大幅改善。

分析 1981~2018 年不同时段的降雨与 NDVI 的关系，结果见图 10.6。由图 10.6可见，1981 年以来，随着时间变近，关系线的斜率越来越大。其中，1981~1995年的降雨几乎与同期 NDVI 无关，说明该时段降雨对植被的促生作用基本上被人类的破坏活动抵消，扩耕、过度放牧和砍伐等人类活动是影响该区植被发育和生长的决定性因素。2006 年以来，NDVI 与同期降雨之间呈显著正相关，相关系数 R^2 达 0.6429，说明该时期人类对植被的破坏活动很少，降雨等气候条件是影响植被覆盖状况的关键因素。

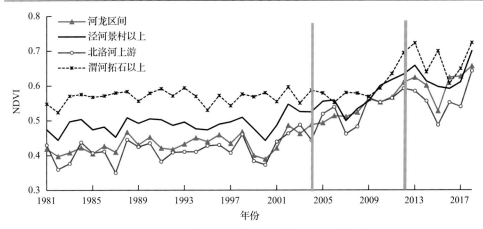

图 10.5　黄土高原主要产沙区植被 NDVI 变化图

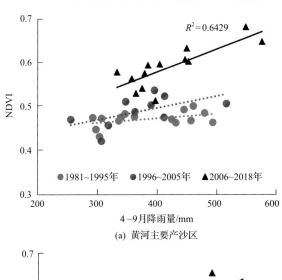

(a) 黄河主要产沙区

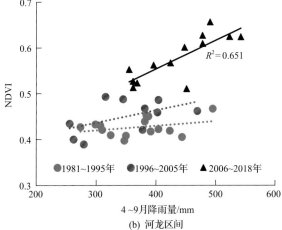

(b) 河龙区间

图 10.6　黄土高原降雨与 NDVI 的响应关系

对于黄河主要产沙区的大部分地区，其 GDP 主要来自非农产业；人均 GDP 越高，往往意味着农业活动越少。以榆林市和延安市为典型案例，分析了两市人均 GDP 和区内 NDVI 的变化过程，结果见图 10.7。由图 10.7 可见，2004 年以前，榆林市和延安市人均 GDP 虽然一直在增加，但增加速度缓慢，直至 2004 年以后，其人均 GDP 才进入快速增加的进程；与之基本呼应，NDVI 也在 2004 年以后基本呈快速增加趋势。良好的呼应，预示随着两市经济的快速发展，越来越多的农民进城或进矿务工，从而使人类对植被的干扰破坏越来越少，植被自然修复的外部环境越来越好。

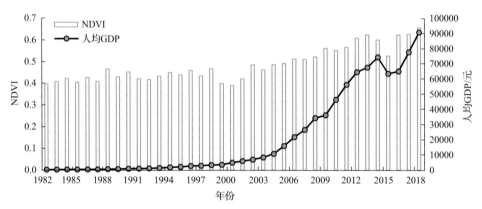

图 10.7　河龙区间榆林市和延安市 1982～2018 年 GDP 与 NDVI 变化对比

在传统农业社会，人类经济社会的生计特征体现了土地资源禀赋对农户生产和生活的极端重要性。随着时间的推移和人口的增长，农户开发利用土地遵循着平原—丘陵—山地的地貌格局，农户首先开垦肥沃的平原，当平原耕地的产出不足以养活膨胀的人口时，才会到丘陵山区开垦相对贫瘠的土地(张佰林等，2016)。相同投入水平下，山区土地的产出远不及平原，扩大耕地面积成为山区农户维系生计的重要手段，因此山区林草地逐渐被垦荒为农田(曾早早等，2011)。山区农村土地过度开发及其引发的植被破坏和水土流失等资源环境问题，是农业社会人地矛盾逐渐加剧的体现(张佰林等，2018)。

一般来说，当人口密度较小时，人总是选择植被盖度较好的地区生活，这时人口密度和植被盖度呈现正相关关系，见图 10.8(A 时期)；随着人口密度的进一步增大，人类活动对植被的影响逐渐增大，人类开始破坏周边植被，此时随着人口密度的增加，植被盖度会逐渐降低(图 10.8 的 B 时期)(王素慧等，2012)。

当前，中国正处于由农业社会向工业社会和城市社会转型的过程，为农户生计的多样化和非农化提供了历史性机遇。黄土高原地区农村土地资源禀赋差、生态脆弱、区位边远，农户依靠土地资源只能解决温饱，无法实现小康。为了寻求更好的生计来源，大量农村劳动力转移到城镇非农经济部门。农村人口迁移，引

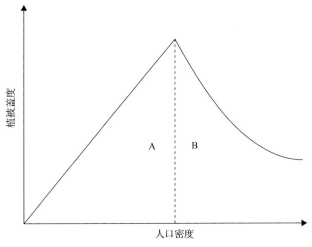

图 10.8　人口密度与植被盖度的关系

起农村人口结构变化，形成了空心村；改变了当地人民的生活方式，减少了薪柴使用，减轻了对林草的需求量；还改变了牛羊饲养方式或减少了牛羊饲养量，从而降低了林草需求和牛羊对林草的破坏。总之，农村劳动力转移减轻了土地的人为扰动，进而驱动土地利用发生显著转型。农村劳动力转移引发的是耕地撂荒、林草地扩张和自然植被恢复等。

　　根据中国统计年鉴数据，2001 年全国农村人口有 7.96 亿，到 2017 年降低到 5.77亿。农村人口的大量迁移导致行政村数量大幅减少，陕西行政村数量由 2001 年的31051 个减少到 2017 年的 17962 个，其中榆林市由 5711 个减少到 4302，延安市由 3428 个减少到 2527 个；山西行政村数量由 2001 年的 28719 个减少到 2017 年的 26394 个，内蒙古鄂尔多斯市行政村数量由 2001 年的 1039 个减少到 2017 年的735 个。

　　2017 年 3 月～2018 年 11 月，笔者研究团队先后 6 次赴黄土高原开展农村社会经济情况调查，前后历时 39 天。调研范围覆盖了陕西榆林市和延安市、山西吕梁市、宁夏吴忠市和甘肃庆阳市。调研共获得有效调查问卷 837 份，其中留守人员 579 份，外出务工人员 258 份。所获得的社会调查结果，证明了以上推论的合理性。

　　表 10.5 是榆林市三县(市)的调查结果。由表 10.5 可见，目前榆林市三县(市)80%的农民已经离开土地，仍然留守在农村的，基本上是 60 岁以上的老人和丧失劳动能力者。当地村民介绍说，这样的人口状况已经持续了十多年。由于实际务农人口减少、劳动能力降低，很多耕地撂荒，牛羊数量也大幅减少，很多村甚至已不再养殖。人口迁移，逐渐造成乡村教育空心化，儿童大多跟随父母进城读书：据本次调查，儿童进城读书率超过 85%；乡村拥有小学比例极低，多数村庄共同拥

有一个小学。陕北外出务工人员以就近务工为主,返乡意愿不强,且学历水平越高、收入越高,返乡意愿越弱。该结果与陈秧分等(2018)的结论基本一致,他研究发现,1995 年以来,全国乡村人口尤其是青壮年劳动力以每年 1000 万的规模大幅涌入城镇,"逃离式"地离开农村。

表 10.5　典型县农村人口结构调查

县(市)名	被调查户数	家庭总人数	外出务工人数	外出务工人数占比/%	实际务农人数
佳县	8	83	65	78	18
神木	7	72	60	83	12
府谷	12	109	86	79	23
合计	27	264	211	平均 80	53

开垦林草地对植被的影响是显而易见的,该影响只能通过限制开荒和退耕还林(草)来实现修复。早期,我国的退耕还林(草)政策是强制政策,有适当补贴。不过,受劳动力缺乏和农产品价格波动影响,目前黄土高原的大量弃耕,大部分是农民的"主动行为":据本次调查,撂荒耕地面积占家庭耕地面积的比重为 30%左右。该结论与其他专家的调查结果基本一致:2008~2009 年,宁夏南部山区耕地撂荒率为 37.5%(田玉军等,2010);2014 年,陕西米脂县撂荒地块占 32.54%(宋世雄等,2016)。

长期以来,中国农村家庭均以薪柴等传统能源为主,对区域生态环境及农户自身造成了许多负面影响,减少薪柴使用有助于生态恢复。黄土高原气候干旱,植被稀少,三料(燃料、饲料、肥料)俱缺,尤以燃料奇缺最为突出。薪柴取之于林草,是一种重要的生物质能源,也是农村赖以生存的主要生活能源。由于社会发展、人口增长、能源需求增加等,农村的发展一直面临着能源短缺和生态破坏的困扰。随着中国经济快速发展和城镇化进程加快,大量农村劳动力向城市转移,促进了农户生计的非农化,农村家庭用能发生了显著变化。农户生计转型使家庭人口规模及牲畜饲养量下降,劳动力稀缺提高了薪柴采集成本等,这些因素都有利于薪柴替代,进而促进地区生态恢复。从本次的调查数据看,以木材和杂草作为薪柴的比例逐年减少,目前只有个别村庄仍以木材为薪柴、占比约 1%;以木材和杂草作为肥料原料的几乎未见。

政策因素对林草植被的影响主要包括植树造林与退耕还林(草)政策。中国政府一直把植树造林和森林保护放在优先位置,以改善木材供应和生态修复为目标。退耕还林(草)政策不仅可以保护农民的利益,还可以保护生态环境。随着退耕还林(草)的实施,林草发生了积极的变化,特别是森林、草地盖度和生物量都有了较大的增加。

同时,在调查访谈中还发现,农民对于生态文明的认识逐渐加深,保护自然生态的意识增强。

近年来，国内其他专家也关注到了此类问题。赵亮等(2019)研究发现，2000年以前，黄土高原人类活动强度变化缓慢，2000 年以后人类活动急剧降低，空间的集聚和转移是人类活动的主要变化方式；20 世纪 70 年代，中等强度人类活动广泛分布于黄土丘陵沟壑区和平原谷地区，2000 年以来仅少量分布于平原谷地区。郝仕龙和李春静(2014)对黄土丘陵沟壑区土地压力变化的研究发现，1982 年，土地压力指数达到 0.738，为重度压力等级；1982～2000 年，土地压力大大缓解，2000 年土地压力指数降至 0.247，为轻度压力等级；2001～2010 年，土地压力指数继续下降，达到 0.164。

由黄土高原主要产沙区降雨与 NDVI 的响应关系可知(图 10.6)，距离现在越近，降雨与 NDVI 的关系越密切，即人类活动的干扰越少。我们对 2000 年以来不同时段的 4～9 月降雨量与 NDVI 的关系进行了检验，结果表明，2011 年以来，对于绝大部分地区，二者关系式的相关系数 R^2 最大。而由图 10.5 可见，2011 年以来，区域的 NDVI 也达到了一个更高的台阶且趋于稳定。因此，我们可以把2011～2019 年的降雨-NDVI 关系作为"人类破坏很少"时期的降雨-NDVI 关系，进而构建出黄土高原各支流或气候带在 2011～2019 年响应关系式，结果如下：

$$\mathrm{NDVI} = \alpha \times P_{4\sim9月} + \beta \qquad (10.1)$$

式中，$P_{4\sim9月}$ 为相应区域 4～9 月降雨量；α 和 β 为与当地气候、土壤、地形和社会经济背景等有关的参数，其取值见表 10.6。

表 10.6　不同地区的 α 和 β 取值

区域	河龙区间	北洛河上游	泾河景村以上	渭河元龙以上
α	0.0006	0.0003	0.0003	0.0004
β	0.3456	0.4163	0.4911	0.5027

将 1981～2010 年中任意时段的 4～9 月降雨量($P_{4\sim9月}$)代入式(10.1)中，可得到自然因素主导情况下该时期的理论植被状况(NDVI$_{理论值}$)；该理论值与实测NDVI(NDVI$_{实测值}$)的差值，即为该时期人为因素对植被的影响。因此，人类活动影响率(S_c)的计算公式为

$$S_c = 100 \times \left(\mathrm{NDVI}_{理论值} - \mathrm{NDVI}_{实测值}\right) / \mathrm{NDVI}_{理论值} \qquad (10.2)$$

以 1981～1995 年为例，计算了黄河中游主要产沙区等人类活动对植被的影响率，结果见表 10.7。由表 10.7 可见，由于人类的破坏活动，河龙区间、北洛河上游、泾河景村以上、渭河元龙以上地区的植被覆盖程度(实测 NVDI)可能分别较理论值偏低 24.6%、22.1%、21.2%和 15.0%。

表 10.7　1981～1995 年人类活动对植被的影响

区域	河龙区间	北洛河上游	泾河景村以上	渭河元龙以上
实测 NDVI	0.427	0.408	0.484	0.567
理论 NDVI	0.566	0.524	0.614	0.667
人类破坏影响/%	24.6	22.1	21.2	15.0

应当指出，以上分析旨在阐述一些宏观概念，但表 10.7 给出的计算结果偏于粗放，不仅反映在计算单元划分和气温影响方面，而且未将 NDVI 转换为植被盖度、未剥离耕地上的农作物。因此，如何定量剥离人类活动和气候对林草植被的影响，未来仍需深入研究。

10.3.2　林草植被发展趋势

上节分析表明，2000 年以来，黄土高原林草植被的大幅改善，主要是因为大量农牧民主动或被动地离开了农村土地，不仅减少了对林草植被的干扰和破坏，而且使部分坡耕地转变为林草地，从而为林草植被的自然修复创造了良好环境；此外，气温偏高和 4～9 月降雨偏丰也为 2012 年以来的植被修复提供了有利条件。未来林草植被的发展趋势，一方面取决于留守农民的数量会不会明显反弹或明显减少，另一方面取决于植被演替的自然规律。

从我们的实地调查走访情况看，近十年务农人员数量已基本稳定，目前黄河主要产沙区很多村庄的留守人口只有 20%～30%；榆林、延安、鄂尔多斯的城镇化率已分别达 60%、62%、75%。据国家发展和改革委员会发布的《2019 年新型城镇化建设重点任务》，未来仍将继续推动农业人口转移。由此判断，如果我国政治经济环境能够稳定在 2000～2018 年的水平，预计未来不会出现大规模返乡现象；随着留守人员年龄增大，预计务农人员的数量甚至还会略有减少；进而，农村的土地压力和生态保护压力都会进一步降低。但是，一旦经济发生波动、导致农民工返乡，仍可能对天然植被造成破坏。

林草地的面积、盖度和植被类型是决定土壤侵蚀程度的关键要素，其中，林草地面积能否进一步增加，主要取决于现状坡耕地能否进一步退耕。坡度大于 25° 者显然属于优先退耕的坡耕地，在黄河主要产沙区，目前有此类坡耕地 4877km²，主要集中在河龙区间中部和泾河流域北部，见表 10.8。不过，即使表 10.8 中的坡耕地全部退耕，按植被盖度 60% 计，则林草有效覆盖率最多只能增加 1.6 个百分点。可增加林草地面积的区域主要集中在河龙区间中部、马莲河流域上游、北洛河源头区的定边县境内、祖厉河上游和渭河上游的会宁—西吉一带。

表 10.8　黄河主要产沙区林草地发展潜力

区域	河龙区间	北洛河上游	泾河景村	渭河元龙	汾河上游	祖厉河	清水河	兰循区间
陡坡耕地面积/km²	1806	278	1383	751	84	291	172	112
易侵蚀区面积/km²	76050	7168	31913	22884	3227	8682	8469	20046
林草覆盖率增加潜力/%	1.4	2.3	2.6	2.0	1.6	2	1.2	0.3

值得注意的是，多次实地考察了解到，将坡耕地全部退耕的难度很大，其原因不仅与退耕补贴政策有关，更与当地农民的种植需求有关：一些经济效益更高的黄芪、百合、杂粮和枣树等，更喜坡耕地的生长环境。实际上，经过近 20 年的政策退耕、自觉退耕(务农人员进城务工等原因)和坡改梯等，绝大部分地区的旱耕地规模已基本稳定。

如果林草地面积增大潜力有限，则未来的林草植被有效覆盖率(V_e)发展趋势，主要取决于林草植被盖度(V_c)的发展趋势。在大多数农牧民已经离开土地的情况下，林草植被盖度的发展趋势，显然取决于林草植被演替的自然规律和气候条件。

为认识林草植被的演替规律，以降雨量为 300～550mm 的水土流失区为对象，通过对黄土高原不同气候带、不同地貌类型(黄土沟间地、黄土塬、黄土梁、黄土峁)的样方调查，相关单位采集了植物样品 1761 个，完成了植物平均高度、盖度、地上生物量等指标的测定。在不同的气候带，选择了三个样本区：

(1)宁夏云雾山国家级自然保护区。该保护区 1980 年开始封禁，1982 年成为县级自然保护区，1985 年和 2013 年升级为省级和国家级自然保护区，总面积 66.6km²。该区位于丘 3 区和丘 5 区的过渡带，年均降雨量425mm、年均气温 7℃，自 1980 年封育至今。保护区内布设了 55 个对比试验样方，以原位观察封育草地群落的演替过程和规律。

(2)延安安塞站上砭沟流域。该区位于丘 2 区，年均降雨量为 505mm、年均气温 8.8℃。乔木样方面积20m×20m，灌木样方面积 5m×5m，草本样方面积 1m×1m。随机选取 4 个灌木样方和 3 个草本样方，分析不同退耕年限植被群落演替规律。

(3)神木市六道沟流域。该区年均降雨量为 409mm、年均气温 8.4℃，地形属盖沙丘陵区。选定 18 个几乎没有人为干扰的不同生境样地，包括不同恢复年限的样地 11 个、人工疏林 4 个、人工灌木(柠条)1 个、荒坡 1 以及农地 1 个。

样方中植被盖度采用针刺法测定。植物地上生物量的测定是从根茎基部贴地面剪下地上部分，称其重量；地上生物量仅包括地上现存量，不包括枯枝落叶和立枯部分。

因气候和土壤条件不同，三个样本区的植被演替过程有所区别。据宁夏云雾山国家级自然保护区原位调查，在植被恢复的第 1～5 年，植被类型为本氏针茅、阿尔泰狗娃花、星毛委陵菜；第 6～10 年为本氏针茅+铁杆蒿-百里香；第 11～15 年为本氏针茅+赖草-糙隐子草；第 16～20 年为大针茅+本氏针茅-糙隐子草；第 21～25 年为大针茅+本氏针茅-香茅草；第 26～30 年为大针茅+本氏针茅-白颖苔草。在延安安塞站上砭沟流域，退耕植被在不同演替阶段群落类型为：猪毛蒿群落-赖草群落-长芒草群落-达乌里胡枝子+铁杆蒿群落-铁杆蒿+河朔尧花群落或铁杆蒿+狼牙刺群落；随着植被的演替，其物种组成发生了一定的变化。而在神木市六道沟小流域，植被演替初期(1～3 年)以猪毛蒿、猪毛菜等一年生植物为主；接着，草木樨状黄耆成为群落的主要物种，糙隐子草、达乌里胡枝子等为主要的伴生物种；从第 15 年以后，群落优势种更替为长芒草，而且随着植被演替的进行，长芒草群落的建群种地位一直没有发生变化。

图 10.9 和图 10.10 是宁夏云雾山国家级自然保护区植被盖度在不同恢复时期

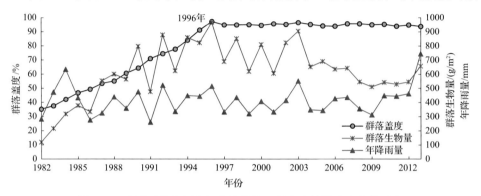

图 10.9　宁夏云雾山国家级自然保护区封育地植被盖度变化过程

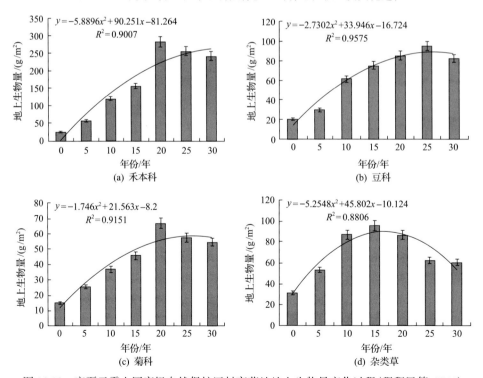

图 10.10　宁夏云雾山国家级自然保护区封育草地地上生物量变化过程(程积民等, 2014)

的变化、封育草地群落地上生物量。由图 10.9 和图 10.10 可知，从封育草地植被组成结构来看，群落主要由禾本科、豆科、菊科和杂草类植物构成，地上生物量随着封育时间的延长在演替前中期呈显著增加的趋势(程积民等，2014)；四种植物的地上生物量分别在第 20 年、第 25 年、第 20 年和第 15 年达到峰值。与地上生物量变化相呼应，植被盖度也在第 16 年达到峰值。

1998 年，为配合国家退耕还林草政策的推进，中国科学院水利部水土保持研究所在安塞和神木分别建立了定位调查样方，图 10.11 是各样区 1998～2018 年林草植被盖度和地上生物量的定位样方监测结果。由图 10.11 可见：①经过十几年的自然生长，延安安塞站样方地的植被盖度在 2016 年达到峰值(93%～96%)并趋于稳定，但地上生物量仍在缓慢增加。②与安塞站相似，榆林神木站样方地的植被覆盖度和地上生物量也一直在稳步上升，至 2017 年植被覆盖度达到峰值(63%)，地上生物量也趋于稳定。

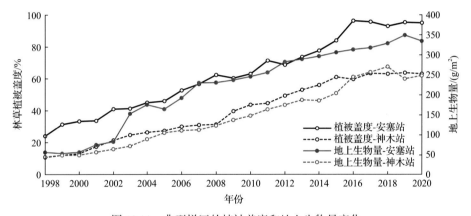

图 10.11　典型样区的植被盖度和地上生物量变化

从以上调查可以看出，在云雾山、安塞和神木三个样本区，植被盖度达到峰值的时间大体为 17 年、19 年和 20 年。安塞和神木可分别代表黄土丘陵区和盖沙丘陵区的情况，而云雾山可大体反映黄土高原西部的自然特点。

黄土高原 2000 年以来的植被盖度变化印证了以上规律，只不过盖度的绝对值不同(主要因监测手段不同所致)。基于空间分辨率为 250mm 的遥感影像，并结合土地利用分析成果，可得到 2000～2020 年各支流林草地的逐年植被盖度，并将其与以上两个样本区的实地观测数据进行对比可见(图 10.12 和图 10.13)：

(1)在地表为风沙或薄层覆盖的河龙区间风沙区、窟野河神木以上和秃尾河流域，均表现出 2018 年林草植被盖度达到峰值的特点，与神木六道沟样区的发展过程线非常相似。

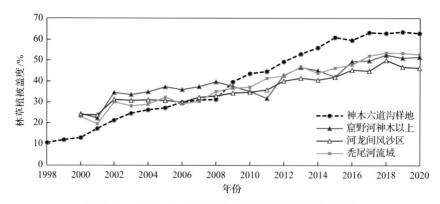

图 10.12　2000～2020 年河龙区间西北部植被盖度变化

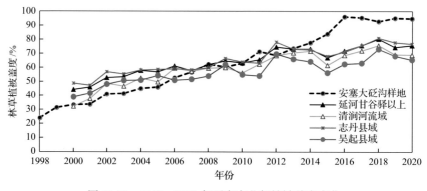

图 10.13　2000～2020 年延安市北部植被盖度变化

(2)在与安塞大砭沟相邻的延河、清涧河、大理河和北洛河上游，2012 年以来林草植被盖度变化不大，2017 年以后变化更小。

认真观察图 10.12 和图 10.13 还能发现，基于空间分辨率为 250m 的遥感影像得到的林草植被盖度与地面实测植被盖度存在一定差别，尤其是当林草植被盖度小于40%和大于 80%时。若基于图 10.12 和图 10.13，研究区 2018 年的林草植被盖度明显高于 2016 年，似乎是植被发展的峰值年。对黄河主要产沙区全部 88 个子流域的调查发现，如果基于空间分辨率为 30m 的遥感影像，2016 年和 2018 年的林草植被盖度变幅小于 3%者占 77%，增幅大于 3%者主要为湟水、洮河下游、清水河、十大孔兑西部，见图 10.14，该结论与神木六道沟、安塞大砭沟实地测量的结果完全一致。为客观反映实际，除用于观察植被变化的宏观过程外，本书在进行植被对流域产沙的影响规律、林草植被减沙作用评价等方面，均采用基于分辨率为 30m 遥感影像提取的林草植被盖度。

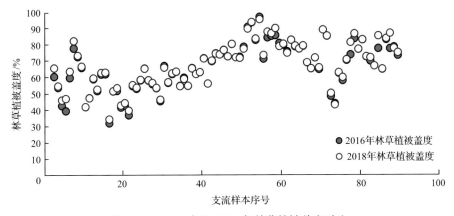

图 10.14　2016 年和 2018 年林草植被盖度对比

由图 10.6 可见，近十几年来，随着人类干预越来越少，黄土高原的林草植被盖度与当地降雨量的关系越来越密切。而从图 10.12 和图 10.13 可见，2018 年林草植被盖度基本达到峰值。因此，我们利用 30m 空间分辨率遥感影像提取的黄土区各流域林草植被盖度，分析了林草植被恢复最好的黄土高原中东部地区 2018 年林草植被盖度与相应区域 2010~2018 年降雨量的关系，发现二者的相关系数 R^2 高达0.7847，见图 10.15。基于 2018 年林草植被盖度与 2010~2018 年降雨量的关系式，对比了黄河主要产沙区各地林草植被盖度的"达标"情况，结果表明，至 2018 年，林草植被盖度仍偏低的地区主要分布在湟水中下游、清水河上中游、泾河流域西北部、无定河上游黄土丘陵区，见图 10.16，这些地区的共同特点是，社会经济状况相对落后、降雨量和气温偏低、封禁修复较晚且管控宽松。

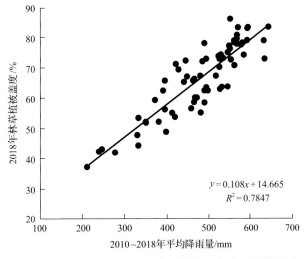

$$y = 0.108x + 14.665$$
$$R^2 = 0.7847$$

图 10.15　现状社会背景下林草植被盖度与降雨量的关系

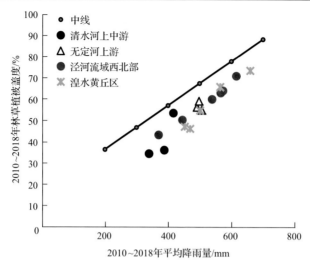

图 10.16　2018 年林草植被盖度偏低的流域

综上分析认为，2018 年前后，黄土高原林草植被盖度已基本达到现状自然和社会环境下的峰值。不过，湟水中下游、清水河上中游、泾河流域西北部和无定河上游的林草植被盖度可能仍有一定发展潜力。参考图 10.15，"较 2018 年植被盖度降低 5%"属正常波动。

众所周知，植被格局主要取决于当地的气候、土壤、地形和人类活动。在未来数十年或数百年，相信黄土高原的土壤和宏观地形不会发生显著改变，因此，要判断未来黄河主要产沙区林草植被的发展趋势，关键在于未来气候和人类活动的发展趋势。未来，黄土高原气温极可能将进一步升高，但降雨情景存在较大的不确定性，多数认为降雨会较 20 世纪后期有所增加，少数认为会更干旱。鉴于此，我们认为，如果黄土高原社会经济环境和降雨均可维持近十几年的情景，则其未来的林草植被盖度可以维持 2018 年前后的水平，局部将有所改善；如果社会经济环境恶化或降雨偏枯，则未来的林草植被盖度甚至会倒退。

林草植被盖度趋于稳定，并不意味着植物群落也趋于稳定。一般认为，植被结构达到稳定的时间需要长期的定位试验观监测，如宁夏云雾山国家级自然保护区从 1982 年开始定位监测，40 年过去了，其植被结构还在发生变化。由于黄土高原气候、土壤、地形复杂，不同区域差异很大，未来需要长期野外定位监测和调查，才能明确何时达到顶级群落，以及是否已接近植被盖度的顶点。

基于图 10.8 和图 10.15，在人类干扰较少情况下，林草植被盖度很大程度上取决于当地的气候条件，包括降雨量、气温和风力等。据竺可桢（1972）研究，黄土高原在汉唐时期的降雨和气温均高于目前水平。因此定性判断，现状林草植被盖度仍不及汉唐时期。2010～2019 年，黄土高原实际产沙量只有 4.5 亿 t/a 左右，主要原因在于汛期降雨量低于汉唐，且建成了 3.6 万 km^2 梯田和近 $1000km^2$ 的坝地。

10.3.3 林草植被逆向发展的风险

分析"林草有效覆盖率"的定义和计算公式可见，增大林草地面积和林草植被盖度，都可引起流域林草有效覆盖率增大。1978 年以来，林草地面积增加主要发生在河龙区间和北洛河上游，分别增加了 22.8%和 28.7%，由此导致的林草有效覆盖率增量为 3.1 个百分点和 6.4 个百分点，分别占近 40 年林草有效覆盖率增量的 9.3%和 22.3%。在其他地区，林草地面积实际表现为减少或略增，渭河上游甚至减少近 30%。也就是说，目前看到的林草有效覆盖率恢复成果，主要来自林草地的植被盖度增加。

前面分析表明，林草植被和梯田对黄土高原各地区现状产沙环境的改善贡献差别很大（表 4.7），东部的河龙区间、北洛河上游和十大孔兑，产沙环境改善主要靠林草植被覆盖程度的增加，西部主要靠梯田。因此，基于 9.1 节的分析，在 2010～2019 年下垫面情况下，河龙区间、北洛河上游和十大孔兑下垫面减沙量的 66.0%、75.6%和 63.3%来自林草植被，见表 10.9。

表 10.9　2010～2019 年典型地区下垫面因素的减沙贡献　　　（单位：%）

区域	林草植被	梯田	坝库拦沙	坝地减蚀	支流采砂
河龙区间	66.0	17.8	13.9	1.8	0.5
北洛河上游	75.6	18.5	5.2	0.7	0.0
十大孔兑	63.3	0.0	32.0	0.1	4.6
汾河上游	48.7	39.2	10.8	1.3	0.0
清水河	32.8	41.9	25.0	0.3	0.0
泾河上中游	20.8	67.7	11.0	0.4	0.1
渭河上游	11.4	83.0	5.4	0.2	0.0
祖厉河	19.8	76.9	3.2	0.1	0.0
兰循区间	10.9	76.9	11.8	0.4	0.0

然而，林草植被恰是最容易受气候和人类活动影响的因子。林草植被盖度改善主要发生在 2000 年以后，人和羊离开土地是其主要的社会原因，植树种草次之。因此，人类生产活动方式的波动可能是未来对林草植被最大的威胁，国家经济环境的波动、植被管理政策和制度的松懈等，都可能使林草植被盖度逆向发展。

事实上，这样的现象已经出现。在过去两年的野外考察中看到，随着植被管理放松，羊群已经重新出现在 4～6 月的山坡上，而该时段恰是西北地区林草植被的生长期，随后的 7～8 月正是黄土高原泥沙的产生期。2020 年，受外贸下滑和 7 月份之前大旱等因素的影响，4～8 月放养的羊群甚至达到 2019 年的 2～3 倍，致使该年部分地区的林草植被盖度较 2018 年下降了 5%～10%。

气候更是未来植被演替的关键影响因素。在过去的 100 年中，曾经两次出现长达 11 年的连年干旱，即 1922～1932 年和 1991～2002 年，连续两三年干旱的年份更多(图 10.2)，说明黄土高原干旱天气的发生概率很高。一旦遭遇这样的气候条件，黄土高原的林草植被盖度必然出现下降。

总之，在未来下垫面设计时，必须充分考虑林草植被盖度降低的风险。

10.4　近年实测水沙变化特点

黄土高原入黄泥沙几乎均随洪水而来。对于坝库有效库容不大的支流，产洪系数的降低一般是梯田建设和植被改善的结果。基于降雨数据基本可靠的 1966～2019 年实测降雨和径流数据，图 10.17 给出黄河主要产沙区典型支流(区域)产洪系数变化。由图 10.17 可见，近十多年来，研究区大部分地区的产洪系数大幅降低且渐趋稳定；但是，马莲河上游(尤其是洪德以上)和渭河上游减幅不大且不稳定，洮河下游和渭河北道以上甚至有所增加。

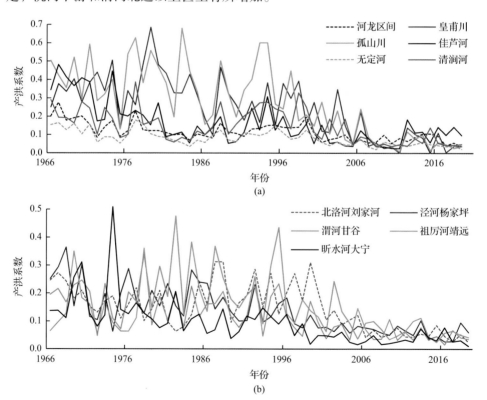

(a)

(b)

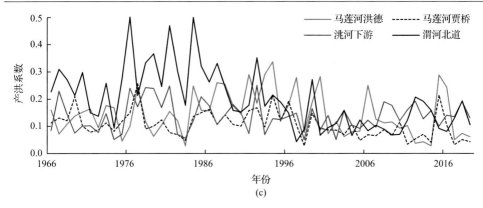

图 10.17　典型支流(区域)产洪系数变化

　　黄土高原产沙能力的减弱不仅源于产洪能力的降低,而且源于洪水含沙量的降低。图 10.18 是黄河主要产沙区典型支流(区域)汛期平均含沙量的变化。由图 10.18

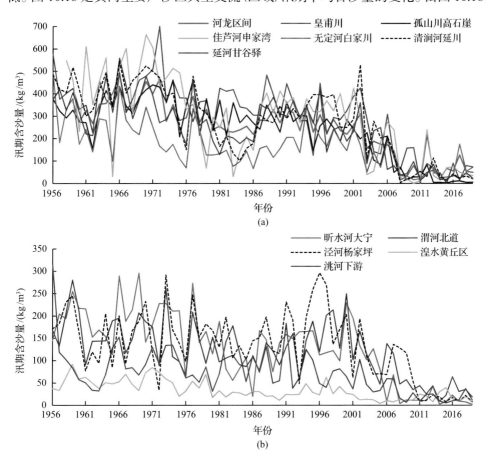

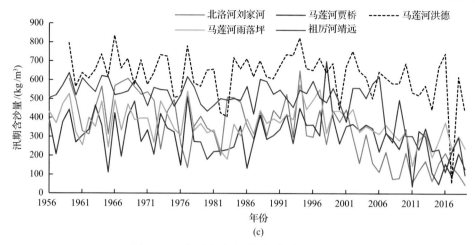

图 10.18　典型支流(区域)汛期含沙量变化

可见，对于绝大部分支流，1956 年以来的含沙量变化过程可分成 3 个台阶，即 1956～1977 年、1978～2007 年、2008～2019 年，其中 2008 年以来的台阶虽有波动，但已看不出继续下降的趋势；不过，马莲河上游和祖厉河流域的汛期含沙量仍处于继续下降的过程中。前面研究认为，梯田对含沙量影响不大，含沙量主要受林草植被变化影响。因此，图 10.18 所示的现象说明，绝大部分支流的植被覆盖状况已趋于稳定，但马莲河上游和祖厉河流域仍有进一步改善的潜力，这与上节对植被发展潜力的判断基本一致。

汛期洪量和汛期含沙量的双双降低，必然使输沙量以更大的幅度降低，见图 10.19。由图 10.19 可见：2008 年以后，绝大部分支流(区域)的归一化输沙量已基本稳定，其中，河龙区间各支流和汾河上游较 1966～1996 年的减幅几乎都达到 90%以上，北洛河上游、渭河上游、泾河西南部的减幅达到 88%～90%。但是，马莲河流域，尤其是地处丘 5 区的洪德以上地区，显然还有一定的削减空间；此外，祖厉河流域的归一化输沙量似乎也仍处于下降过程中。

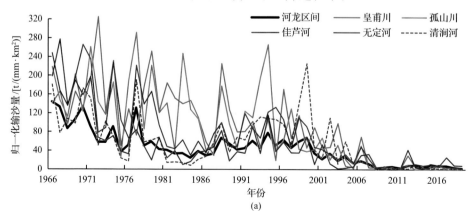

(a)

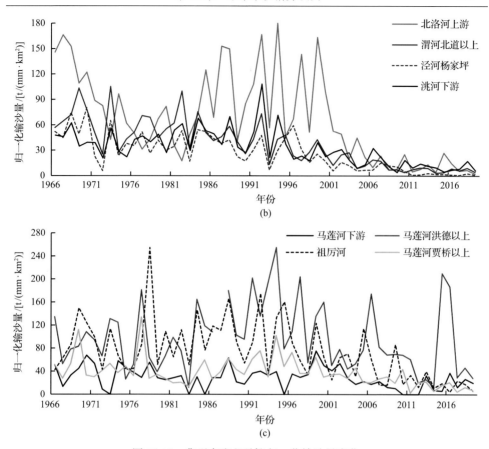

图 10.19　典型支流(区域)归一化输沙量变化

　　因流域内大中型水库众多且近年仍有不少新建水库和橡胶坝投运,对洪量、含沙量和输沙量均影响很大,因此,图 10.17~图 10.19 没有给出宁夏清水河流域的水沙变化过程。折死沟是清水河流域内的一条支流,流域属典型的丘 5 区地貌,把口水文站面积 1860km²。目前,该流域没有大型水库,但 2012 年和 2018 年分别投运了两座中型水库。尽管有新建水库投运,但从其降雨量-输沙量关系看(图 10.20),该流域的产沙能力仍未出现明显降低。事实上,2012 年正式投运的赵家树水库,目前已基本淤满。由此可见,清水河流域的产沙能力仍有一定的削减潜力。

　　从产洪系数、汛期含沙量、归一化输沙量等指标的物理意义可见,这些都是反映流域产洪产沙能力的指标。因此,以上分析表明,除少数地区外,对于黄土高原的大部分支流,近几年流域的产洪系数、汛期含沙量、归一化输沙量等出现"趋稳"的现象,表明其下垫面已趋于稳定。

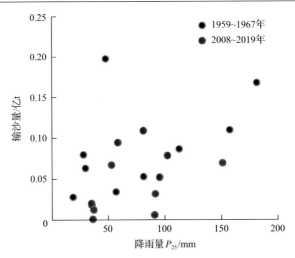

图 10.20 清水河折死沟流域降雨产沙关系变化

10.5 下垫面情景设计

10.2～10.4 节分别对黄河主要产沙区的梯田面积、林草地面积和林草植被盖度的发展潜力，以及近几十年洪水泥沙变化趋势等进行了分析，结果表明，大部分地区的林草有效覆盖率和梯田面积都在 2018 年前后基本达到峰值、近几年的产洪产沙能力已基本稳定；林草梯田有效覆盖率的增大潜力有限。

未来，黄河主要产沙区的梯田发展潜力主要集中在农业人口密度较大的甘肃省泾河西北部、渭河上游和祖厉河一带，以及河龙区间中部；可增加林草地面积的区域主要集中在河龙区间中部和泾河流域北部；在湟水流域、清水河上中游、祖厉河中游、泾河西北部、渭河局部、无定河河源区和河龙区间中部（无定河—佳芦河—湫水河—屈产河一带），林草植被盖度仍有一定的增长空间。能够实现该"增长潜力"，显然是未来下垫面设计的理想情景。

前面研究还证明，除气候因素外，务农（牧）人员的数量、对耕地的需求和土地利用方式等，是影响林草地面积及其盖度、梯田面积的至关重要因素。考虑人类活动强度和方式的波动、降雨和气温条件波动等，未来林草植被盖度存在恶化的风险。不过，林草地面积和梯田面积应可以维持 2017 年的状况。

综合以上分析，在国家政治经济环境不发生重大变化的前提下，我们设计了7 种情景，作为未来可能的林草梯田情景。基本思路是，坝地完全实现现状淤地坝的造地潜力（即由 2018 年的 1016km² 增加到 1270km²），梯田实现其发展潜力的50%和100%；现状林草地面积不变，但植被盖度考虑了正向发展和逆向发展等两种情景。

考虑未来降雨情景,植被盖度正向发展包括基本达到其发展潜力(目前仅马莲河上游等局部地区盖度偏低)、维持 2018 年水平(该年盖度是 2016～2020 年的盖度峰值)、较 2018 年降低 5%(略高于 2015 年水平),分别称之为理想植被、2018年植被、半理想植被;植被逆向发展包括植被盖度降低至 2010 年植被和最不利植被盖度水平,其中最不利植被盖度水平是指近二十多年依靠自然修复而形成的"荒草野灌植被"全部退化、自然修复得到的植被盖度成果归零。

原则上,因地区气候和下垫面差异,"最不利植被盖度水平"在黄土高原各地含义有所不同。不过,限于现阶段的认识水平,我们提出的盖度情景设计较为粗放:从实地查勘情况判断,在降雨量大于 550mm 的地区,目前的植被结构已相对稳定,因此认为其未来植被盖度可维持现状不变;对于其他地区,最不利植被盖度大体较 2018 年偏低 10%～20%,相当于盖度降低至 2006～2010 年。

表 10.10 列出本书采用的 10 种下垫面情景,其中:2010 年植被梯田、2010～2019 年植被梯田和 2017 年植被梯田是已经发生过的 3 种情景;2018 年植被+2025年梯田、理想植被梯田、半理想植被+理想梯田是 3 种正向发展情景;其他 4 种情景是草灌植被不同退化情况时的下垫面组合,是未来的风险情景。

表 10.10 林草梯田有效覆盖率的未来情景设计方案 (单位:%)

设计下垫面情景	河龙区间黄丘区	北洛河上游	汾河上游	泾河景村以上	渭河上游	十大孔兑丘陵区	祖厉河上中游	清水河上中游	兰州-循化区间
2010 年植被梯田	50.1	56.9	67.1	50.1	54.7	38.6	42.3	32.8	46.9
2010～2019 年植被梯田	56.9	59.1	72.9	53.8	61.0	41.3	49.4	35.3	51.9
2017 年植被梯田	62.4	60.9	77.6	56.6	64.8	43.5	53.6	37.3	55.8
2018 年植被+2025 年梯田	64.1	61.4	79.0	58.5	66.3	44.1	54.9	38.4	58.0
理想植被+理想梯田	64.6	61.5	79.0	59.9	67.6	44.1	56.2	39.3	58.9
半理想植被+理想梯田	57.9	59.2	73.5	57.1	66.5	41.4	55.3	36.5	53.7
2010 年植被+理想梯田	51.3	57.0	68.1	54.2	65.5	38.7	54.5	34.0	49.0
2010 年植被+2025 年梯田	50.9	57.0	68.1	52.9	64.2	38.7	53.4	33.4	48.6
最不利植被+2025 年梯田	42.7	50.4	64.2	51.3	62.3	30.5	52.7	32.5	48.6
最不利植被+理想梯田	43.1	50.5	64.3	52.7	63.5	30.5	53.9	33.1	49.0

分析表 10.10 可见，未来林草梯田覆盖率提高潜力最大的地区，主要是黄土高原的中西部地区，包括清水河上中游、泾河景村以上、祖厉河上中游、渭河上游和兰循区间；除清水河上中游、马莲河上游和祖厉河中游外，其他地区的增长潜力主要来自梯田建设。未来退化风险最大的地区，依次是北洛河上游、河龙区间黄丘区、十大孔兑丘陵区和汾河上游，这些区域天然时期产沙量占黄土高原沙量的 60%；在泾河及其以西的黄土高原中西部地区，林草梯田有效覆盖率较现状变化不大甚或略增，原因在于该区林草梯田有效覆盖率主要源自梯田的贡献。

10.6　黄土高原产沙情势预测

通过以上分析，前文推荐 1933～1967 年丰雨系列、1919～1959 年次丰雨作为未来 60 年的降雨情景，并考虑了 1966～2019 年少雨情景。基于 1919～1959 年下垫面背景，在 1933～1967 年丰雨、1919～1959 年次丰雨、1919～2019 年平雨条件下，黄河潼关沙量分别为 17 亿 t/a、16 亿 t/a、15 亿 t/a，潼关以上黄土高原入黄沙量分别为 18.0 亿 t/a、16.9 亿 t/a、15.8 亿 t/a。同时，还设计了 10 种林草梯田覆盖情景，见表 10.10。

基于以上设计的降雨和下垫面情景，采用本团队研发的遥感水文统计模型，分别计算了 10 种下垫面(含两种现状下垫面情景)分别在三种降雨情况下的黄土高原多年平均产沙量，及其较天然下垫面在相应降雨条件下的减沙幅度，结果见图 10.21 和图 10.22。限于篇幅，表 10.11 只列出了四种典型下垫面情景下的多年平均产沙量计算结果。

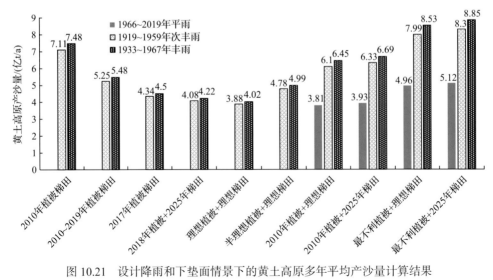

图 10.21　设计降雨和下垫面情景下的黄土高原多年平均产沙量计算结果

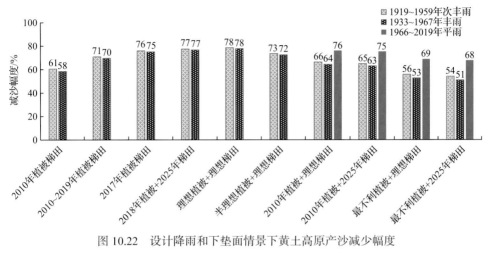

图 10.22　设计降雨和下垫面情景下黄土高原产沙减少幅度

分析图 10.21 和表 10.11 可见：

(1) 如果潼关以上黄土高原未来能够维持 2017 年前后的植被和梯田水平，则在 1933～1967 年丰雨和 1919～1959 年次丰雨条件下，该区产沙量将分别达 4.50 亿 t 和 4.34 亿 t/a，分别较天然下垫面相应降雨条件的产沙量减少约 76%。该情景显然是评价未来产沙情势的起点。

(2) 如果林草植被和梯田都能完全实现其增长潜力，则在 1933～1967 年丰雨条件和 1919～1959 年次丰雨条件下，黄土高原多年平均产沙量将分别达 4.02 亿 t、3.88 亿 t/a，较天然下垫面相应降雨条件的产沙量减少 78%。对比可见，该结果仅较 2017 年下垫面产沙量减少约 10%，原因是靠改善林草梯田覆盖状况而有效减少流域产沙量的阶段已基本结束；在林草梯田有效覆盖率已经达到相应地区阈值的地区，如河龙区间大部、北洛河上游、汾河上游、渭河上游、洮河下游和湟水下游等，继续增加林草梯田有效覆盖率，并不能实现明显减沙的效果，见图 10.23。

(3) 如果林草植被盖度较 2018 年降低约 5%（即半理想植被），但梯田实现其发展潜力，则在 1933～1967 年丰雨条件和 1919～1959 年次丰雨条件下，黄土高原产沙量分别为 4.99 亿 t/a、4.78 亿 t/a，该量值略大于相应降雨条件下的 2017 年下垫面产沙量。由此可见，只要保证新的梯田规划得以全部实施，新增梯田的减沙量可基本抵消植被后退 5 年所导致的增沙量，基本保证产沙量不反弹。

(4) 如果林草植被盖度分别降低至 2010 年，梯田实现其发展潜力的一半，则

表 10.11　未来不同降雨和下垫面情景下黄土高原多年平均产沙量推算结果

（单位：万 t/a）

下垫面条件	最不利植被+2025年梯田			2010年植被+2025年梯田			2017年植被梯田		2018年植被+2025年梯田	
降雨条件	1933~1967年降雨	1919~1959年降雨	1966~2019年降雨	1933~1967年降雨	1919~1959年降雨	1966~2019年降雨	1933~1967年降雨	1919~1959年降雨	1933~1967年降雨	1919~1959年降雨
河龙区间	54761	50000	27850	36726	33760	18300	20000	18550	18657	17450
汾河兰村以上	513	516	223	400	400	169	217	218	198	200
北洛河刘家河以上	2200	2243	1426	1554	1580	962	1260	1280	1226	1246
泾河景村以上	13592	13600	8620	12315	12280	7703	10009	10000	9154	9170
渭河元龙以上	2291	2430	1803	2059	2183	1622	1970	2090	1824	1912
清水河	4275	4146	3087	4047	3900	2910	3358	3250	3170	3073
祖厉河	1386	1457	853	1376	1447	853	1357	1427	1291	1357
兰州-循化黄丘区	3600	3050	2326	3536	3000	2288	2281	2020	2050	1819
十大孔兑	1658	1342	1062	814	674	564	566	480	546	464
黄土高原产沙合计	87000	81500	49650	65426	61830	37766	43534	41910	40706	39300
较天然下垫面减少	51%	55%	69%	64%	66%	76%	76%	77%	77%	78%

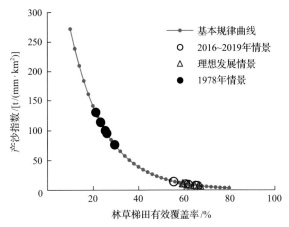

图 10.23　林草梯田发展趋势及相应的产沙情势

在 1933～1967 年丰雨和 1919～1959 年次丰雨平雨条件下，该区产沙量将分别达 6.69 亿和 6.33 亿 t/a。

(5) 如果梯田仅可实现其发展潜力的 50%，林草地面积、乔灌林以及为植树而修建的水平沟(水平阶、鱼鳞坑)维持现状规模，但近 20 年草灌植被自然修复的成效全部"归零"，则在 1933～1967 年丰雨、1919～1959 年次丰雨和 1966～2019 年平雨条件下，该区产沙量将分别达 8.85 亿 t、8.30 亿 t/a、5.12 亿 t/a，分别较天然下垫面相应降雨条件的产沙量减少约 51%、52%、69%。

(6) 对于不同的下垫面情景，丰雨情况下的减沙幅度均明显小于少雨年，见图 10.22。由此可见，在降雨偏少、雨强偏低时，改善林草梯田覆盖状况的减沙效果更明显。

对于"现状情景"和"理想情景"，没有计算其在 1966～2019 年降雨条件下的产沙量。如前所述，黄土高原近十年的林草植被恢复成果，不仅得益于人类的不当干预程度大幅度降低，而且得益于有利的降雨和气温条件。如果按 1966～2019 年降雨条件，在年均降雨量大于 400mm 地区，其 2018 年林草植被盖度几乎均超过了相应降雨条件的盖度标准，见图 10.24(图中的直线是中游地区 2018 年林草植被盖度与 2010～2018 年降雨的关系，蓝色的圆圈是 2018 年的林草植被盖度)。由此可见，如果重现 1966～2019 年降雨系列，不少地区将难以维持现状林草植被的覆盖状况，更谈不上改善。因此，如果设定未来林草梯田覆盖状况为"现状情景"和"理想情景"，则相应的降雨条件应为丰雨情景。

利用我们开发的产沙模数计算软件，计算了黄河主要产沙区在"2017 年植被梯田"和"2010 年林草+2017 年梯田"下垫面情景的产沙模数，其降雨条件均为

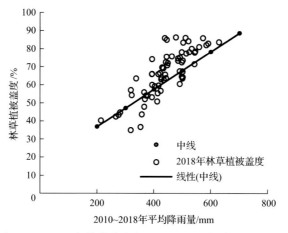

图 10.24　2018 年林草盖度与 2010～2018 年降雨量的关系

1933～1967 年丰雨系列，结果见图 10.25 和图 10.26。因缺乏矢量数据，计算时未计入坝地。由图 10.25 和图 10.26 可见，在现状下垫面情况下，产沙模数仍然较高的地区主要分布在年降雨量不足 400mm 的地区。此外，因坡耕地较多、地表土壤特殊(砒砂岩)或地形特殊(黄土塬区)等，河龙区间中部、皇甫川流域和泾河中游也是产沙模数较高的地区。

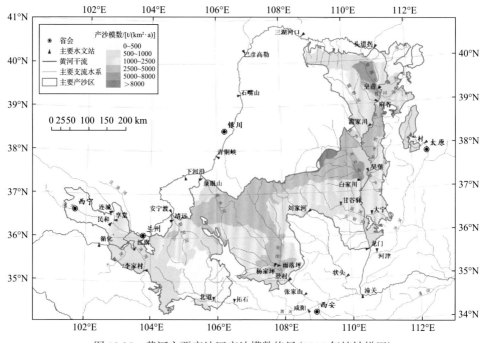

图 10.25　黄河主要产沙区产沙模数格局(2017 年植被梯田)

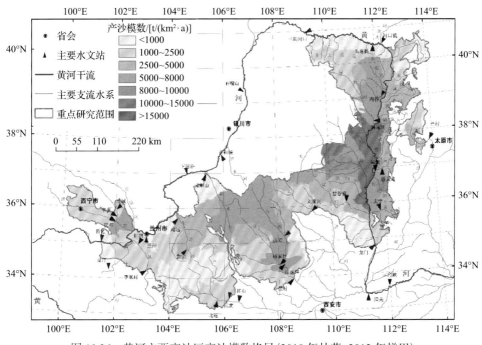

图 10.26 黄河主要产沙区产沙模数格局(2010 年林草+2012 年梯田)

需要说明的是,以上计算只涉及了潼关以上 39 万 km² 的黄土高原范围(图 1.3),没有计入青藏高原和青铜峡—三湖河口区间的来沙量。①随着黄河循化以上龙羊峡水库和李家峡水库等一系列大型水库的建成投运、洮河九甸峡水库和大通河纳子峡水库等水库运用,预计未来青藏高原的入黄沙量不会超过 1450 万 t/a。②在青铜峡至三湖河口区间的黄河干流两侧,分布有乌兰布和、库布齐和毛乌素等沙漠(沙地),导致部分风沙入黄,不过该风沙对黄河中游河段的影响不大,故未单独考虑。

在黄土高原入黄沙量大幅减少的同时,入黄洪量也显著减少。洪量减少主要发生在黄土区(含砒砂岩区、盖沙丘陵区和砾质丘陵区),土石山区和风沙区的产洪能力变化不大。基于林草有效覆盖率-产洪系数关系(图 6.16),1978 年前后,黄河主要产沙区的产洪系数大体在 0.1~0.3 变化;未来,若能够维持 2016~2019 年的下垫面条件或达理想状态,则大部分地区的产洪系数为 0.04~0.07。

尽管未来黄土高原入黄沙量和洪量将大幅减少,但并不会消灭高含沙洪水。对于不包括马莲河在内的黄河中游严重水土流失地区,目前林草植被盖度已达 55%~80%,多数地区林草梯田有效覆盖率已超过 60%(其中,皇甫川 52%、无定河中下游和佳芦河一带 45%~55%),在此条件下,未来可导致高含沙洪水的临界雨强一般在 35~40mm/h 以上,相应的沙峰含沙量为 500~750kg/m³(图 6.16),即高含沙洪水的发生概率和沙峰含沙量将降低、但不会消失;流域产沙强度≥

$2500t/km^2$ 所需要的场次降雨量一般将大于 80mm、雨强为 35～45mm/h(图 7.22)。不过,对于以沟壑产沙为主的黄土丘陵第 5 副区和黄土高塬沟壑区(主要涉及马莲河、清水河和祖厉河等),其高含沙洪水的发生概率和含沙量可能较以往变化不大。

10.7　极端暴雨情况下黄河来沙情势分析

20 世纪 80 年代后期以来,黄河水沙变化原因及趋势一直是黄河研究的热点课题。不过,现有研究主要关注的是"现状年(指 1970 年以来的不同时期,具体与相关项目的开展时间有关)"沙量减少的原因、未来长系列降雨情况下的多年平均来沙量和近年大暴雨情况下黄河典型支流的输沙量变化,在极端暴雨下的可能来沙量预测方面仍鲜见报道。但事实上,多年平均来沙量和极端暴雨情况下的最大来沙量都是影响治黄重大问题决策的重要基础性数据,后者对重大工程的布置与运用甚至更重要。本章以黄河中游地区为重点,分析现状下垫面在极端暴雨情景下的可能产沙量,旨在为客观认识未来黄河来沙情势提供科学支撑。

10.7.1　极端降雨情景设计

极端暴雨是指暴雨覆盖范围大、雨强大和雨量大的稀遇暴雨。

利用实测暴雨数据,通过科学组合生成极端暴雨情景(即暴雨移置),显然是比较理想和现实的方法,也是常用方法之一,因此,我们首先分析了研究区在 1919～2019 年的降雨情况。分析表明,在 1919～2019 年,1933～1967 年是汛期降雨最丰的时段,黄河陕县(潼关)站年输沙量大于 16 亿 t 的 25 个年份中,有 23 年出现在该时段。不过,1965 年以前雨量站稀少:1953 年全研究区只有 13 个雨量站,且多位于水土流失轻微区;1965 年,重点研究区的雨量站达到 200 个,但在窟野河上中游和延河流域等约 2 万 km^2 的地区,雨量站密度不足 1 个/$2500km^2$,用该时段降雨数据设计的极端暴雨情景在空间上难以均衡。

鉴于此,本节设计了以下三种极端降雨情景。

情景 1:以各支流 1966 年以来的实测最大面平均雨量 P_{25} 作为未来相应支流的最大可能降雨,且暴雨占比达到多年均值的 2 倍。

统计表明,在过去的 60 年中,虽然黄河主要产沙区各支流未出现过"同一年内均发生了实测最大降雨"的事件,但"暴雨占比达到多年平均值的 2 倍左右"的发生概率为 22%,雨强达到多年平均值的 3 倍左右的降雨事件发生概率为 5%～11%。结合 2016 年 6～7 月和 2020 年 6～7 月长江流域持续强降雨的事实推测,情景 1 是未来可能发生的极端降雨情景。

情景 2:假定 2010～2019 年各支流的最大暴雨年在同一年发生。

分析重点研究区 1966～2019 年的暴雨雨量变化表明,除 2011 年、2015 年和 2019 年外,2010～2020 年的其他 7 年暴雨雨量明显偏多,是 1966 年以来最丰雨的时段，见图 4.29。该时段的暴雨雨量(P_{50})偏丰 43.5%、大暴雨雨量(P_{100})偏丰 93.7%，其中 2010 年的大暴雨主要分布在河龙区间的湫水河和三川河一带、泾河流域南部，2012 年分布在河龙区间北部，2013 年分布在河龙区间南部、北洛河和泾河，2016 年和 2017 年分布在河龙区间中北部，2018 年分布在渭河上游—泾河上中游—北洛河上游。鉴于此，设想把各支流 2010 年以来发生过最大暴雨的年份全部"移置"到一年，相当于各支流在同一年内(并非同时)均发生了 2010~2019 年的实测最大暴雨，这样的"合成年"显然是一种极端暴雨情景。

图 10.27 是第 2 种情景的合成年不同量级暴雨在黄河中游地区的笼罩范围：暴雨(日降雨≥50mm)和大暴雨(日降雨≥100mm)笼罩面积分别为 15.39 万 km^2、4.55 万 km^2；面平均雨量 P_{50} 和 P_{100} 分别为 143mm 和 39mm，该值远大于 1966~2019 年中的任何一年。P_{50} 为多年均值 3 倍的面积约占研究区的 70%。

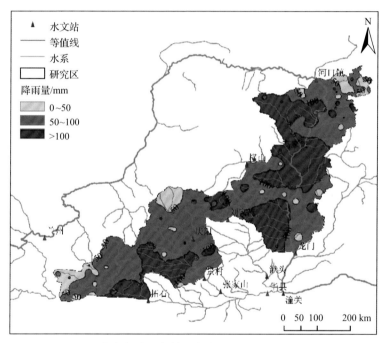

图 10.27　合成年暴雨在黄河中游地区的笼罩范围(情景 2)

情景 3：重现 1933 年。

1933 年 8 月的大暴雨，是黄土高原最著名的大暴雨，该年陕县站实测输沙量为 39.1 亿 t，是 1919 年以来的最大来沙年(陕县站年输沙量 39 亿 t)，因此 1933 年的大暴雨洪水被公认为黄河流域的稀遇水文事件(史辅成等，1984，1990)，黄河防汛部门也一直把它作为重点防御对象(黄河水利委员会水文科，1952；黄河水利委员会，2008)。

据郑似苹(1981)和史辅成等(1984)等实地走访调查,1933年的黄土高原大暴雨发生在8月6和8月9日,由两个覆盖范围广大、落区相近、间隔1～2天的暴雨过程组成,5天降雨量为100mm的等值线笼罩面积约11万km²、200mm的等值线笼罩面积为8000km²。最大暴雨中心位于泾河庆阳以上,其中环县最大1日和最大5日雨量分别为223mm和300mm;其他4个暴雨中心的5日降雨总量为200～300mm,其中安塞和甘谷最大1日降雨量分别为182mm和164mm,见图10.28。该场大暴雨形成了1919年以来黄河陕县站的第一大洪峰(22000m³/s)和泾河张家山站第一大洪峰、黄河龙门站和渭河咸阳站的第二大洪峰,陕县站最大12日洪量为90.7亿m³,被定位为1919年以来黄河第一大洪水(黄河水利委员会,2008)。

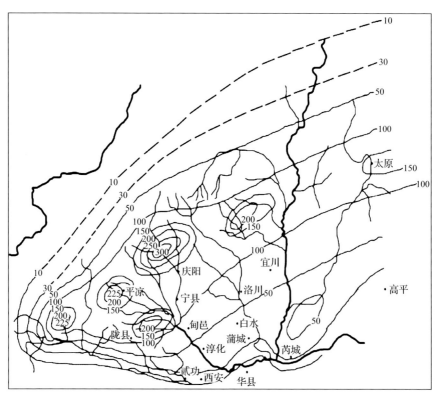

图 10.28 黄河中游1933年8月6～10日降雨分布(单位:mm)

除8月上旬的大暴雨外,1933年汛期黄河中游地区还有其他降雨事件发生,相应时段河龙区间输沙量为5.3亿t、北洛河为0.91亿t、泾河为2.22亿t、渭河为1.61亿t、汾河为0.46亿t。利用人类活动相对较少的1956～1975年的降雨量-输沙量关系,并参考1975年以前输沙量相近年份的降雨量,可大体推算出相应的雨量P_{50}:河龙区间23.7mm、北洛河上游50.7mm、泾河上中游34.3mm、渭河上游25.3mm。假定1933年日降雨大于100mm以上的雨量只发生在8月上旬的大暴雨期间，其他时段发生的暴雨 P_{50} 均匀分布，图 10.29 给出了推算的 1933 年全汛期的暴雨笼罩范围。

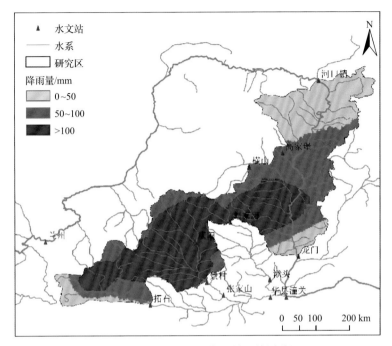

图 10.29 1933 年全汛期的暴雨笼罩范围

表 10.12 是以上三种极端暴雨情景的雨量对比，由表可见：

(1)由于 2010~2019 年是 1966 年以来暴雨最丰的时段，情景 1 的暴雨雨量和大暴雨雨量小于情景 2，尤其在河龙区间和泾河上中游，其正是黄河泥沙的重点来源区。因此以下分析不再关注情景 1，并将情景 2 简称为"合成年"。

(2)情景 2(合成年)的暴雨(P_{50})和大暴雨(P_{100})笼罩范围分别为 15.39 万 km^2 和 4.55 万 km^2，实测最大 1 日降雨量为 286.6mm(三川河后大成站)，暴雨总雨量为 202.2 亿 m^3。1933 年 P_{50} 笼罩范围(12.2 万 km^2)小于情景 2，但 P_{100} 笼罩范围(6.95 万 km^2)是情景 2 的 1.5 倍左右，暴雨总雨量为 238.8 亿 m^3。

表 10.12 两种合成年降雨与 1933 年降雨对比 (单位：mm)

设计情景	降雨量	河龙区间	北洛河上游	泾河上中游	渭河上游	中游地区平均
1933 年	P_{50}	90.8	180.4	188.8	111.3	122.2
	P_{100}	47.6	121.4	145.0	58.7	76.4
情景 2	P_{50}	158.6	121.7	158.6	86.9	142.3
	P_{100}	60.4	27.1	28.2	14.0	39.1
情景 1	P_{50}	122.9	125.6	143.1	96.2	126.9
	P_{100}	41.5	29.5	28.0	21.8	34.6

(3) 合成年的大暴雨落区主要分布在河龙区间，该区是近年植被改善最大的地方。而 1933 年的大暴雨落区主要分布在泾河流域，最大暴雨中心位于泾河庆阳以上(图 10.9)，该区是现状下垫面最差的地方。

(4) 研究区内采用现代测雨设施的绝大多数雨量站只有 20 世纪 50～70 年的实测数据系列，以此分析合成年降雨情景的发生概率属"千年一遇"或"百年一遇"，未必科学。由表 10.12 可见，情景 2 的大暴雨雨量小于 1933 年，故定性判断情景 2 的发生概率大于 1933 年，而后者是近百年最大的暴雨年；二者的大暴雨落区及其下垫面现状差别很大。

考虑到情景 2 几乎是实际发生在现状下垫面上的极端暴雨，1933 年是近百年实际发生的最大暴雨，为客观认识现状下垫面在极端暴雨情景下的产沙量，最终选定情景 2(即假定 2010～2019 年各支流的最大暴雨年在同一年发生)和 1933 年作为极端暴雨的设计情景。

10.7.2　预测结果

1. 情景 2 的沙量预测

将情景 2 合成年的各支流实测输沙量相加，其结果显然就是现状下垫面在该极端暴雨情景下的"实测"输沙量；再还原各支流相应年份的坝库拦沙量，即可得到现状下垫面在该降雨情景下的产沙量(W_s)，该值也相当于现状坝库均失去拦沙能力情况下的入黄沙量。合成年的产沙量计算公式为

$$W_s = \sum SY_{max} \tag{10.3}$$

$$SY_{max} = MAX(2010 \sim 2018 \text{ 实测年输沙量}) + \text{最大来沙年份的坝库拦沙量} \tag{10.4}$$

式中，SY_{max} 为某条支流或区域在最大暴雨年的产沙量，亿 t。

对于有水文站控制的支流(以下简称有控支流)，可直接选取其 2010～2018 年实测的最大年输沙量。不过，在河龙区间，除 20 条有控支流外，黄河干流两侧还有约 25500km² 的区域，俗称"无控区"。参考暴雨落区，基于"有控支流与无控区的单位面积输沙量相同"的假定，利用区内有控支流的总输沙量，可按面积比例推算出"未控区"在 2010～2019 年的最大年输沙量。

表 10.13 是黄河主要产沙区合成年输沙量和产沙量，分别为 7.2 亿 t 和 11.1 亿 t，其中河龙区间分别为 3.7 亿 t 和 6.6 亿 t，泾河景村以上分别为 1.8 亿 t 和 2.2 亿 t。再加上泾河下游、北洛河中下游、汾河流域和渭河下游等在最大降雨年的来沙量，则研究区在合成年的"实测"输沙量为 7.3 亿 t、产沙量约 11.5 亿 t。

表 10.13　黄河主要产沙区合成年输沙量和产沙量 　　　（单位：亿 t）

区域		最大来沙年	年输沙量	淤地坝拦沙	水库拦沙量	年产沙量
河龙区间	皇甫川、清水川、孤山川、窟野河新庙以上、佳芦河、偏关河、县川河、朱家川、河口镇—府谷未控区	2012 年	0.569	0.767	0.260	6.614
	窟野河(无新庙以上)、秃尾河、湫水河、清凉寺沟、府谷—吴堡未控区	2016 年	1.126	0.835		
	无定河、三川河	2017 年	0.911	0.497		
	吴堡—龙门区间、浑河	2013 年	1.046	0.603		
	小计	—	3.652	2.702		
泾河景村以上	马莲河及蒲河	2013 年	1.257	0.290	0.120	2.201
	景村以上其他区域	2010 年	0.528	0.006		
	小计	—	1.785	0.296		
渭河上游	南河川以上	2018 年	0.385	0.060	0.016	0.600
	南河川—元龙区间	2013 年	0.132	0.007		
	小计	—	0.517	0.067		
北洛河上游		2018 年	0.104	0.016	0	0.120
十大孔兑		2016 年	0.154	0.063	0	0.217
祖厉河		2018 年	0.180	0.033	0	0.213
清水河		2018 年	0.209	0.020	0.05	0.310
兰循区间		2018 年	0.568	0.203	0.050	0.821
黄河主要产沙区合计		—	7.169	3.400	0.496	11.096

　　需要说明的是，虽 2018 年是北洛河上游近年降雨最丰的年份，但非沙量最大的年份。其 2010～2019 年的最大来沙年是 2013 年(0.215 亿 t)，来沙量是 2018 年的两倍，原因在于暴雨落区和雨型不同。

　　2. 再现 1933 大暴雨的沙量预测

　　基于 1933 年 8 月大暴雨调查成果(郑似苹，1981；史辅成等，1984)和该年其他时段的雨量推算结果，以下利用各区现状下垫面的降雨量-输沙量关系，并参考相似降雨年的实测沙量，可推算出 1933 年重现时的可能来沙量。

　　对比可见，虽然合成年与 1933 年的暴雨雨量基本相同，但暴雨落区差别很大。1933 年 8 月上旬 5 个暴雨中心中 3 个位于泾河流域，包括最大的暴雨中心"马莲河上游"。1933 年，泾河的马莲河上游 P_{50} 为 196mm，其他区为 186mm，均远大于 1966 年以来的实测最大雨量，也远大于合成年雨量。如前所述，由于封禁较晚且政策执行不够严格，马莲河上游恰是研究区现状下垫面最差的地区，也是黄土丘陵第 5 副区集中分布的易产沙地区。

利用 2010～2019 年实测降雨量和输沙量数据，构建了泾河流域现状下垫面的降雨量-输沙量关系[图 10.30（a）；因现状年的林草梯田有效覆盖率较高，作图采用的降雨指标为对产沙更敏感的 P_{50}，下同]，可推算出 1933 年汛期暴雨重现时两个子区的可能输沙量，分别约为 3 亿 t 和 2.3 亿 t，合计 5.3 亿 t。

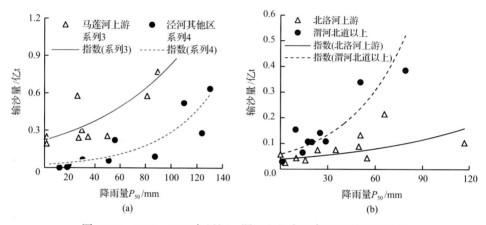

图 10.30　2010～2019 年泾河、渭河和北洛河降雨量-输沙量关系

由于林草植被大幅度改善和大规模梯田的建成，北洛河上游和渭河上游目前林草梯田有效覆盖率平均已达 60%左右，只有北洛河上游西北部的定边县境内仍不足 40%。1933 年汛期，北洛河上游日降雨大于 50mm 的总雨量（P_{50}）为 180.4mm，渭河上游为 111.3mm，分别是合成年的 1.5 倍和 1.3 倍。基于两区现状下垫面下的降雨量-输沙量关系[图 10.30（b）]，并参考近年相似降雨年的实测输沙量，北洛河刘家河站的输沙量应达 0.36 亿 t，渭河北道站应达 0.56 亿 t。加上北洛河刘家河—洑头区间和渭河北道—咸阳区间的沙量（按近年实测值缩放），估计北洛河洑头站和渭河咸阳站的输沙量将分别达 0.43 亿 t 和 0.68 亿 t。

1933 年，河龙区间 P_{50} 和 P_{100} 分别为 90.8mm 和 47.6mm，该值虽小于合成年，但在 1966～2019 年实测降雨系列中仍分列第二和第一。河龙区间 1933 年的大暴雨落区和 P_{50} 与 2013 年相近，后者入黄沙量约 1.8 亿 t。但 2013 年河龙区间的 P_{100} 只有 12mm，仅为 1933 年的 1/4。若基于该区近 10 年的大暴雨雨量 P_{100}-输沙量关系，1933 年重现时的河龙区间入黄沙量可能达 2.8 亿 t，还原坝库拦沙量后的产沙量约 5 亿 t。

1933 年汾河年输沙量为 0.98 亿 t，是最大来沙年（1954 年）的 56%，排在 1933～2019 年中的第 6 位（前 6 位均发生在 1960 年以前），故推测 1933 年汾河流域的汛期降雨不太大。在 1979～2019 年 40 年中，汾河年均输沙量为 0.0237 亿 t/a，最大仅 0.16 亿 t（1996 年），故未对汾河流域做细致研究，直接取 "0.16 亿 t" 作为其在极端暴雨年的可能入黄沙量。

前面对 1933 年大暴雨落区及其量级的调查没有涉及黄河上游地区，而当年青铜峡实测输沙量高达 4 亿 t，是该站实测输沙量的第 5 名，可见流域降雨也很大。2018 年恰是黄河上游地区 2000～2019 年的实测最大来沙年，故直接将其 2018 年实测输沙量和产沙量作为 "重现 1933 年大暴雨" 情况下的沙量，分别为 1 亿 t 和 1.36 亿 t。

综上分析，在现状下垫面情况下，如果 1933 年暴雨年重现，潼关以上黄土高原入黄沙量预计将近 10.4 亿 t；如果坝库均不拦沙，输沙量甚至会达 17 亿 t，是 1933 年的 32%。

10.7.3　重力侵蚀影响

以上分析表明，在现状下垫面背景下，如果 2010～2019 年各支流的最大暴雨年在同一年发生，黄土高原产沙量可达 11.5 亿 t，输沙量为 7.3 亿 t；如果 1933 年大暴雨年重现在 2010～2019 年，黄土高原产沙量可达 13.8 亿 t，输沙量为 10.4 亿 t。不过，以上分析均没有考虑连续干旱年重力侵蚀产物的累积影响，而 1933 年大暴雨恰恰是发生在连续 11 年干旱之后，其 5 个大暴雨中心有 3 个均位于重力侵蚀十分严重的泾河流域。

1933 年，龙门站来沙量为 22.3 亿 t、张家山站为 11.7 亿 t、咸阳站为 3.07 亿 t、洑头站为 2.61 亿 t、河津站为 0.98 亿 t。与 1919 年以来的其他年份相比，1933 年龙门站、张家山站、洑头站、咸阳站和河津站的年输沙量分别排第 2 位、第 1 位、第 1 位、第 6 位和第 6 位，其中张家山站年输沙量是 1940 年（名列该站第 2 位）的 1.61 倍。1933 年的龙门站洪峰为 1919 年以来的第 3 位，泾河张家山站和渭河咸阳站为第 2 位，汾河站和北洛河站分列第 3 位和第 4 位，龙门站、张家山站和咸阳站 5 日洪量分别占陕县站的 45.8%、26.6%、15.2%，12 日洪量分别占陕县站的 56.7%、17.3%、14.6%，北洛河站和汾河站来水各占约 5%。

黄河主要产沙区来沙量与汛期径流量通常有着很好的相关关系。因缺乏实测降雨数据，我们通过各站来沙量和汛期径流量的关系，对 1933 年来沙量特大的原因进行初步分析。

图 10.31 是研究区各主要水文断面 1959 年以前的实测水沙关系。由图 10.31 可见，无论是来沙量位列实测第一的北洛河洑头站、位列第二的黄河龙门站，还是渭河咸阳站和汾河河津站，1933 年表现出的汛期径流量-实测输沙量关系均与 1919～1959 年的其他年份一致；但是，泾河张家山站 1933 年的点子明显偏离点群，表现为来沙量异常偏多，进而导致黄河陕县断面 1933 年点据也明显偏离点群。

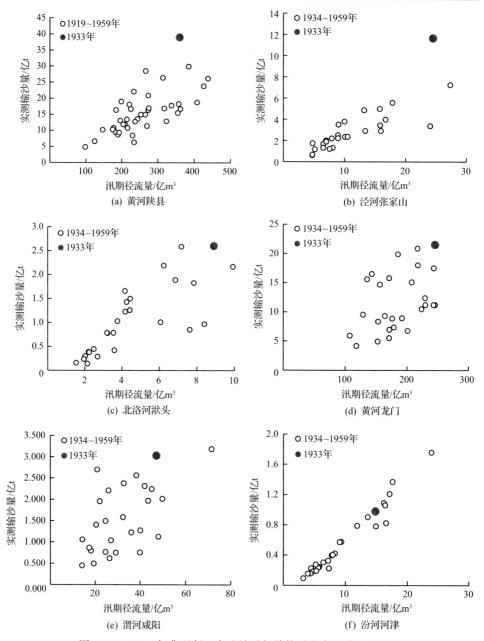

图 10.31 1933 年典型断面水沙关系与其他时段水沙关系的对比

　　分析认为，1933 年泾河张家山站来沙异常偏多与该流域特殊的地貌条件有关。泾河流域大部分属黄土高塬沟壑区或黄土丘陵第五副区，重力侵蚀产沙占流域产沙量的比例远高于其他地区。据南小河沟 1955～1974 年实测数据，以泻溜为主要形式的重力侵蚀产沙量占年产沙量的 57.4%，而黄土丘陵区一般不超过 20%～

25%。重力侵蚀是一种非常特殊的侵蚀方式,常年都有发生(曾伯庆和王贵平,1990;田杏芳等,2008),其侵蚀产物堆积在沟坡坡脚,等待大洪水携带出沟,因此,塬面径流集中下沟是黄土塬区产沙的突出特点。1922~1932 年连续 11 年干旱少雨,水力侵蚀会减轻,但并不会大幅减少重力侵蚀,反倒使紧随发生的大暴雨有更多输送泥沙的机会,巧合的是,1933 年 5 个暴雨中心中有 3 个都位于泾河流域。

泾河流域比较完整的黄土塬区面积为 1.5 万~1.6 万 km², 受人类活动影响较小的天然时期产沙量为 6000 万~6400 万 t/a, 按南小河沟实测数据推算,其重力侵蚀的产沙贡献量为 3500 万~3600 万 t; 另外还有丘 5 区面积 7100km², 重力侵蚀的产沙贡献量为 0.8 亿~1 亿 t/a。如果没有大洪水发生,连续 11 年沟坡坡脚可以积累 3 亿~4 亿 t 的重力侵蚀产物,该数量与 1933 年来沙偏多量大体一致[图 10.31(b)]。也就是说,1933 年泾河流域之所以能够产生 11.7 亿 t 的泥沙,不仅与其暴雨范围大和强度大有关,也与连续 11 年枯水期产生的重力侵蚀产物被 1933 年大洪水集中输送有关。

近年实地调查表明,虽然泾河流域耕地目前大多实现了梯田化,但对硬化地面径流实施"疏导"的地区不足 10%;直至 2018 年,马莲河上游丘 5 区的林草梯田有效覆盖率只有 35%,远低于黄河主要产沙区的平均值(60.1%)。

综上分析,并基于前面对黄土塬区和丘 5 区减沙潜力的认识,如果再现"连续 11 年干旱+1933 年大暴雨"的极端暴雨情景,长期积累的重力侵蚀产物仍可能使泾河输沙量增加 3 亿 t 以上,其他区增加 0.5 亿~1 亿 t,因此黄土高原入黄沙量仍可能达到 14 亿~18 亿 t。

值得注意的是,"连续 11 年干旱+1933 年大暴雨"并非最危险的暴雨。

第一,1933 年并非已知的最大暴雨。虽然 1933 年陕县站洪峰流量达 22000m³/s,是陕县(潼关)设站以来的最大洪水,但据调查(黄河水利委员会勘测规划设计院,1985),1843 年陕县洪峰流量为 36000m³/s、最大 12 日洪量为 119 亿 m³,洪水重现期为千年一遇。粗略判断,1843 年的暴雨笼罩范围和量级极可能大于 1933 年,但惜时代久远,难以确定其降雨实况。

第二,1922~1932 年的连续 11 年干旱并非罕见。据记载(黄河流域及西北片水旱灾害编委会,1996),1632~1642 年,黄土高原也曾经发生过连续 11 年干旱,且旱情比 1922~1932 年更严重。

第三,1933 年的大暴雨落区并非最危险的情景。1933 年河龙区间的暴雨中心位于现状林草梯田覆盖率已达 70%的延河流域。如果该暴雨中心向东北偏离 100 多千米,抵达无定河中下游—佳芦河—漱水河一带,河龙区间入黄沙量必然更多,因为该区目前林草梯田有效覆盖率只有 40%~50%。此外,该区也是老旧淤地坝的集聚区,2017 年 7·26 特大暴雨的实践证明,一旦发生大暴雨,坝库水毁排沙很难避免。

第四,极端暴雨发生时,淤地坝甚或小水库都将面临水毁排沙的风险。截至2019年,潼关以上黄土高原淤地坝已累计拦沙约90亿t。骨干坝、中型淤地坝和小型淤地坝的设计拦沙寿命分别为15~30年、5~10年和3~5年,而实际上33%的骨干坝、57%的中型坝、85%的小型坝建成于1979年以前,且集中分布在河龙区间和北洛河上游,这不仅意味着大量淤地坝已经失去拦沙能力,而且很多淤地坝老化失修,水毁风险很大。未来,一旦遭遇1933年甚或更大量级、更大范围的极端暴雨,极可能出现批量水毁的现象。根据20世纪70年代以来实际发生过的事件判断,按水毁排沙为暴雨期拦沙量的15%~45%计算,排沙量也可能达到1亿~2亿t。

10.8　黄河未来水沙情势预测

在过去的十年间,笔者团队对黄河主要产沙区进行了近60次大规模实地查勘和走访,利用遥感影像采集了1978年以来的林草植被和梯田信息,全面收集了763座雨量站的逐年观测数据和各水文站实测水沙数据。通过长达10年的研究,对黄土高原近50年来入黄沙量减少原因及未来产沙情势得到以下认识:

(1)降雨因素是否为减沙原因取决于丰枯与否。在1970年以来的前40年,黄河主要产沙区降雨偏少,尤其是1980~2000年更枯,因此降雨几乎一直是来沙偏少的原因之一;但是,2010年以来大部分地区的降雨大幅偏丰,故来沙减少系下垫面所为。未来,一旦降雨再次转枯,必将再次成为减沙因素。

1970年以来,下垫面各因素在不同时段的减沙贡献差别很大。20世纪减沙主要靠坝库;21世纪主要靠林草梯田,其中2010~2019年林草梯田减沙量约占下垫面总减沙量的82%,在河龙区间、北洛河上游和十大孔兑等东部地区,减沙主要靠林草植被,且主要得益于植被盖度提高,而黄河上游、渭河上游和泾河流域减沙主要靠梯田。同时,现状植被、梯田和淤地坝也使河川径流减少约44亿m³/a。

(2)在2010~2019年下垫面背景下,如果重现"前期连续11年干旱+1933年特大暴雨"的极端暴雨情景,黄土高原入黄沙量仍可能达到14亿~18亿t。若淤地坝出现水毁,沙量还将更多。

(3)未来,黄土高原梯田仍有一定发展潜力,但林草植被的改善潜力不大,而且存在退化风险。计算表明,如果植被基本维持2015~2020年的水平或有所改善、梯田基本实现其发展潜力、汛期降雨重现1919~1967年的偏丰系列,则黄土高原产沙量可能达3.87亿~4.84亿t/a;但是,如果遭遇不利的气候和社会环境导致植被盖度降低,即使梯田仍可增加,偏丰降雨条件的多年平均产沙量仍可达8.7亿t/a。

不过,以上所谈指的是黄土高原产沙量,并非入黄沙量。现实中,由于淤地坝和水库拦截、灌溉引沙和河道冲淤等因素,入黄沙量必然小于流域产沙量;而且,黄土高原所产泥沙入黄后,一部分会被灌区引走,一部分会淤积在河道中。

因此，无论是黄河龙门、河津、洑头、咸阳和张家山五站输沙量(以下简称黄河五站沙量)，还是潼关断面输沙量，一般都将小于黄土高原的产沙量。此外，以上计算也未考虑青藏高原和黄河青铜峡—三湖河口区间的来沙。

据调查(刘晓燕和高云飞, 2020)，潼关以上黄土高原淤地坝约 88% 分布在河龙区间和北洛河上游。经过几十年拦沙运用和 2010~2019 年的丰雨期淤积，目前约 46% 的大中型坝和 95% 的小型坝已经失去拦沙能力，见图 10.32；仍可继续拦沙的大中型淤地坝仅约 7600 座，约 73% 分布在河龙区间和北洛河上游。因此，随着坝库拦沙库容淤损，若不补建新坝，未来黄土高原淤地坝的拦沙量必将降低。假定流域未来的产沙强度与 2010~2019 年基本相同，提出了未来不同水平年的淤地坝年均拦沙量，见图 10.33。

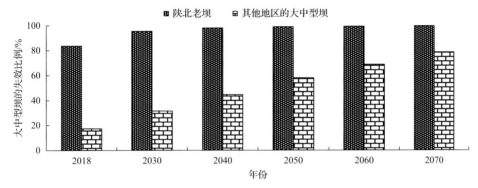

图 10.32　未来不同水平年失效淤地坝预测

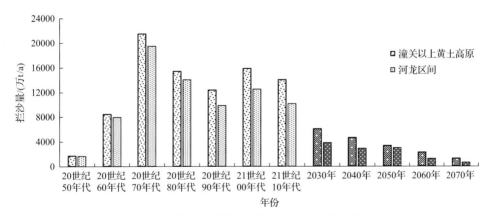

图 10.33　黄土高原淤地坝拦沙量发展过程与趋势

水库拦沙也是影响黄土高原入黄沙量的重要因素。黄河主要产沙区现有水库多建成于 20 世纪六七十年代，至 20 世纪末大多结束拦沙期。21 世纪初，水利部组织对现状水库进行了除险加固，使其拦沙能力得到少量恢复。此外，总库容 30 亿 m³、拦沙库容为 20.6 亿 m³ 的泾河东庄水库将于 2024 年前后投运。

基于10种设计下垫面在不同降雨情景下的黄土高原产沙量计算结果(图10.21),并考虑未来现状淤地坝和水库的拦沙作用持续消减、黄河干流河段冲淤调整、沿途灌溉引沙和青藏高原来沙等因素,推算了在1933~1967年丰雨条件下未来黄河龙门、河津、状头、咸阳和张家山五站多年平均沙量的发展趋势,其中,典型情景的黄河五站沙量发展过程见图10.34,考虑黄土高原已建和在建坝库将在60年后基本失去拦沙能力、青藏高原坝库仍可以进行拦沙,且不考虑新建水库或淤地坝等拦沙工程,推算了2080年水平年黄河龙门、汾河河津、北洛河状头、渭河咸阳和泾河张家山五站的可能输沙量,结果见图10.35。

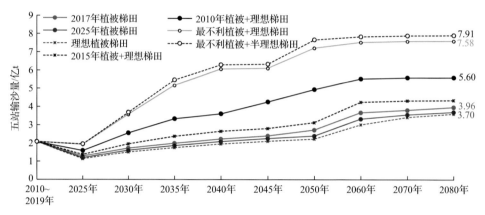

图10.34   1933~1967年丰雨条件下黄河五站多年平均输沙量发展趋势

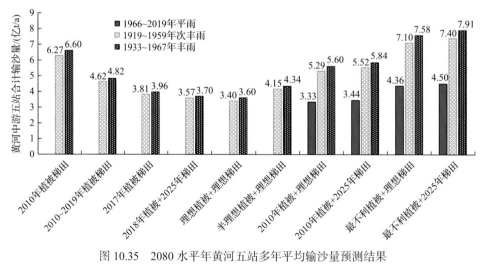

图10.35   2080水平年黄河五站多年平均输沙量预测结果

2010~2019年,黄河五站输沙量为2.08亿t/a。分析图10.34~图10.35可见,随着坝库渐次淤满,若无新建坝库的不断补充,黄河沙量必然逐渐反弹;若遭遇不利的社会和气候条件,草灌植被极易退化,沙量增加的现象会更早到来、增幅也更大。

(1) 如果林草植被能基本维持在 2015~2019 年水平，甚或有所改善，梯田有所增加，并考虑现状坝库逐渐失效和东庄水库建成拦沙，2070 水平年黄河五站的多年平均输沙量可能会达 3.40 亿~4.34 亿 t/a。不过，在未来 25~30 年内，黄河四站输沙量很可能不会超过 3 亿 t/a。该情景显然是较为理想的来沙情景。

已有研究表明(安催花等，2020；李小平等，2016)，在黄河下游现状河床边界条件和花园口来水量 220 亿~250 亿 m³/a 的条件下，实现黄河下游河床冲淤平衡的沙量阈值为 2 亿~3 亿 t/a；要实现现状入海流路和三角洲地区的海岸线淤蚀平衡，利津来沙量应分别不小于 1.5 亿~1.6 亿 t 和 2 亿~2.5 亿 t(Cui and Li, 2011; Wang et al., 2006)。对比可见，即使林草植被能够维持现状或有所改善，远期来沙仍达黄河下游输沙量阈值的 1.4~1.8 倍，即水沙关系仍不协调。因此，一旦小浪底水库拦沙功能失效，黄河下游极可能重回淤积时代。

(2) 如果林草植被盖度降低至 2010 年水平(该盖度较 2018 年偏低 15%~20%)，即使梯田面积能基本实现其潜力，黄河五站的多年平均输沙量也会在 30~35 年后反弹至 5.29 亿~5.84 亿 t/a。显然，该输沙量远大于黄河下游的承载能力。

(3) 理论上看，黄河五站输沙量 8 亿 t/a 左右可能是未来沙量反弹的极限，相应的下垫面条件是"近 20 年荒草野灌植被自然修复的成果几乎归零"，但梯田实现其发展潜力的 50%、林草地面积和人工栽种的乔灌林维持现状。不过，由于人们已经认识到植被恢复的益处，相信该情景的发生概率极小。

(4) 未来黄河沙量还与降雨条件有关。如果重现 1966~2019 年的平雨条件，即使近 20 年草灌植被的修复成果全部归零，黄河五站输沙量最终也可稳定在 3.3 亿~4.5 亿 t/a，反弹过程可能超过 40 年。

(5) 未来沙量反弹潜力最大和反弹最早的地区，是坝库(尤其是老旧淤地坝)最多、植被改善程度最大、梯田不太多的河龙区间黄丘区和十大孔兑上游丘陵区。以老旧淤地坝集中的河龙区间为例，即使其草灌植被基本不退化，随着现状坝库拦沙能力的降低，未来 15 年后，其入黄沙量也将由 2010~2019 年的 0.69 亿 t/a 增加至 1.4 亿 t/a 以上，最终稳定在 1.76 亿~2.52 亿 t/a，见图 10.36；如果植被盖度退化到 2010 年水平，入黄沙量可能会在 25 年后增至 3.35~3.67 亿 t/a。而在以梯田建设为主的渭河上游、泾河上中游和黄河上游地区，沙量反弹不明显，见图 10.37。

黄河未来沙量的反弹主要来自两方面：一是淤地坝和水库拦沙功能失效(即库容淤满)，使流域所产泥沙不能再像以往那样被拦截；二是因连续干旱年或人畜重返梁峁而导致的草灌植被盖度降低。显然，坝库拦沙功能失效是未来必然发生的事件，只是或早或晚而已，例如，在 20 世纪 90 年代，随着大批淤地坝淤满，老淤地坝集中分布的陕北支流输沙量均出现了大幅反弹，见图 10.38。草灌植被退化

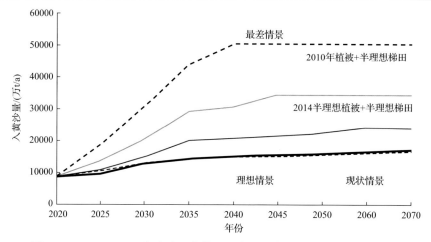

图 10.36 1919～1959 年次丰雨条件下河龙区间多年平均输沙量发展趋势

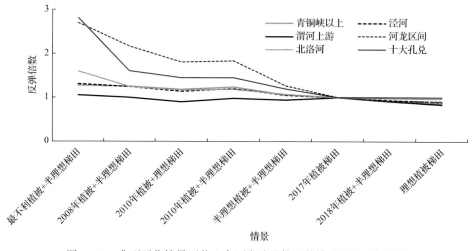

图 10.37 典型恶化情景下黄土高原产沙量较现状输沙量的增加幅度

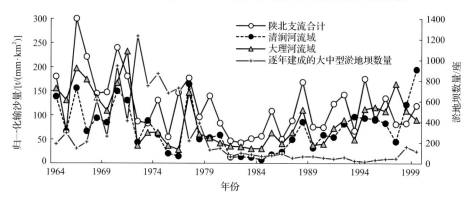

图 10.38 陕北支流归一化输沙量变化

则是未来的风险事件，只不过可能发生退化的时间、地点和退化程度等存在不确定性，如果社会和气候条件有利，植被退化现象甚至不会发生。据调研，在管护不利情况下，草灌植被盖度降低需要 5～10 年。

河龙区间和北洛河上游是林草植被恢复效果最好的地区，从其植被盖度变化过程看(图 10.39)，与降雨条件较好的 2018 年相比，降雨明显偏枯的 2015 年林草植被盖度偏低 22%～30%，2020 年偏低 6%～10%。在过去的 100 年中，黄河流域曾两次出现连续 11 年干旱，基于黄土高原"2010～2018 年平均降雨量-2018 年林草植被盖度"的响应关系(图 10.15)，若将第二个连续干旱年"1991～2002 年"的降雨数据代入计算，可推算出遭遇连续干旱年后河龙区间和北洛河上游的可能林草植被盖度，结果表明，在现状人类干扰强度下，两区林草植被盖度将分别较2018 年降低 16% 和 11%。鉴于此，并基于对黄土高原未来自然环境和社会经济形势的认识，我们认为，近 20 年草灌植被自然修复成效全部归零的可能性不大，但林草植被盖度降低 15%～20% 是可能的——大体相当于 2010 年的林草植被盖度水平。而从 2018～2020 年变化情况判断(图 10.39)，因遥感影像受植被绿度影响较大，故遥感提取的植被盖度降低 5%，属于气候波动的正常反应。目前，靠自然修复形成的草灌植被是现状植被减沙作用的主要来源，也是最易受人类活动和气候变化影响的植被，从近两年实际情况看，能否控制现状草灌植被盖度不降低，已经成为黄土高原面临的重大挑战。

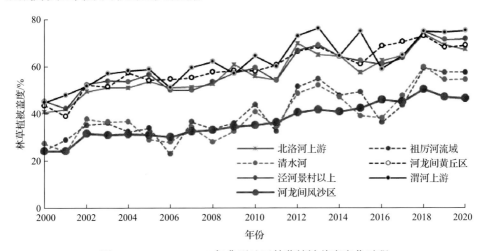

图 10.39　2000～2020 年典型地区林草植被盖度变化过程

另外，由于务农人口大量减少，梯田完全实现其发展潜力也有一定的难度。目前，在最需要梯田的甘肃省及其周边地区，人均梯田面积已经达到 2.5～3 亩，有的甚至达到 4 亩以上；而在河龙区间，近几年很多梯田已处于撂荒状态；近年开展的梯田建设，不少地方实为老旧梯田改造。因此，宏观判断，未来梯田或许仅可实现其建设潜力的一半。水平梯田、因淤地坝拦沙而形成的沟道坝地、植树造林形成的人工乔灌林及其附属的水平沟和水平阶等，是未来最稳定的下垫面减沙要素，受农业经济需求牵引，预计未来这些因素减沙作用可达 40% 左右。目前，大部分地区林草梯田有效覆盖率已达到或接近相应的阈值，故产沙能力进一步降低的潜力有限。但因地形或地表土壤特殊、人口密度低、梯田需求小，所以黄土丘陵区第 5 副区和砒砂岩区仍然产沙剧烈，仅靠植被改善和梯田很难有效控制流域产沙。

综上分析，由于大部分地区林草梯田有效覆盖率已达到或接近相应的阈值，故未来黄土高原产沙能力进一步降低的潜力有限。总体上，如果植被梯田基本保持正向发展，未来 25～30 年内，黄河四站多年平均输沙量可能不会超过 3 亿 t/a，2080 水平年的多年平均输沙量可大体控制在 4 亿 t/a 左右——该沙亿量是黄河下游及河口冲淤平衡沙量(2.5 亿 t/a 左右)的 1.6 倍；不过，极端暴雨年份的输沙量仍可达 11 亿～18 亿 t/a。

针对"理想植被梯田"情景，分析其产沙模数可见，产沙模数仍超过 2500t/(km²·a)者有 4 个区域：①无定河源头地区(属丘 5 区)、无定河中下游黄土丘陵区、佳芦河流域，其产沙模数分别约 3500t/(km²·a)、5000t/(km²·a) 和 3900t/(km²·a)。②河龙区间岚漪河、蔚汾河、清凉寺沟和屈产河等山西支流的沿黄地区，产沙模数为 2800～4400t/(km²·a)、平均值为 3550t/(km²·a)。③马莲河流域，其上游丘 5 区产沙模数为 4440t/(km²·a)、丘 2 区为 2500～2800t/(km²·a)，下游董志塬为 2940t/(km²·a)。④宁夏清水河中游，产沙模数为 3360t/(km²·a)。⑤以皇甫川为代表的典型砒砂岩区，产沙模数为 3260t/(km²·a)。以上高产沙模数区可大体分成三类：第一类是地形特殊。例如，无定河源头区、马莲河上游、清水河中游等均为典型的丘 5 区，河龙区间山西支流的沿黄地区大多地形非常破碎且坡耕地很多。第二类是坡耕地多，尤其是无定河中下游和佳芦河流域，该区农业人口仍然较多。第三类是地表为砒砂岩。因此，要控制黄河龙门等四站输沙量不超过 2.5 亿～3.0 亿 t/a，还需在黄河干支流适时新建拦沙工程，或在产沙依然剧烈地区建设坡面洪水利用工程。相关问题，未来仍需深入研究。

以上分析结论中涉及退化情景的沙量均是"假设自然修复形成的草灌很快进入退化过程"得到的。现实中，植被何时退化及退化程度主要取决于气候和人类活动情况。考虑到现状坝库仍具有一定拦沙能力、位于泾河下游的东庄水库即将建成投运、黄河流域生态保护和高质量发展战略已经实施，预计未来 60 年内黄河四站沙量很可能不超过 5 亿～6 亿 t/a。但是，对于更远的未来，我们仍很难准确把握其气候情景和人类活动情况。众所周知，保护黄河是事关中华民族伟大复兴的千秋大计，保障黄河长治久安、确保河床不抬高、确保河道不断流和确保堤防不决口是新时期黄河治理保护的重要任务。因此，无论是作为千年大计的黄河水沙调控工程和河道防洪工程，还是黄河水资源分配，在考虑工程布置和运用方式时，都必须在沙量设计时留有余地，考虑到产沙形势逆转尚不足 20 年、以草灌为主的新生植被仍较脆弱，对于面向长远的黄河重大治理工程规划与布局，建议按 6~8 亿 t/a 作为设计沙量；对于服务于未来 30~50 年的水沙利用或调控工程，可将 4~5 亿 t/a 作为设计沙量，但应预留调整余地或风险对策。新时期水土保持应更聚焦流域产沙削减措施，并高度重视现状草灌植被的维护。

基于 2010~2019 年的下垫面条件，第 9.5 节测算了现状林草、梯田和淤地坝的减水量，合计约 44 亿 m^3/s，其中约 76% 为洪水。若按 2019 年的下垫面，三大因素的合计减水量近 48 亿 m^3/s。综合考虑下游输沙需水量，现状林草、梯田和坝地所减 44 亿~48 亿 m^3/a 是"非常划算的"。1987 年国务院颁布的《关于黄河可供水量分配方案的报告》，预留了 210 亿 m^3 作为输沙用水，以保障黄河下游淤积量不超过 4 亿 t/a。不过，2012 年国务院颁布的《黄河流域综合规划》，已经将黄河下游河道淤积控制目标由"允许淤积 4 亿 t/a"提高到"平滩流量≥4000m^3/s"。基于刘晓燕等(2020)提出的黄河下游输沙需水计算方法，如果均以黄河下游"平滩流量≥4000m^3/s"为标准，在下游来沙 16 亿 t/a、4 亿 t/a、6 亿 t 情况下，下游输沙需要的洪水水量分别为 267 亿 m^3/a、64 亿 m^3/a、97 亿 m^3/a。考虑现状林草、梯田和坝地增加消耗的 44 亿~48 亿 m^3/a 水量，在 4 亿 t/a 和 6 亿 t/a 来沙情况下，保障下游"平滩流量≥4000m^3/s"的"全口径"需水量合计约 110 亿 m^3/a 和 143 亿 m^3/a，分别较下游沙量 16 亿/a 需要的输沙水量减少 58.8% 和 46.4%。

毋庸讳言，由于人们对连续干旱或极端暴雨的发生频率和量级仍难以准确预测，社会经济发展过程也难免出现波动，加之我们对流域林草梯田覆盖程度与流域产洪产沙能力的响应规律认知仍不够深入、对地形地貌情况的掌握仍不够细致，以上对黄土高原未来产沙情势的认识仍待实践检验、深化和修正。基于我们近 10 年的研究实践和体会，未来的黄河水沙变化研究一方面应高度关注林草梯田变化对流域产洪的影响，另一方面要关注社会经济和气候变化及其对黄土高原林草植被的影响、汛期暴雨的发生频率和量级，以客观认识未来的产沙环境。此外，还要进一步创新研究方法，开展场次暴雨条件下的入黄洪水和沙量预报技术研究，为黄河防洪减淤调度提供技术支撑。

参 考 文 献

安催花, 鲁俊, 吴默溪, 等. 2020. 黄河下游河道平衡输沙的沙量阈值研究[J]. 水利学报, 51(4): 402-409

卜崇德. 1996. 宁夏黄丘五副区小流域治理的研究与实践[J]. 中国水土保持, (12): 12-14

陈浩, 蔡强国. 2006. 坡面植被恢复对沟道侵蚀产沙的影响[J]. 中国科学 D 辑地球科学, 36(1): 69-80

陈浩, 王开章. 1999. 黄河中游小流域坡沟侵蚀关系研究[J]. 地理研究, 18(4): 363-372

陈瑞东, 温永福, 高鹏, 等. 2018. 极端降雨条件下延河水沙特征对比分析及其影响因素[J]. 生态学报, 38(6): 1920-1929

陈先德. 1996. 黄河水文[M]. 郑州: 黄河水利出版社

陈秧分, 王国刚, 孙炜琳. 2018. 乡村振兴战略中的农业地位与农业发展[J]. 农业经济问题, (1): 20-26

陈永宗. 1988. 黄土高原现代侵蚀与治理[M]. 北京: 科学出版社

程积民, 井赵斌, 金晶炜. 2014. 黄土高原半干旱区退化草地恢复与利用过程研究[J]. 中国科学: 生命科学, 44(3): 267-279

褚君达. 1980. 浑水的黏滞性[C]//中国水利学会. 河流泥沙国际学术谈论会论文集. 北京: 光华出版社: 205-210

董哲仁. 2001. 中国江河 1000 问[M]. 郑州: 黄河水利出版社

方正三. 1957. 黄河中游黄土高原的暴雨与渗透的初步分析[J]. 黄河建设, (10): 38-52

费祥俊. 1982. 高浓度浑水的黏滞系数(刚度系数)[J]. 水利学报, (3): 57-63

费祥俊. 1994. 浆体与粒状物料输送水力学[M]. 北京: 清华大学出版社

冯国安. 1992. 黄河中游粗沙的来源主要是风沙[J]. 中国水土保持, (3): 45-48

高云飞, 郭玉涛, 刘晓燕, 等. 2014a. 黄河潼关以上现状淤地坝拦沙作用研究[J]. 人民黄河, 36(7): 97-99

高云飞, 郭玉涛, 刘晓燕, 等. 2014b. 陕北黄河中游淤地坝拦沙功能失效的判断标准研究[J]. 地理学报, 69(1): 73-79

韩曼华. 1985. 1843 年 8 月黄河中游洪水[J]. 水文, 5(3): 57-63

郝仕龙, 李春静. 2014. 黄土丘陵沟壑区土地压力及土地利用模式变化[J]. 农业工程学报, 30(8): 210-217

黄秉维. 1955. 编制黄河中游流域土壤侵蚀分区图的经验教训[J]. 科学通报, (12): 14-21

黄河流域及西北片水旱灾害编写组. 1996. 黄河流域水旱灾害[M]. 郑州: 黄河水利出版社

黄河上中游管理局. 2012. 黄河流域水土保持图集[M]. 北京: 地震出版社

黄河水利委员会. 1989. 黄河流域地图集[M]. 北京: 中国地图出版社

黄河水利委员会. 2008. 黄河流域防洪规划[M]. 郑州: 黄河水利出版社

黄河水利委员会勘测规划设计院. 1985. 1843 年 8 月黄河中游洪水[J]. 水文, 5(3): 57-63

黄河水利委员会水文科. 1952. 一九三三年和一九四二年黄河陕州最大洪水的初步研究[J]. 新黄河, (7): 33-40

焦菊英, 刘元保, 唐克丽. 1992. 小流域沟间与沟谷地径流泥沙水量的探讨[J]. 水土保持学报, 6(2): 24-28

焦菊英, 王万忠, 李靖. 2000. 黄土高原林草水土保持有效盖度分析[J]. 植物生态学报, 24(5): 608-612

焦菊英, 王万忠. 1999. 黄土高原水平梯田质量及水土保持效果分析[J]. 农业工程学报, 15(2): 59-63

景可, 卢金发, 梁季阳, 等. 1997. 黄河中游侵蚀环境特征和变化趋势[M]. 郑州: 黄河水利出版社

景可, 王万忠, 郑粉莉. 2005. 中国土壤侵蚀与环境[M]. 北京: 科学出版社

康丽莉, Leung l R, 柳春, 等. 2015. 黄河流域未来气候-水文变化的模拟研究[J]. 气象学报, 73(2): 382-393

乐天宇. 1985. 陕甘宁边区森林考察团报告: 延安自然科学院史料(1940 年第 1 辑)[M]. 北京: 中共党史资料出版社

李庆祥, 彭嘉栋, 沈艳, 等. 2012. 1900~2009 年中国均一化逐月降雨数据集研制[J]. 地理学报, 67(3): 301-311

李小平, 刘晓燕, 李勇. 2016. 黄河下游未来冲淤趋势研究[J]. 人民黄河, 38(9): 1-3

李忠峰, 蔡运龙. 2006. 陕北榆林地区土地覆被变化分析[J]. 地理科学进展, 25(6): 103-107

林炳章, 兰平, 张叶晖, 等. 2018. 可能最大降雨估算研究综述[J]. 水利学报, 49(1): 92-102

林秀芝, 郭彦, 侯素珍. 2014. 内蒙古十大孔兑输沙量估算[J]. 泥沙研究, (2): 15-20

刘昌明, 洪宝鑫, 曾明煊, 等. 1965. 黄土高原暴雨径流预报关系初步实验研究[J]. 科学通报, 10: 158-161

刘昌明, 钟骏襄. 1978. 黄土高原森林对年径流量影响的初步分析[J]. 地理学报, 33(2): 112-127

刘尔铭. 1982. 黄河中游降雨特性初步分析[J]. 水土保持通报, (3): 31-34

刘万铨. 1989. 水土保持减沙效益分析计算方法的研究[J]. 人民黄河, (4): 46-50

刘晓东, 安芷生, 方建刚, 等. 2002. 全球气候变暖条件下黄河流域降雨的可能变化[J]. 地理科学, 22(5): 513-519

刘晓燕, 等. 2016. 黄河近年水沙锐减成因[M]. 北京: 科学出版社

刘晓燕, 高云飞, 马三保, 等. 2018a. 黄土高原淤地坝的减沙作用及其时效性[J]. 水利学报, 49(2): 145-155

刘晓燕, 董国涛, 高云飞, 等. 2018b. 黄土丘陵沟壑区第五副区产沙机制初步分析[J]. 水利学报, 49(3): 282-290

刘晓燕, 高云飞, 王富贵. 2017a. 黄土高原仍有拦沙能力的淤地坝数量及分布[J]. 人民黄河, 39(4): 1-6

刘晓燕, 高云飞. 2020. 黄土高原淤地坝减沙作用研究[M]. 郑州: 黄河水利出版社

刘晓燕, 刘斌, 杨胜天. 2014b. 黄土高塬沟壑区产沙驱动力及减沙潜力分析[J]. 人民黄河, 36(5): 1-3

刘晓燕, 马思远, 党素珍. 2017b. 黄河流域近百年产沙情势变化[J]. 泥沙研究, 42(5): 1-6

刘晓燕, 王富贵, 杨胜天, 等. 2014a. 黄土丘陵沟壑区水平梯田减沙作用研究[J]. 水利学报, 45(7): 793-800

刘晓燕, 王瑞玲, 张原锋, 等. 2020. 黄河河川径流利用的阈值[J]. 水利学报, 51(6): 631-641

刘晓燕, 杨胜天, 李晓宇, 等. 2015. 黄河主要来沙区林草植被变化及对产流产沙的影响机制[J]. 中国科学, 45(10): 1052-1059

卢金发, 黄秀华. 2004. 黄河中游地区流域产沙中的地貌临界现象[J]. 山地学报, 22(2): 147-150

罗伯特. 斯特林. 克拉克. 2010. 穿越陕甘: 1908~1909年克拉克考察队华北行纪[M]. 史红帅, 译. 上海: 上海科学技术文献出版社

马荣亮, 朱立军, 杨晓珍, 等. 2008. 茹河流域水土保持工程隔坡梯田应用研究[J]. 水土保持通报, 28(6): 135-137

孟庆枚. 1996. 黄土高原水土保持[M]. 郑州: 黄河水利出版社

莫宏伟, 任志远. 2009. 陕北榆阳区1978年至2005年植被覆盖率变化分析[J]. 资源科学, 31(8): 1409-1414

牛最荣. 2002. 祖厉河泥沙特性及流域生态环境建设[J]. 东北水利水电, 20(5): 43-44

齐璞. 1982. 黄河高含沙量洪水的输移特性及其河床形成[J]. 水利学报, (8): 34-43

钱宁, 万兆惠. 1985. 高含沙水流运动研究述评[J]. 水利学报, (5): 27-34

钱宁. 1989. 高含沙水流运动[M]. 北京: 清华大学出版社

钱意颖, 杨文海, 赵文林. 1993. 高含沙均质水流基本特性的试验研究[M]. 北京: 科学出版社

冉大川, 柳林旺, 赵力毅. 2000. 黄河中游河口镇至龙门区间水土保持与水沙变化[M]. 郑州: 黄河水利出版社

冉大川, 齐斌, 肖培青. 2015. 佳芦河流域特大暴雨洪水对下垫面治理的响应[J]. 水土保持研究, 22(6): 7-13

冉大川, 赵力毅, 王宏, 等. 2005. 黄河中游地区梯田减洪减沙作用分析[J]. 人民黄河, 27(1): 51-53

冉大川, 赵力毅, 张志萍, 等. 2010. 黄土高原不同尺度水保坡面措施减轻沟蚀作用定量研究[J]. 水利学报, 41(10): 1135-1141

冉大川, 左仲国, 吴永红, 等. 2012. 黄河中游近期水沙变化对人类活动的响应[M]. 北京: 科学出版社

沈斌, 房世波, 余卫国. 2016. NDVI与气候因子在不同时间尺度上的结果差异[J]. 遥感学报, 20(3): 481-490

师长兴. 2010. 近五百多年来黄河宁蒙河段泥沙沉积量的变化分析[J]. 泥沙研究, (5): 19-25

石迎春, 叶浩, 侯宏冰, 等. 2004. 内蒙古南部砒砂岩侵蚀内因分析[J]. 地球学报, 25(6): 259-264

史辅成, 王国安, 高治定, 等. 1991. 黄河1922~1932年连续11年枯水段的分析研究[J]. 水科学进展, 2(4): 258-263

史辅成, 易元俊, 高治定. 1984. 1933 年 8 月黄河中游洪水[J]. 水文, 4(6): 55-58

史辅成, 易元俊, 高治定. 1990. 黄河流域暴雨洪水特性[J]. 水文, (5): 50-53

水利部黄河水利委员会. 2008. 黄河流域防洪规划(2012～2030 年)[M]. 郑州: 黄河水利出版社

水利部黄河水利委员会. 2013. 黄河流域综合规划[M]. 郑州: 黄河水利出版社

宋世雄, 梁小英, 梅亚军, 等. 2016. 基于 CBDI 的农户耕地撂荒行为模型构建及模拟研究: 以陕西省米脂县冯阳圪
　　村为例[J]. 自然资源学报, 31(11): 1926-1937

孙一, 田勇, 刘晓燕, 等. 2019. 坡面水流流速对贴地植被的响应特性试验研究[J]. 工程科学与技术, 51(2): 85-89

唐克丽, 等. 2004. 中国水土保持[M]. 北京: 科学出版社

唐克丽, 王斌科, 郑粉莉, 等. 1994. 黄土高原人类活动对土壤侵蚀的影响[J]. 人民黄河, 14(2): 13-16

田杏芳, 贾泽祥, 刘斌, 等. 2008. 黄土高塬沟壑区典型小流域水土流失规律及水土保持治理效益分析研究[M]. 郑
　　州: 黄河水利出版社

田勇, 马静, 李勇. 2014. 黄河河口镇—潼关区间水库近年拦沙量调查与分析[J]. 人民黄河, 36(7): 13-15

田玉军, 李秀彬, 马国霞, 等. 2010. 劳动力析出对生态脆弱区耕地撂荒的影响[J]. 中国土地科学, 24(7): 4-9

汪岗, 范昭. 2002. 黄河水沙变化研究(第一卷, 第二卷)[M]. 郑州: 黄河水利出版社

汪丽娜, 穆兴民, 高鹏, 等. 2005. 黄土丘陵区产流输沙量对地貌因子的响应[J]. 水利学报, 36(8): 956-960

王斌科, 唐克丽. 1992. 黄土高原区开荒扩种时间变化研究[J]. 水土保持学报, (2): 63-67

王栋栋, 王占礼, 张庆玮, 等. 2017. 草地植被覆盖度坡度及雨强对坡面径流含沙量影响试验研究[J]. 农业工程学
　　报, 33(15): 119-125

王国安. 1999. 可能最大暴雨和洪水计算原理与方法[M]. 北京: 中国水利水电出版社

王国庆, 乔翠平, 刘铭璐, 等. 2020. 气候变化下黄河流域未来水资源趋势分析[J]. 水利水运工程学报, (2): 1-8

王晗生, 刘国彬. 2000. 试论防蚀有效植被的基本特征-贴地面覆盖[J]. 中国水土保持, (3): 28-31

王普庆, 侯素珍. 2020. 西柳沟丘陵区土壤组成及对流域产沙的影响[J]. 人民黄河, 42(2): 1-4

王冉冉. 2009. 水土保持措施对水资源与水环境的影响研究[M]. 大连: 大连理工大学: 221

王素慧, 贾绍凤, 吕爱锋. 2012. 三江源地区植被盖度与居民点的关系研究[J]. 资源科学, 34(11): 2045-2050

王万忠, 焦菊英. 2018. 黄土高原降雨侵蚀产沙与水土保持减沙[M]. 北京: 科学出版社

王万忠. 1983. 黄土地区降雨特性与土壤流失关系的研究[J]. 水土保持通报, (8): 7-13

王万忠. 1984a. 黄土地区降雨特性与土壤流失关系的研究 Ⅲ——关于侵蚀性降雨的标准问题[J]. 水土保持通报,
　　(2): 59-63

王万忠. 1984b. 黄土地区降雨特性与土壤流失关系的研究 Ⅱ——降雨侵蚀力指标 R 值的探讨[J]. 水土保持通报,
　　(1): 61-664

王文龙, 雷阿林, 李占斌, 等. 2004. 黄土区坡面侵蚀时空分布与上坡来水作用的实验研究[J]. 水利学报, (5):
　　25-29

王晓. 2000. 砒砂岩区小流域泥沙来源研究[J]. 中国水土保持, (4): 17-18

王兴奎, 钱宁, 胡维德. 1982. 黄土丘陵沟壑区高含沙水流的形成及汇流过程[J]. 水利学报, (7): 28-37

王愿昌, 吴永红, 寇权, 等. 2007. 砒砂岩分布范围界定与类型区划分[J]. 中国水土保持科学, 5(1): 14-18

王兆印, 钱宁. 1984. 高浓度泥沙悬浮液物理特性的实验研究[J]. 水利学报, (4): 1-10

肖培青, 李艳霞, 苏广旭, 等. 2016. 植被坡面产流特征及其侵蚀动力研究进展[J]. 人民黄河, 38(10): 115-118

信忠保, 许炯心, 郑伟. 2007. 气候变化和人类活动对黄土高原植被覆盖变化的影响[J]. 中国科学 D 辑: 地球科学,
　　37(11): 1504-1514

信忠保, 许炯心. 2007. 黄土高原地区植被覆盖时空演变对气候的响应[J]. 自然科学进展, 17(6): 770-778

熊贵枢. 1994. 黄河流域水利水土保持措施减水减沙分析方法简述[J]. 人民黄河, (4): 33-36

徐乃民, 张金慧. 1993. 水平梯田蓄水减沙效益计算探讨[J]. 中国水土保持, (3): 32-34

徐雪良. 1987. 韭园沟流域沟间地、沟谷地来水来沙研究[J]. 中国水土保持, (8): 23-26

许炯心. 1999a. 黄土高原的高含沙水流侵蚀研究[J]. 土壤侵蚀与水土保持学报, 5(1): 27-34, 45

许炯心. 1999b. 黄土高原高含沙水流形成的自然地理因素[J]. 地理学报, 54(4): 318-326

许炯心. 2005. 黄土高原植被-降雨关系的临界现象及其在植被建设中的意义[J]. 水利学报, 36(6): 1233-1239

叶浩, 石建省, 侯宏冰, 等. 2008. 内蒙古南部砒砂岩岩性特征对重力侵蚀的影响[J]. 干旱区研究, 25(3): 402-405

尹传逊, 常根富. 1984. 隔坡梯田效益研究[J]. 中国水土保持, (6): 16-18

喻权刚, 喻恺阳, 张景望. 2019. 从百年时间跨度照片对比分析毛乌素沙地生态变化[J]. 水土保持通报, 39(6): 307-312

曾伯庆, 王贵平. 1990. 晋西黄土高原的土壤侵蚀及其防治[J]. 中国水土保持, (11): 28-31, 27

曾伯庆. 1980. 晋西黄土丘陵沟壑区水土流失规律与治理效益[J]. 人民黄河, (2): 20-25

曾早早, 方修琦, 叶瑜. 2011. 基于聚落地名记录的过去 300 年吉林省土地开垦过程[J]. 地理学报, 66(7): 985-993

张佰林, 蔡为民, 张凤荣, 等. 2016. 隋朝至 1949 年山东省沂水县农村居民点的时空格局及驱动力[J]. 地理研究, 35(6): 1141-1150

张佰林, 高江波, 高阳. 2018. 中国山区农村土地利用转型解析[J]. 地理学报, 73(3): 503-517

张翀, 任志远, 韦振锋. 2013. 近 12 年来黄土高原植被覆盖对年内水热条件的响应[J]. 资源科学, 35(10): 2017-2023

张翠萍, 许琳娟, 田世民, 等. 2017. 降雨强度对马莲河洪水含沙量的影响[J]. 人民黄河, 39(11): 66-70

张光辉, 梁一民. 1996. 植被盖度对水土保持功效影响的研究综述[J]. 水土保持研究, 3(2): 104-110

张光辉. 2018. 对坡面径流挟沙力研究的几点认识[J]. 水科学进展, 29(2): 151-158

张汉雄, 王万忠. 1982. 黄土高原的暴雨特性及分布规律[J]. 水土保持通报, (1): 35-43

张建军. 2007. 黄土坡面地表径流挟沙能力研究综述[J]. 泥沙研究, (4): 77-80

张科利. 1991. 黄土坡面侵蚀产沙分配及其与降雨特征关系的研究[J]. 泥沙研究, (4): 39-46

张平仓, 唐克丽, 郑粉莉, 等. 1990. 皇甫川流域泥沙来源及其数量分析[J]. 水土保持学报, 4(4): 29-36

张锐波, 张丽萍, 付兴涛. 2018. 坡面径流含沙量随雨强和坡长的动态过程[J]. 水土保持学报, 32(1): 80-84

张瑞瑾, 谢鉴衡, 王明甫, 等. 1989. 河流泥沙动力学[M]. 北京: 水利电力出版社

张瑞瑾. 1948. 黄河泥沙冲淤数量之分析[C]//见张瑞瑾论文集. 北京: 中国水利水电出版社: 293-308

张文辉, 刘国彬. 2007. 黄土高原植被生态恢复评价、问题与对策[J]. 林业科学, 43(1): 102-106

张旭, 孙一, 潘森, 等. 2018. 植被覆盖度对坡面水流的影响分析[J]. 水电能源科学, 36(6): 22-24

张旭昇, 薛天柱, 马灿, 等. 2012. 雨强和植被覆盖度对典型坡面产流产沙的影响[J]. 干旱区资源与环境, 26(6): 66-70

张亦弛, 刘昌明, 杨胜天, 等. 2014. 黄土高原典型流域 LCM 模型集总、半分布和分布式构建对比分析[J]. 地理学报, 69: 90-99

赵存兴. 1993. 黄河上游多民族经济开发区耕地及其合理利用[J]. 资源科学, (1): 9-16

赵亮, 刘宇, 罗勇, 等. 2019. 黄土高原近 40 年人类活动强度时空格局演变[J]. 水土保持研究, 26(4): 306-313

郑粉莉, 康绍忠. 1998. 黄土坡面不同侵蚀带侵蚀产沙关系及其机理[J]. 地理学报, 53(5): 422-427

郑粉莉, 唐克丽, 白红英. 1994. 林地开垦后沟沟侵蚀产沙关系的研究[J]. 中国水土保持, (8): 19-20

郑似苹. 1981. 黄河中游 1933 年 8 月特大暴雨等雨深线图的绘制[J]. 人民黄河, 3(5): 28-32

中国大百科全书编写组. 2002. 中国大百科全书[M]. 北京: 中国大百科全书出版社

中国大百科全书水利卷编委会. 1992. 中国大百科全书(水利卷)[M]. 北京: 中国大百科全书出版社

中国科学院黄土高原综合科学考察队. 1992. 黄土高原地区资源环境社会经济数据集[M]. 北京: 中国经济出版社

中国科学院西北水土保持研究所. 1986. 中国黄土高原土地资源[M]. 西安: 陕西科学技术出版社

中国气象局气象科学研究院. 1981. 中国近 500 年来旱涝分布图集[M]. 北京: 地图出版社

周佩华, 王占礼. 1987. 黄土高原土壤侵蚀暴雨标准[J]. 水土保持通报, 7(1): 38-44

周佩华, 王占礼. 1992. 黄土高原土壤侵蚀暴雨的研究[J]. 水土保持学报, 6(3): 1-5

竺可桢. 1972. 中国近五千年来气候变迁的初步研究. 考古学报, (1): 2-23

Bai J, Yang S T, Zhang Y C, et al. 2019. Assessing the impact of terraces and vegetation on runooff and sediment routing using the time-area method in the Chinese Loess Plateau[J]. Water, 11(4): 803

Cui B L, Li X Y. 2011. Coastline change of the Yellow River estuary and its response to the sediment and runoff (1976–2005) [J]. Geomorphology, 127(1): 32-40

Einstein H A. 1941. The viscosity of highly concentrated underflows and its influence on mixing[J]. Eos, Transactions American Geophysical Union, 22(3): 597-560

Feng Q, Xiao Q L, Li X P. 2021. Effect of mineral composition on the maximum sediment concentration of sediment-laden flow[J]. Journal of Hydraulic Engineering, ASCE

Gao G Y, Fu B T, Zhang J J. 2018. Multiscale temporal variability of flow-sediment relationships during the 1950s–2014 in the Loess Plateau, China[J]. Journal of Hydrology, 563: 609-619

Liu X Y, Yang S T, Dang S Z, et al. 2014. Response of sediment yield to vegetation restoration at a large spatial scale in the Loess Plateau [J]. Science China Technological Sciences, 57(8): 1482-1489

Luo Y, Yang S, Liu X, et al. 2015. Suitability of revision to MUSLE for estimating sediment yield in the Loess Plateau of China [J]. Stochastic Environmental Research and Risk Assessment, 30: 379-394

Mao Y, Ye A, Xu J, et al. 2014. An advanced distributed automated extraction of drainage network model on high-resolution DEM[J]. Hydrology & Earth System Sciences Discussions, 11: 7441-7467

Rogers R D, Schumm S A. 1991. The effect of sparse vegetative cover on erosion and sediment yeild[J]. Journal of Hydrology, 123: 19-24

Wan Z H. 1985. Bed Material movement in hyperconcentrated flow[J]. Journal of Hydraulic Engineering, 111(6): 987-1002

Wang S J, Marwan A H, Xie X P. 2006. Relationship between suspended sediment load, channel geometry and land area increment in the Yellow River Delta[J]. Catena, 65(3): 302-314

Wang S, Fu B, Piao S, et al. 2016. Reduced sediment transport in the Yellow River due to anthropogenic changes[J]. Nature Geoscience, 9: 38-41

Williams J R. 1975. Sediment routing for agricultural watersheds [J]. JAWRA Journal of the American Water Resources Association, 11: 965-974

Wischmeier W H, Smith D D. 1958. Rainfall energy and its relationship to soil loss[J]. Transaction, American Geophysical Union, 39: 285-291

Zhang L T, Li Z B, Wang S S. 2016. Spatial scale effect on sediment dynamics in basin-wide floods within a typical agro-watershed: a case study in the hilly loess region of the Chinese Loess Plateau[J]. Science of the Total Environment, 572: 476-486

Zheng M G, Cai Q G, Chen H. 2007. Effect of vegetation on runoff–sediment yield relationship at different spatial scales in hilly areas of the Loess Plateau, North China[J]. Acta Ecologica Sinica, 27(9): 3572-3581